全国高等院校土木与建筑专业十二五创新规划教材

建筑概论

冯 萍 常宏达 曾 杰 主 编

清华大学出版社
北 京

内容简介

本书在内容上精心组合，重点对民用建筑设计与构造的基本原理和方法进行了较为全面、系统的阐述，以现行建筑规范、标准为准绳，突出了新规范、新材料、新技术在建筑上的运用，文字简练，图文并茂。全书共分 4 章，包括房屋建筑识图、民用建筑设计、民用建筑设计和构造、工业建筑设计和构造等内容。此外，书中还编有附录部分，为某幼儿园的建筑施工图。

本书可作为给水排水工程、采暖通风工程、燃气工程、建筑机械工程、建筑管理工程、建筑电气工程、建筑会计、水利水电工程、公路与城市道路工程、市政工程、房地产经营与管理、工程造价等专业的本科教材，也可根据教学要求筛选相应章节作为高职高专教材，还可作为工程技术人员、建筑企业管理人员的参考用书。

图书在版编目(CIP)数据

建筑概论/冯萍，常宏达，曾杰主编. --北京：清华大学出版社，2015（2024.8重印）
全国高等院校土木与建筑专业十二五创新规划教材
ISBN 978-7-302-41274-8

Ⅰ. ①建… Ⅱ. ①冯… ②常… ③曾… Ⅲ. ①建筑学—高等学校—教材 Ⅳ. ①TU

中国版本图书馆 CIP 数据核字(2015)第 195740 号

责任编辑：桑任松
装帧设计：刘孝琼
责任校对：周剑云
责任印制：宋 林

出版发行：清华大学出版社
网 址：https://www.tup.com.cn, https://www.wqxuetang.com
地 址：北京清华大学学研大厦 A 座 邮 编：100084
社 总 机：010-83470000 邮 购：010-62786544
投稿与读者服务：010-62776969, c-service@tup.tsinghua.edu.cn
质量反馈：010-62772015, zhiliang@tup.tsinghua.edu.cn
课件下载：https://www.tup.com.cn, 010-62791865
印 装 者：三河市龙大印装有限公司
经 销：全国新华书店
开 本：185mm×260mm 印 张：15 插 页：8 字 数：389 千字
版 次：2015 年 9 月第 1 版 印 次：2024 年 8 月第 6 次印刷
定 价：42.00 元

产品编号：063228-02

前 言

“建筑概论”课程是土木工程专业及其他相关专业的专业基础课，是一门综合性和实践性很强的课程。随着建筑业的飞速发展，以及建筑材料和新技术的不断涌现，该课程所需涵盖的内容日益增多，涉及面越来越广。为了适应当前高校教学计划、教学学时的调整要求，并适应卓越工程师教育培养计划，本书在内容上精心组合，以现行建筑规范为准绳，以最新的工程案例为背景，通过对建筑设计原理和构造方法等的讲解，使广大读者能够掌握建筑的基本知识。

全书共分 4 章。第 1 章是房屋建筑识图，通过识图为读者建立起完整的建筑空间概念，以利于建筑施工图纸的识读与绘制。第 2、3 章是民用建筑设计和民用建筑构造，是本书的重点。该部分结合国家规范、标准，对民用建筑设计和构造的基本原理和方法进行了较为全面、系统的阐述。第 4 章是工业建筑设计和构造，阐述了工业建筑的特点、设计原理与构造方法等。为强化施工图的识读，提高读者的综合应用能力，书中还编有附录部分，给出了某幼儿园的建筑施工图。此外，各章后均附有简答题和观察思考题，意在通过这些问题将所学理论知识与实践环节紧密结合，通过思考加深对建筑的认识。第 1、3 章后还附有实践动手题，以加强工程实践能力的培养。

本书编写分工如下：绪论、第 1、2 章由北京建筑大学建筑学院冯萍编写；第 3 章的 3.1～3.6 节由北京建筑大学土木学院曾杰编写，第 3 章的第 3.7 和 3.8 节及第 4 章由北京建筑大学土木学院常宏达编写。全书由北京建筑大学建筑学院樊振和教授主审。

本书适用于普通高等学校给水排水工程、采暖通风工程、燃气工程、建筑机械工程、建筑管理工程、建筑电气工程、建筑会计、水利水电工程、公路与城市道路工程、市政工程、房地产经营与管理、工程造价等专业的教学，也可作为相关专业专科、高职及学习班教材，还可作为工程技术人员、建筑企业管理人员的参考用书。

限于编者水平，书中难免存在着一些不足和差错，恳请广大读者批评、指正。

编　者

目　录

绪　　论

建筑既表示建造房屋和从事其他土木工程的活动，又表示这种活动的成果——建筑物，也是某个时期、某种风格建筑物及其所体现的技术和艺术的总称，如汉代建筑、明清建筑、现代建筑等。

从广义上讲，建筑是建筑物与构筑物的总称。建筑物是供人们生产、生活或进行其他活动的房屋或场所，如厂房、宿舍、剧院等。仅仅为满足生产、生活的一方面需要，并为建筑物服务的工程设施则称为构筑物，如水塔、烟囱、桥梁等。

0.1　建筑的基本构成要素

构成建筑的基本要素是建筑功能、建筑技术、建筑形象，通常称为建筑三要素。

人们建造房屋具有其目的性和使用要求，这就是建筑功能。不同类型的建筑具有不同的建筑功能。同时，随着时代的发展，人们对建筑功能提出了更多要求。例如，我国住宅设计从最初的筒子楼到关注面积、套型、朝向，再到景观化、生态化、人文化等理念的融入，显示出建筑功能是随时代的发展而发展的。

建筑技术包括建筑材料、建筑结构、建筑设备和建筑施工等内容。建筑材料和建筑结构是构成建筑空间环境的骨架，建筑设备是保证建筑物达到某种要求的技术条件，建筑施工是实现建筑生产的过程和方法。随着社会生产和科学技术的不断进步，各种新材料、新结构、新设备以及新施工工艺的发展必然会给建筑带来更多新的变化。

建筑在满足人们物质功能要求的同时，也以其建筑形象传达某种建筑精神。良好的建筑形象具有较强的艺术感染力，使人们获得精神上的满足和享受。

上述三个基本构成要素中，建筑功能是主导因素，对建筑技术和建筑形象起着决定作用；建筑技术是达到建筑目的的手段，对建筑功能和建筑形象有着制约和促进作用；而建筑形象是建筑功能、建筑技术与建筑艺术的综合表现。在优秀的建筑作品中，这三者是辩证统一的。这也秉承了两千年前维特鲁威在《建筑十书》中所提倡的“坚固、适用、美观”的建筑原则，这一建筑经典思想至今仍启迪着全世界的建筑学人。

0.2 建筑的分类

0.2.1 按使用性质分

按使用性质，建筑可分为民用建筑、工业建筑、农业建筑等。

(1) 民用建筑：指供人们从事工作、学习、生活、居住等使用的建筑，也可称为非生产性建筑，一般又可分为住宅建筑和公共建筑两类。

(2) 工业建筑：指各类工业生产用房和为生产服务的附属用房等。

(3) 农业建筑：指各类供农牧业生产和加工使用的房屋。

0.2.2 按结构形式分

按结构形式分，建筑可分为墙承重结构体系、骨架结构体系和空间结构体系。

(1) 墙承重结构体系：以部分或全部建筑外墙以及若干固定不变的建筑内墙作为垂直支承系统的一种体系，常见的有各种砌体墙承重和钢筋混凝土墙承重。

(2) 骨架结构体系：结构的承重部分是由梁、板、柱等形成的骨架，墙体只起到围护和分隔作用，骨架部分常由钢筋混凝土或钢材制作，常见的有框架结构、框筒结构、排架结构等。

(3) 空间结构体系：各向受力，可以充分发挥材料的性能，因而结构自重小，是覆盖大型空间的理想结构形式，主要有网架、薄壳、折板、悬索等结构类型。

0.2.3 按建筑高度和层数分

民用建筑根据其建筑高度和层数可分为单层民用建筑、多层民用建筑和高层民用建筑。其中，高层民用建筑根据其建筑高度、使用功能和楼层的建筑面积又可分为一类和二类。根据《建筑设计防火规范》(GB 50016—2014)，其划分方法如表 0-1 所示。

表 0-1 民用建筑的分类

名 称	高层民用建筑		单层、多层民用建筑
	一 类	二 类	
住宅建筑	建筑高度大于 54m 的住宅建筑(包括设置商业服务网点的住宅建筑)	建筑高度大于 27m，但不大于 54m 的住宅建筑(包括设置商业服务网点的住宅建筑)	建筑高度不大于 27m 的住宅建筑(包括设置商业服务网点的住宅建筑)

续表

名 称	高层民用建筑		单层、多层民用建筑
	一 类	二 类	
公共建筑	(1) 建筑高度大于50m的公共建筑； (2) 建筑高度 24m 以上部分任一楼层建筑面积大于 1000m² 的商店、展览、电信、邮政、财贸金融建筑和其他多种功能组合的建筑； (3) 医疗建筑、重要公共建筑； (4) 省级及以上的广播电视和防灾指挥调度建筑、网局级和省级电力调度建筑； 5.藏书超过100万册的图书馆、书库	除一类高层公共建筑外的其他高层公共建筑	(1) 建筑高度大于 24m 的单层公共建筑； (2) 建筑高度不大于 24m 的其他公共建筑

注：① 表中未列入的建筑，其类别应根据本表类比确定。
② 除本规范另有规定外，宿舍、公寓等非住宅类居住建筑的防火要求，应符合本规范有关公共建筑的规定。
③ 除本规范另有规定外，裙房的防火要求应符合本规范有关高层民用建筑的规定。

0.2.4 按建筑的主要结构所使用的材料分

按建筑的主要结构所使用的材料，建筑可分为以下几类。

(1) 木结构建筑。

(2) 砖木结构建筑。

(3) 砖混结构建筑。

(4) 钢筋混凝土结构建筑。

(5) 钢结构建筑。

0.2.5 按施工方法分

按施工方法，建筑可分为现浇现砌式建筑、预制装配式建筑、部分现浇现砌部分装配式建筑。

(1) 现浇现砌：指主要构件均在施工现场砌筑(如砌块墙体)或浇筑(如钢筋混凝土构件等)的施工方法。

(2) 预制装配：指主要构件在加工厂预制、在施工现场进行装配的施工方法。

(3) 部分现浇现砌部分装配：指一部分构件在现场砌筑或浇筑(大多为竖向构件)，另一部分构件为预制吊装(大多为水平构件)的施工方法。

从我国不断提高的劳动力成本来看，研究并进一步推行预制装配式建筑是建筑的发展方向。2015 年有媒体报道，长沙某 57 层高楼仅用 19 天就完工，其工厂预制率高达 93%。

0.3 建筑的分级

0.3.1 建筑的耐久等级

建筑耐久等级的指标是设计使用年限。设计使用年限的长短依据建筑的性质决定，影响建筑设计使用年限的主要因素是结构构件的选材和结构体系。按我国现行规范《民用建筑设计通则》(GB 50068—2001)，建筑结构的设计使用年限分为四类，如表 0-2 所示。

表 0-2 设计使用年限分类

类 别	设计使用年限/年	示 例
1	5	临时性建筑
2	25	易于替换结构构件的建筑
3	50	普通建筑和构筑物
4	100	纪念性建筑和特别重要的建筑结构

0.3.2 建筑的耐火等级

民用建筑的耐火等级可分为一、二、三、四级。耐火等级的划分根据建筑高度、使用功能、重要性和火灾扑救难度等确定，并应符合下列规定：地下或半地下建筑(室)和一类高层建筑的耐火等级不应低于一级；单、多层重要公共建筑和二类高层建筑的耐火等级不应低于二级。根据《建筑设计防火规范》(GB 50016—2014)，不同耐火等级建筑相应构件的燃烧性能和耐火极限不应低于表 0-3 的规定。其中耐火极限指的是在标准耐火试验条件下，建筑构件、配件或结构从受到火的作用时起，至失去承载能力、完整性或隔热性时止所用时间，用小时(h)表示。材料按其燃烧性能可分为燃烧材料(如木材等)、难燃烧材料(如木丝板等)和不燃烧材料(如砖、石等)。用上述材料制作的构件分别叫燃烧体、难燃烧体、不燃烧体。

民用建筑的耐火等级可分一、二、三、四级，根据《建筑设计防火规范》(GB 50016—2014)，其划分方法如表 0-3 所示。

表 0-3 不同耐火等级建筑相应构件的燃烧性能和耐火极限

单位：h

构件名称		耐火等级			
		一 级	二 级	三 级	四 级
墙	防火墙	不燃性 3.00	不燃性 3.00	不燃性 3.00	不燃性 3.00
	承重墙	不燃性 3.00	不燃性 2.50	不燃性 2.00	难燃性 0.50

续表

构件名称		耐火等级			
		一　级	二　级	三　级	四　级
墙	非承重外墙	不燃性 1.00	不燃性 1.00	不燃性 0.50	可燃性
	楼梯间和前室的墙 电梯井的墙 住宅建筑单元之间的墙和分户墙	不燃性 2.00	不燃性 2.00	不燃性 1.50	难燃性 0.50
	疏散走道两侧的隔墙	不燃性 1.00	不燃性 1.00	不燃性 0.50	难燃性 0.25
	房间隔墙	不燃性 0.75	不燃性 0.50	难燃性 0.50	难燃性 0.25
柱		不燃性 3.00	不燃性 2.50	不燃性 2.00	难燃性 0.50
梁		不燃性 2.00	不燃性 1.50	不燃性 1.00	难燃性 0.50
楼板		不燃性 1.50	不燃性 1.00	不燃性 0.50	可燃性
屋顶承重构件		不燃性 1.50	不燃性 1.00	可燃性 0.50	可燃性
疏散楼梯		不燃性 1.50	不燃性 1.00	不燃性 0.50	可燃性
吊顶(包括吊顶搁栅)		不燃性 0.25	难燃性 0.25	难燃性 0.15	可燃性

注：① 除本规范另有规定外，以木柱承重且墙体采用不燃材料的建筑，其耐火等级应按四级确定。

② 住宅建筑构件的耐火极限和燃烧性能可按照现行国家标准《住宅建筑规范》(GB 50368)的规定执行。

习　　题

一、简答题

1. 建筑的含义是什么？什么是建筑物？什么是构筑物？
2. 构成建筑的基本要素有哪些？它们之间的关系如何？
3. 建筑有哪些类型？它们各自是按照什么方式进行划分的？
4. 建筑的耐久等级与耐火等级是如何划分的？
5. 何谓耐火极限？

6. 建筑构件按燃烧性能分为哪几类？各有何特点？试各举一两例加以说明。

二、观察思考题

1. 结合生活实际，观察周围建筑物的结构体系和施工方法等，从而对建筑物的分类方式有更加感性的认识。

2. 观察身边的单、多层建筑和高层建筑，它们在防火设计中有何不同？

3. 为什么住宅建筑和公共建筑在划分单、多层建筑和高层建筑时的标准不同？各自划分的依据是什么？

4. 选择几栋你熟悉的建筑进行分类，并进行耐久等级和耐火等级分析。

第 1 章　房屋建筑识图

1.1　建筑识图的基本知识

1.1.1　房屋的组成及作用

一幢民用建筑，一般是由基础、墙或柱、楼地层、楼(电)梯、屋面、门窗等主要部分组成，如图 1-1 所示。

(1)　基础。基础是位于建筑物最下部的承重构件，它承受着建筑物的全部荷载，并把这些荷载连同自重传给地基。

(2)　墙或柱。墙或柱是建筑物的竖向承重构件。对于墙承重结构体系而言，墙作为承重构件，承受屋面、楼梯、楼地层传来的荷载，并将这些荷载连同自重传给基础。对于骨架承重结构体系而言，墙作为围护构件，外墙抵御风雨雪及寒暑对建筑物的影响；内墙主要作为分隔构件，将建筑空间分隔成或大或小的室内空间。

(3)　楼地层。楼地层是建筑的水平承重和分隔构件，包括楼板层和首层地面两部分。楼板层将建筑在垂直方向划分为若干层，将其所承受的荷载及自重传递给墙或柱。楼板支承在墙上，对墙也起到水平支撑作用。首层地面直接承受各种使用荷载，并把荷载传给下面的土层——地基。

(4)　楼(电)梯。楼梯是建筑中联系上下层的垂直交通设施，也是火灾、地震等灾害发生时的紧急疏散要道。高层建筑中，除设置楼梯外，还设置电梯。

(5)　屋面。屋面是建筑物顶部的覆盖构件，与外墙共同形成建筑物的外壳。屋面既是围护构件又是承重构件，防御自然界各种因素对顶层房间的影响，在承受自重及外部荷载的同时将这些荷载传递给墙或柱。

(6)　门窗。门窗属于非承重构件。门的主要功能是交通出入、分隔和联系空间，有的兼起通风和采光作用；窗主要用于通风和采光。门窗在不同情况下还具有保温、隔热、防风和防水等围护功能，并对建筑造型、立面及装饰有重要的作用。

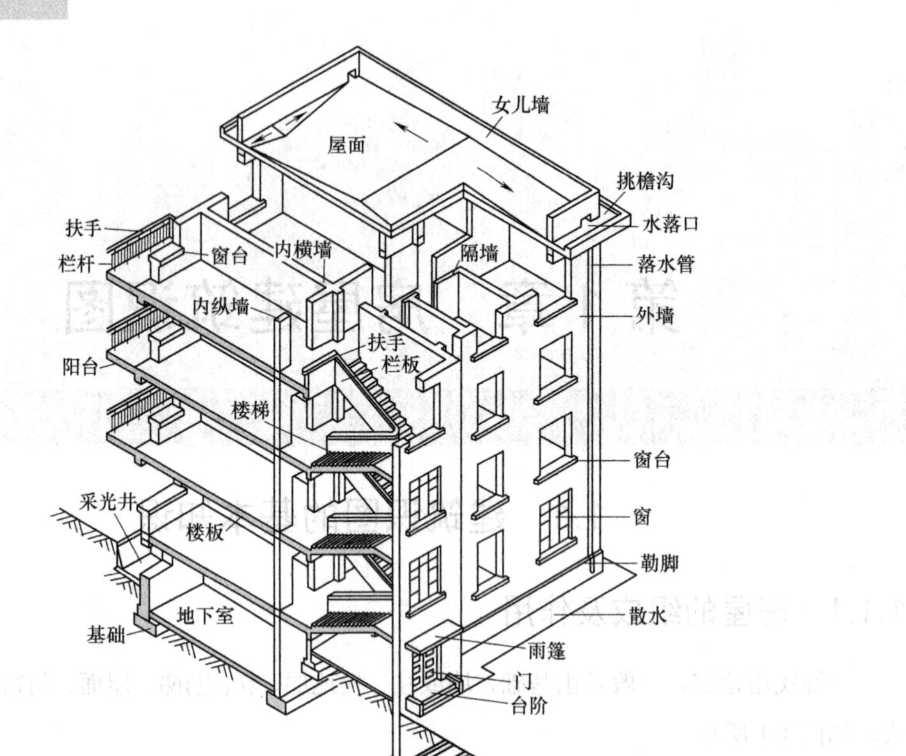

(a) 墙承重结构体系的建筑构造组成

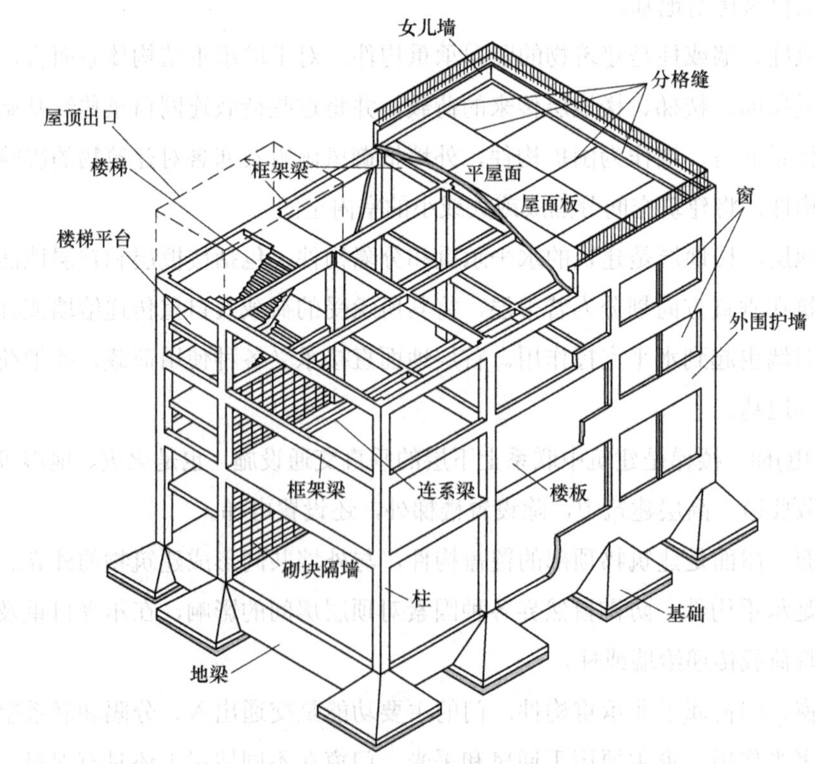

(b) 骨架承重结构的建筑构造组成

图 1-1　房屋的组成

1.1.2　建筑施工图的内容和用途

工程图纸应按专业顺序编排，包括图纸目录、总图、建筑施工图、结构图、给水排水图、暖通空调图、电气图等。各专业的图纸，应按图纸内容的主次关系、逻辑关系进行分类排序。

其中，建筑施工图是用来表示建筑物的总体布局、外部造型、内部布置、细部构造、内外装饰、固定设施和施工要求的图样，主要用来作为施工放线，砌筑基础及墙身，铺设楼板、楼梯、屋顶，安装门窗，室内外装饰以及编制预算和施工组织计划等的依据。建筑施工图一般包括施工总说明(有的包括结构总说明)，以及建筑总平面图、门窗表、建筑平面图、建筑立面图、建筑剖面图和建筑详图等图纸。

1.1.3　建筑施工图中常用的符号

为了保证制图质量、提高制图效率、使制图表达风格统一并便于识读，我国制定了国家标准《房屋建筑制图统一标准》《建筑制图标准》《总图制图标准》等，下面介绍几项主要的规定和常用的表示方法。

1. 图线

建筑专业制图采用的各种线型，应符合《建筑制图标准》(GB/T 50104—2010)中的规定，见表 1-1。其中图线的宽度 b，应根据图样的复杂程度和比例，并按《房屋建筑制图统一标准》(GB/T 50001—2010)的规定选用。图 1-2～图 1-4 所示为平面图、墙身剖面图以及详图图线的宽度选用示例。绘制较简单的图样时，可采用两种线宽的线宽组，其线宽比宜为 $b：0.25b$。

表 1-1　图线

名　称		线　型	线　宽	用　途
实线	粗	——————	b	(1) 平、剖面图中被剖切的主要建筑构造(包括构配件)的轮廓线； (2) 建筑立面图或室内立面图的外轮廓线； (3) 建筑构造详图中被剖切的主要部分的轮廓线； (4) 建筑构配件详图中的外轮廓线； (5) 平、立、剖面的剖切符号
	中粗	——————	$0.7b$	(1) 平、剖面图中被剖切的次要建筑构造(包括构配件)的轮廓线； (2) 建筑平、立、剖面图中建筑构配件的轮廓线； (3) 建筑构造详图及建筑构配件详图中的一般轮廓线
	中	——————	$0.5b$	小于 $0.7b$ 的图形线、尺寸线、尺寸界线、索引符号、标高符号、详图材料做法引出线、粉刷线、保温层线、地面、墙面的高差分界线等
	细	——————	$0.25b$	图例填充线、家具线、纹样线等

续表

名称		线型	线宽	用途
虚线	中粗	- - - - - - - - - -	0.7b	(1) 建筑构造详图及建筑构配件不可见的轮廓线； (2) 平面图中的起重机(吊车)轮廓线； (3) 拟建、扩建建筑物轮廓线
	中	- - - - - - - - - -	0.5b	投影线、小于 0.5b 的不可见轮廓线
	细	- - - - - - - - - -	0.25b	图例填充线、家具线等
单点长划线	粗	—·—·—	b	起重机(吊车)轨道线
	细	—·—·—	0.25b	中心线、对称线、定位轴线
折断线	细	—\/—	0.25b	部分省略表示时的断开界线
波浪线	细	～～～	0.25b	部分省略表示时的断开界线，曲线形构件断开界线；构造层次的断开界线

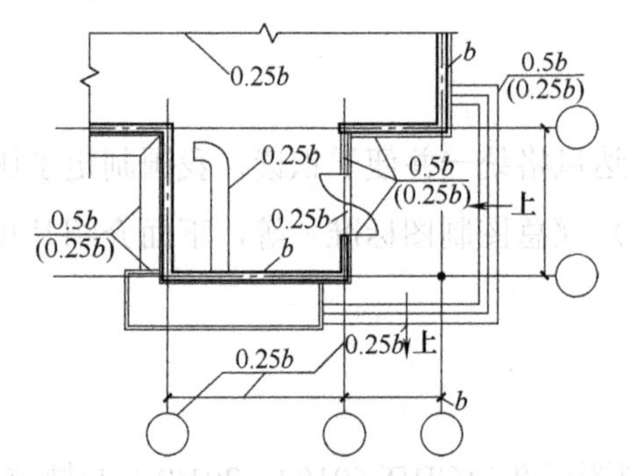

图 1-2　平面图图线宽度选用示例

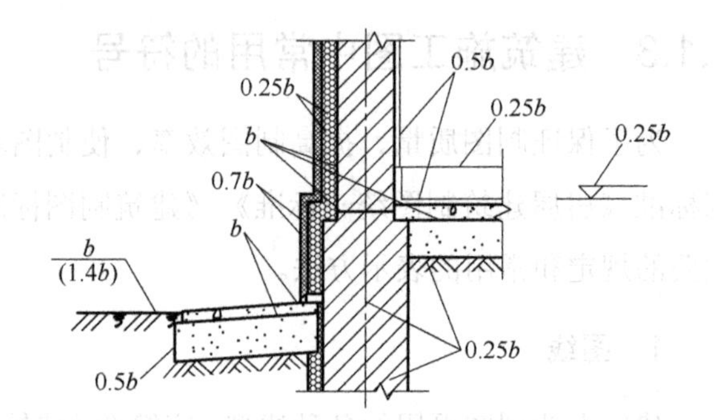

图 1-3　墙身剖面图图线宽度选用示例

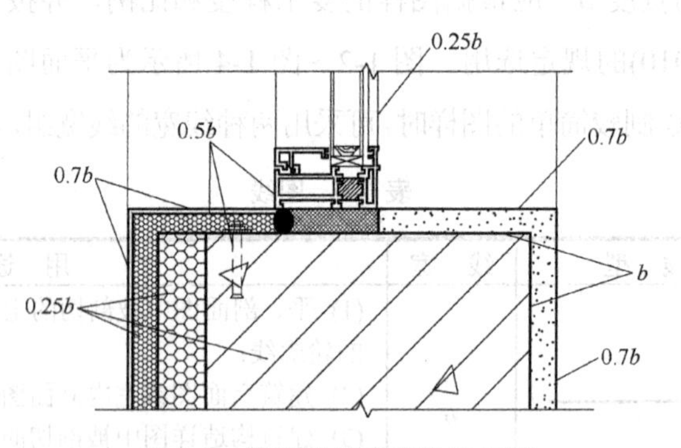

图 1-4　详图图线宽度选用示例

2. 比例

图样的比例为图形与实物相对应的线形尺寸之比。比例应以阿拉伯数字表示，如 1∶1、1∶100 等。比例的大小，是指其比值的大小，如 1∶50 大于 1∶100。建筑物是庞大复杂的体系，建筑施工图一般都采用缩小的比例尺绘制。但房屋内部各部分的构造情况在小比例的平、立、剖面图中又不可能表示得很清楚，因此对局部节点就要用较大比例将其内部构造详细绘制出来。房屋施工图的比例通常可按表 1-2 选用。

表 1-2　房屋施工图的常用比例

图　名	常用比例
总平面图	1∶500、1∶1000、1∶2000
平面图、立面图、剖面图	1∶50、1∶100、1∶150、1∶200、1∶300
详图	1∶1、1∶2、1∶5、1∶10、1∶15、1∶20、1∶25、1∶30、1∶50

3. 索引符号和详图符号

1)　索引符号

图中某一局部或构件如需另见详图，应以索引符号索引。索引符号的圆及直径均应以细实线绘制，圆的直径为 10mm，如图 1-5(a)所示。

(1)　索引出的详图如与被索引的图样同在一张图纸内，应在索引图符号的上半圆中用阿拉伯数字注明该详图的编号，并在下半圆中间画一段水平细实线，如图 1-5(b)所示。

(2)　索引出的详图如与被索引的图样不在一张图纸内，应在索引图符号的下半圆中用阿拉伯数字注明该图所在图纸的编号，如图 1-5(c)所示。

(3)　索引出的详图如采用标准图，应在索引符号水平直径的延长线上加注图册的编号，如图 1-5(d)所示。

索引符号如用于索引剖面详图，应在被剖切的部位绘制剖切位置线，并应以引出线引出索引符号，引出线所在的一侧应为剖视方向。如图 1-6(a)所示为向左剖视，图 1-6(b)所示为向下剖视，图 1-6(c)所示为向上剖视，图 1-6(d)所示为向右剖视。索引符号编写的规定同前。

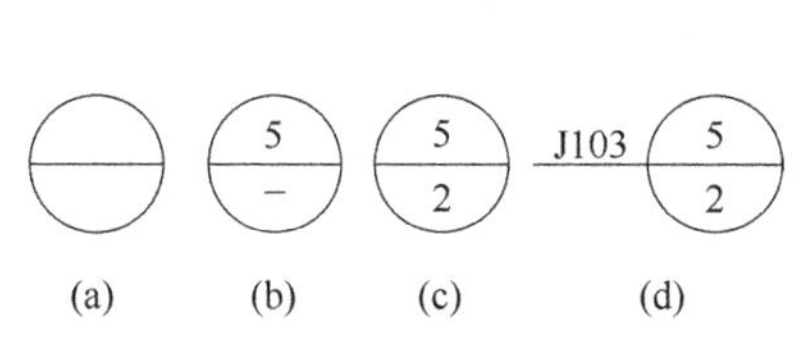

图 1-5　索引符号

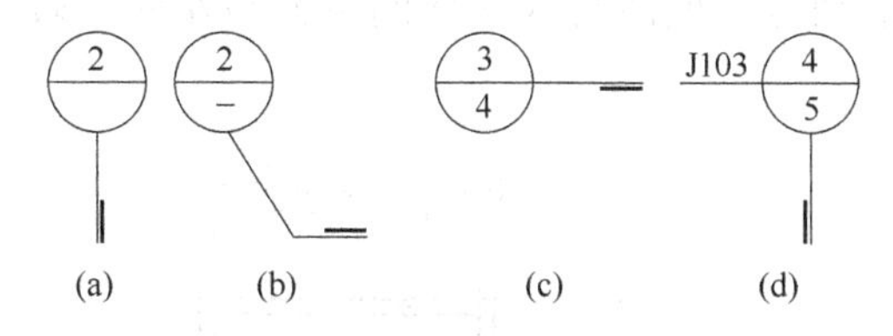

图 1-6　用于索引剖面详图的索引符号

2)　详图符号

详图的位置和编号应以详图符号表示，详图符号的圆应以粗实线绘制，直径为 14mm，如图 1-7 所示。

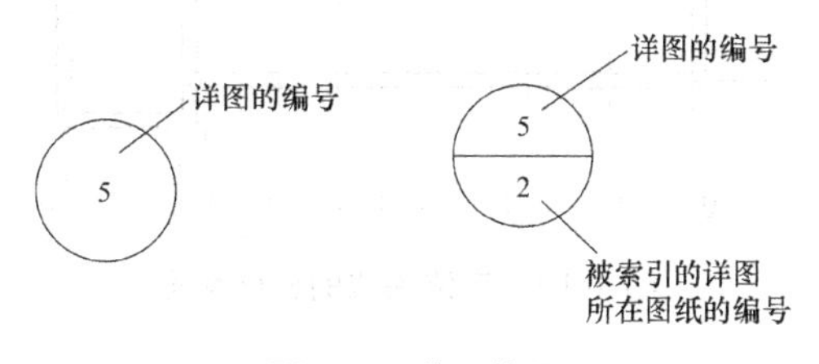

图 1-7　详图符号

4. 定位轴线

在施工图中，通常将建筑的基础、墙、柱、墩和屋架等承重构件的轴线画出并进行编号，以便于施工时定位放线和查阅图纸，这些轴线称为定位轴线。

定位轴线采用细点划线表示。轴线编号的圆圈用细实线，直径为 8～10mm。定位轴线圆的圆心，应在定位轴线的延长线上或延长线的折线上。在平面图上，水平方向的编号采用阿拉伯数字，从左至右顺序编写；竖直方向的编号采用大写拉丁字母，自下至上顺序编写，其中 I、O、Z 三个字母不得作为轴线编号，以免与数字 1、0、2 混淆，如图 1-8 所示。对于一些与主要承重构件相联系的次要构件，其定位轴线一般作为附加轴线，用分数的形式表示。分母表示前一根轴线的编号；分子表示附加轴线的编号，用阿拉伯数字顺序编写，如图 1-9 所示。当 1 号轴线和 A 轴线之前需要加设附加轴线时，应以分母 01 和 0A 分别表示。

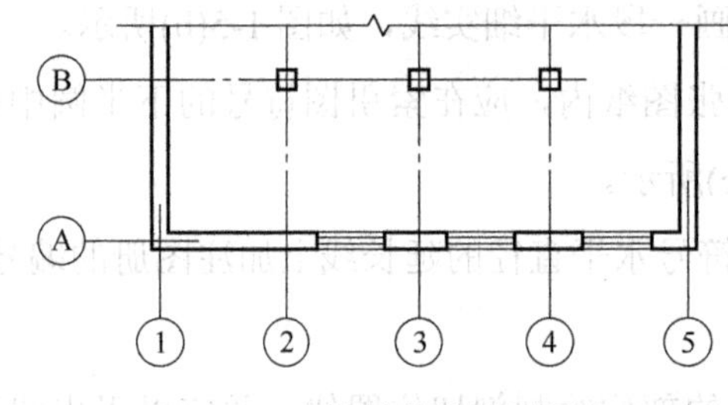

图 1-8　定位轴线的编号顺序

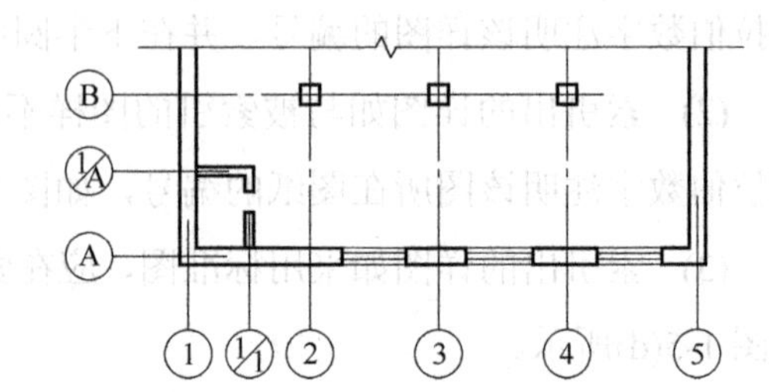

图 1-9　附加定位轴线的编号顺序

如字母数量不够使用，可增用双字母或单字母加数字注脚，如 A_A、B_A、…、Y_A，或 A_1、B_1、…、Y_1，或采用分区标编号的方法，如图 1-10 所示。在简单或对称的房屋中，平面图的轴号一般注写在图样的下方与左侧。较复杂或不对称的房屋，图形上方和右侧也可标注。

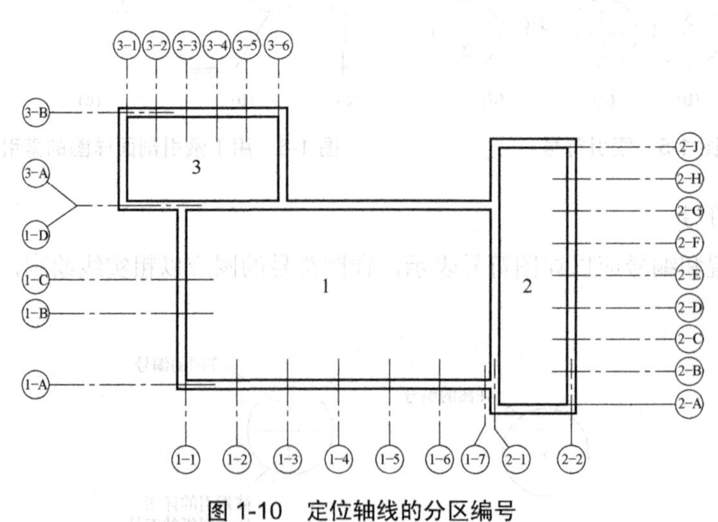

图 1-10　定位轴线的分区编号

通用详图中的定位轴线，应只画圆，不注写轴线编号。当详图适用于几根轴线时，应同时注明各有关轴线的编号，如图 1-11 所示。当为圆形平面时，其轴线编注方法如图 1-12 所示。当为折线形平面时，其轴线编注方法如图 1-13 所示。

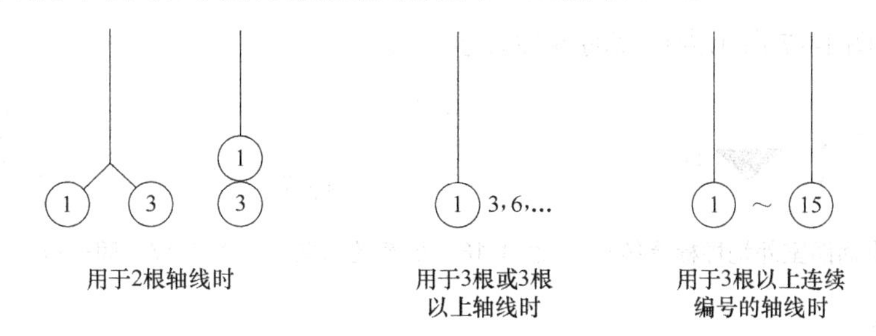

图 1-11　详图的轴线编号

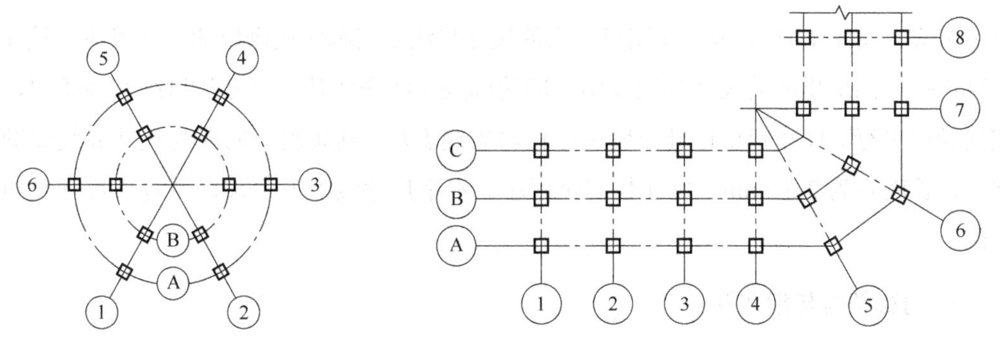

图 1-12　圆形平面定位轴线的编号　　图 1-13　折线形平面定位轴线的编号

5. 标高

在总平面图、平面图、立面图和剖面图上，经常用标高符号表示某一部位的高度。各图上所用标高符号应按图 1-14 所示以细实线绘制。标高数字以米为单位，注至小数点后三位。在总平面图中，可注写到小数点后两位。

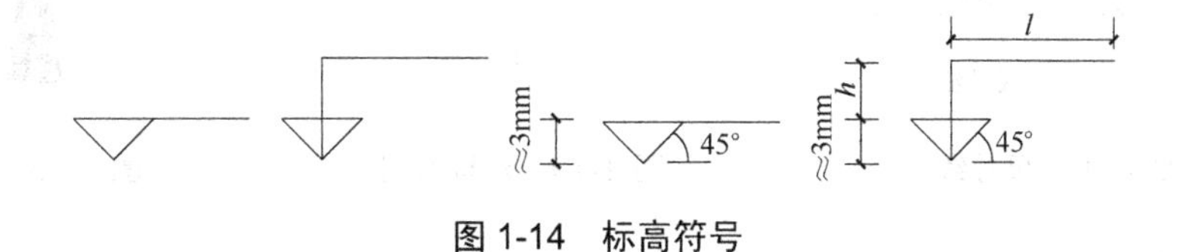

图 1-14　标高符号

l—取适当长度注写标高数字；h—根据需要取适当高度

标高有绝对标高和相对标高两种。我国把青岛黄海的平均海平面定为绝对标高的零点，其他各地标高都以它作为基准，在总平面的室外整平地面标高中常采用绝对标高。除总平面外，一般采用相对标高，即把底层室内主要地坪标高定为相对标高的零点，注写成±0.000，并在建筑工程的总说明中说明相对标高和绝对标高的关系。

另外，要注意的是建筑标高和结构高的区别。其中，建筑标高是指各部位装饰装修完成后的标高。结构标高则是各结构构件的标高，不含装修面层。一般在建筑施工图中标注建筑标高(但屋顶平面图中常标注结构标高)，在结构施工图中标注结构标高。

图 1-15～图 1-17 所示为标高的各种表示方法。

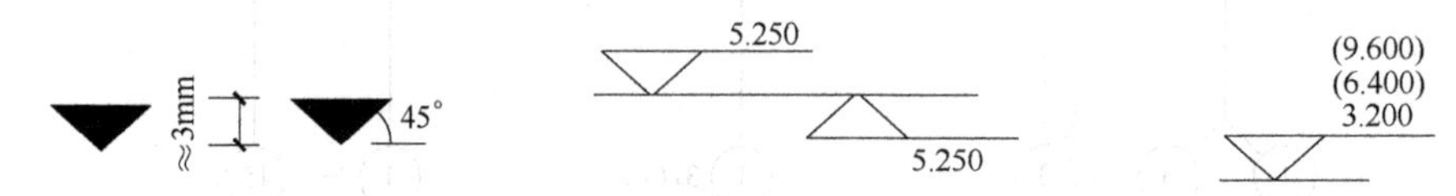

图 1-15　总平面图室外地坪标高符号　　图 1-16　标高的指向　　图 1-17　同一位置多个标高数字

6. 尺寸线

施工图中均应注明详细的尺寸。尺寸标注由尺寸界线、尺寸线、尺寸起止符号和尺寸数字组成，如图 1-18 所示。在图形外面的尺寸界线是用细实线画出的，一般应与被注长度垂直，但在图形里面的尺寸界线以图形的轮廓线中线来代替。尺寸线以细实线画出，应与被注长度平行。尺寸起止符号一般用中粗斜短线表示，其倾斜方向应与尺寸界线成顺时针 45°，长度宜为 2～3mm。尺寸数字应标注在水平尺寸线上方中部以及垂直尺寸线的左方中部。

7. 对称符号与指北针

对称符号由对称线和两端的两对平行线组成。对称线用细点划线绘制，其长度宜为 6～10mm，间距为 2～3mm，如图 1-19 所示。指北针如图 1-20 所示，用细实线绘制，其圆的直径宜为 24mm，指针头部应注“北”或“N”字，指针尾部宽度宜为直径的 1/8。

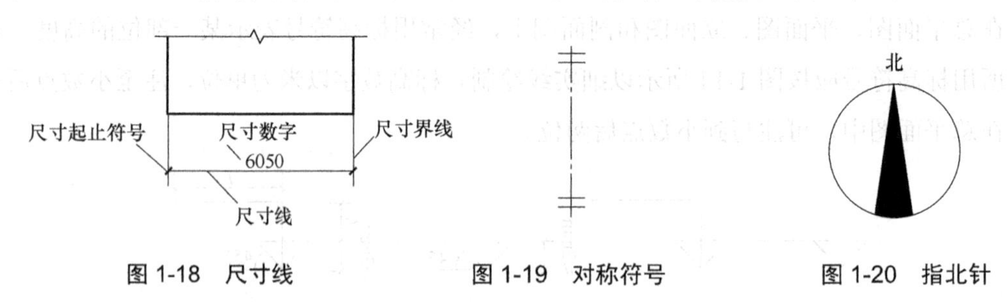

图 1-18　尺寸线　　图 1-19　对称符号　　图 1-20　指北针

8. 引出线

引出线应以细实线绘制，宜采用水平方向的直线，与水平方向成 30°、45°、60°、90°的直线，或经上述角度再折为水平线，如图 1-21 所示。同时引出的几个相同部分的引出线宜相互平行，也可画成集中于一点的放射线，如图 1-22 所示。多层构造或多层管道共用引出线，应通过被引出的各层，并用圆点示意对应各层次。文字说明的顺序应由上至下；如层次为横向顺序，则由上至下的说明顺序应与由左至右的层次对应一致，如图 1-23 所示。

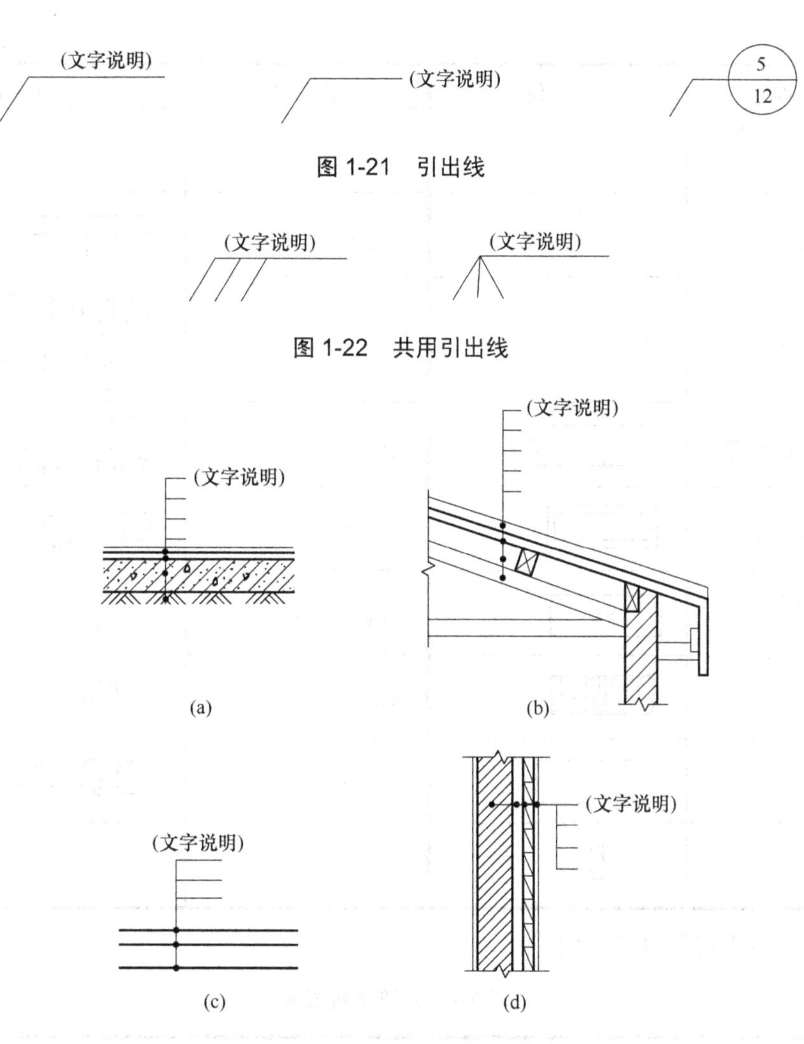

图 1-21　引出线

图 1-22　共用引出线

图 1-23　多层共用引出线

9. 常用图例

表 1-3 所示为总平面图例。

表 1-3　总平面图例

名　称	图　例	名　称	图　例
新设计建筑物		新设计的道路	纵坡度 转弯半径 R9 6 101.00 变坡点间距离 105.00 道路断面示意 路面中心标高
原有的建筑物		原有的道路	

续表

名　称	图　例	名　称	图　例
计划扩建的预留地或建筑物		计划的道路	
拆除的建筑物		人行道	
地下建筑物或构筑物		围墙	砖面、混凝土及金属材料的围墙 镀锌铁丝网、篱笆
建筑物下面的通道		台阶	箭头方向表示下坡
散状材料露天堆场		冷却塔	
其他材料露天堆场或作业场		贮罐式水塔	
铺砌场地		烟囱	
敞棚或敞廊		绿化	
露天桥式吊车			

表 1-4 所示为建筑材料图例。

表 1-4　建筑材料图例

名　称	图　例	备　注
自然土壤		包括各种自然土壤
夯实土壤		—
砂、灰土		—
砂砾石、碎砖三合土		—
石材		—
毛石		—
普通砖		包括实心砖、多孔砖、砌块等砌体。断面较窄不易绘出图例线时，可涂红，并在图纸备注中加注说明，画出该材料图例

续表

名　称	图　例	备　注
耐火砖		包括耐酸砖等砌体
空心砖		指非承重砖砌体
饰面砖		包括铺地砖、马赛克、陶瓷锦砖、人造大理石等
焦渣、矿渣		包括与水泥、石灰等混合而成的材料
混凝土		(1) 本图例指能承重的混凝土及钢筋混凝土 (2)包括各种强度等级、骨料、添加剂的混凝土 (3) 在剖面图上画出钢筋时，不画图例线 (4) 断面图形小，不易画出图例线时，可涂黑
钢筋混凝土		
多孔材料		包括水泥珍珠岩、沥青珍珠岩，泡沫混凝土、非承重加气混凝土、软木、蛭石制品等
纤维材料		包括矿棉、岩棉、玻璃棉、麻丝、木丝板、纤维板等
泡沫塑料材料		包括聚苯乙烯、聚乙烯、聚氨酯等多孔聚合物类材料
木材		(1) 上图为横断面，左上图为垫木，木砖或木龙骨 (2) 下图为纵断面

表1-5所示为建筑配件图例。

表1-5　建筑配件图例

名　称	图　例	名　称	图　例
空门洞		单层外开平开窗	
单扇门		双层内外开平窗	

续表

名 称	图 例	名 称	图 例
双扇门		水平推拉窗	
对开折叠门		墙上预留槽	宽×高×深 底2.500
单扇弹簧门		高窗	
双扇弹簧门		孔洞	
百叶窗		坑槽	
单层外开上悬窗		检查孔	
单层内开下悬窗		烟道	
单层中悬窗		通风道	
墙上预留窗	宽×高 底2.500 或 直径 中2.500	厕所小间、淋浴小间	

1.2 建筑总平面图

1.2.1 建筑总平面图的形成和用途

将新建工程四周一定范围内的新建、原有和拆除的建筑物及周围的地形、地物等状况用水平投影的方法和相应的图例所绘出的图样，称为总平面图。

总平面图主要表示新建建筑的平面轮廓形状和层数、与原有建筑物的相对位置、周围环境、地貌地形、道路和绿化的布置等情况，是新建建筑施工定位、土方施工以及设备管网平面布局的依据。

1.2.2　建筑总平面图的内容

建筑总平面图中主要包括如下内容。

(1) 图名及比例。

(2) 场地边界、道路红线、用地红线等用地界线。

(3) 新建建筑物所处的地形，如地形变化较大，应绘出相应等高线。

(4) 新建建筑物的具体位置，在总平面图中应详细表达出新建建筑物的位置。

在总平面图样中，新建建筑的定位方式有三种：第一种是利用新建建筑物和原有建筑物之间的距离定位，第二种是利用施工坐标确定新建建筑物的位置，第三种是利用新建建筑物与周围道路之间的距离确定位置。当新建建筑区域所在地形较为复杂时，为了保证施工放线的准确，通常采用坐标定位。坐标定位分为测量坐标和建筑坐标两种。

① 测量坐标。在地形图上用细实线画成交叉十字线的坐标网，以南北方向的轴线为 X 轴、东西方向的轴线为 Y 轴，这样的坐标为测量坐标。坐标网常采用 100m×100m 或 50m×50m 的方格网。一般建筑物的定位宜注写其三个角的坐标，如建筑物与坐标轴平行，可注写其对角坐标，如图 1-24 所示。

② 建筑坐标。建筑坐标就是将建设地区的具有明显标志的某点定为“0”，以垂直方向的轴线为 A 轴、水平方向的轴线为 B 轴，采用 100m×100m 或 50m×50m 的方格网，沿建筑物主轴方向用细实线画成方格网，如图 1-25 所示。

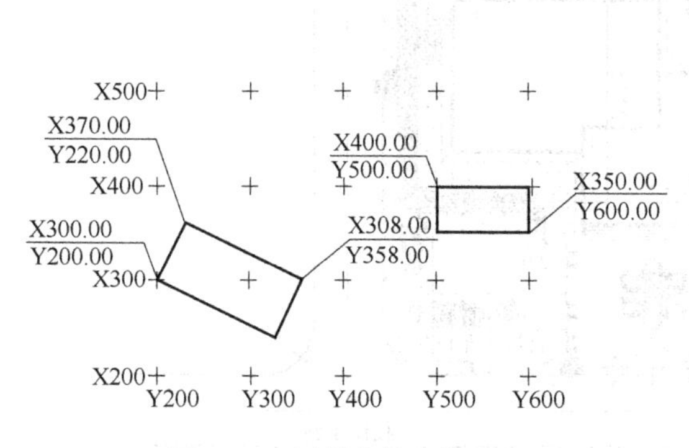

图 1-24　测量坐标定位示意

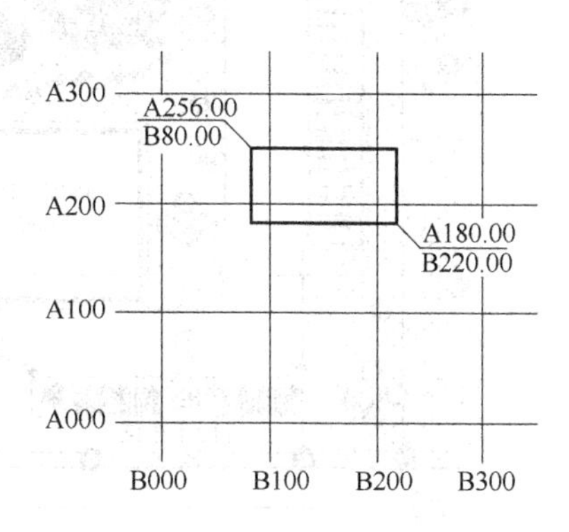

图 1-25　建筑坐标定位示意

(5) 注明新建建筑物室内地面绝对标高、层数和室外整平地面的绝对标高。总平面图的坐标、标高、距离以米为单位，精确到小数点后两位。

(6) 与新建建筑物相邻的有关建筑、拆除建筑的位置或范围。

(7) 新建建筑物附近的地形、地物等，如道路、河流、水沟、池塘、土坡等。应注明道路的起点、变坡、转折点、终点以及道路中心线的标高、坡向等。

(8) 指北针或风向频率玫瑰图。在总平面图中通常画有指北针或者风向频率玫瑰图，表示该地区常年的风向频率和建筑的朝向。风向频率玫瑰图(见图 1-26)根据当地多年平均统计的各个方向吹风次数的平均日数的百分数，按一定比例绘制而成，一般多用 8 个或 16 个罗盘方位表示，所示风向是指从外吹向地区中心，其中实线为全年风向频率，虚线部分为夏季风向频率。

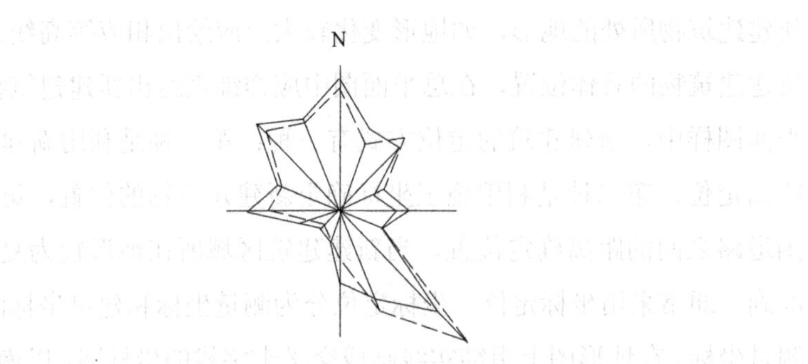

图 1-26 风向频率玫瑰图

(9) 用地范围内的广场、停车场、道路、绿化用地等。

图 1-27 所示为某学校图书馆总平面图。

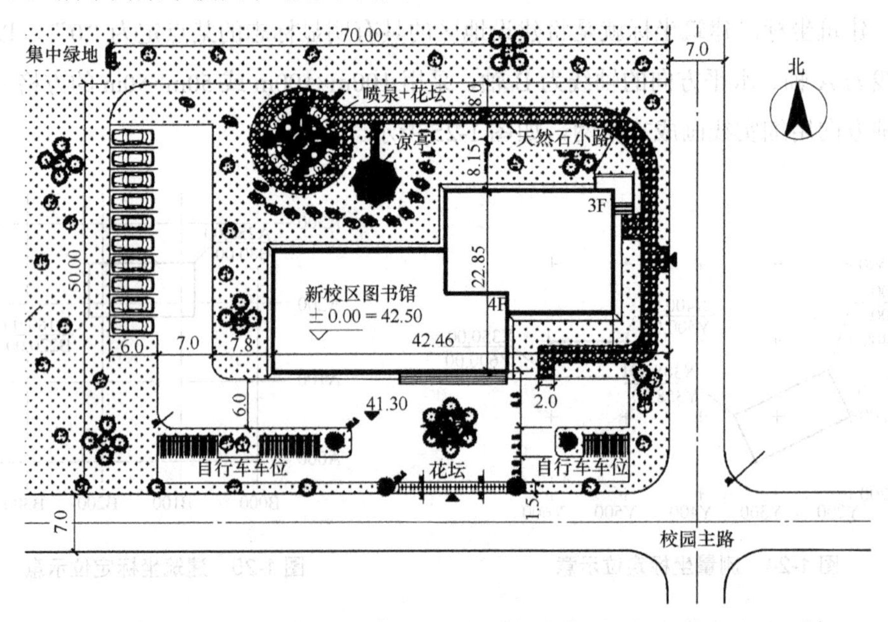

图 1-27 总平面图

1.3　建筑平面图

1.3.1　建筑平面图的形成和用途

建筑平面图是假想用一个水平的剖切面沿门窗洞部位(窗台以上、过梁以下的空间)将建筑全部切开，移去上半部分后对剖切平面以下的形体所做的水平投影图。

建筑平面图反映出建筑的平面形状、大小、内部平面功能布局和朝向，墙、柱的位置，尺寸和材料，门窗的类型和位置等。在施工中，建筑平面图是施工放线、墙体砌筑、构件安装、室内装饰及编制预算的主要依据。

1.3.2　建筑平面图的数量和名称

对于多层建筑，一般应每层有一个单独的平面图。但一般建筑常常是中间几层平面布局完全相同，这时就可以省掉几个平面图，只用一个平面图表示，这种平面图称为标准层平面图。建筑施工图中的平面图，一般有底层平面图(表示第一层房间的布置、建筑入口、门厅和楼梯等)、标准层平面图(表示中间各层的布置)、顶层平面图(表示房间最高层的平面布置)以及屋顶平面图(即屋顶平面的水平投影)。

1.3.3　建筑平面图的内容

建筑平面图主要包括如下内容。

(1) 平面功能的组织、房间布局。

(2) 所有轴线及其编号，墙、柱、墩的位置和尺寸。

(3) 房间的名称及其门窗的位置、洞口宽度与编号。

(4) 室内外的有关尺寸及室内楼地面的标高。

(5) 电梯、楼梯的位置，楼梯上下行方向、尺寸等。

(6) 阳台、雨篷、台阶、斜坡、烟道、通风道、管井、消防梯、雨水管、散水、排水沟、花池等位置及尺寸。

(7) 室内固定设备，如厨房洗菜池、灶台或卫生间内的卫生器具等的位置及形状。

(8) 在底层平面图中绘制指北针及剖面图的剖切符号及编号，标注有关部位的详细索引符号。

(9) 综合反映其他工种如水、暖、电等的要求：水池、地沟、配电箱、消火栓、墙或楼板上的预留洞口的位置和尺寸。

(10) 屋顶平面图中一般应表示出女儿墙、檐沟、屋面坡度、分水线与雨水口、变形缝、楼梯间、天窗、上人孔、消防梯及其他构筑物等。

图 1-28～图 1-31 所示为某学校教学楼的底层平面图、二三层平面图、顶层平面图以及屋顶平面图。

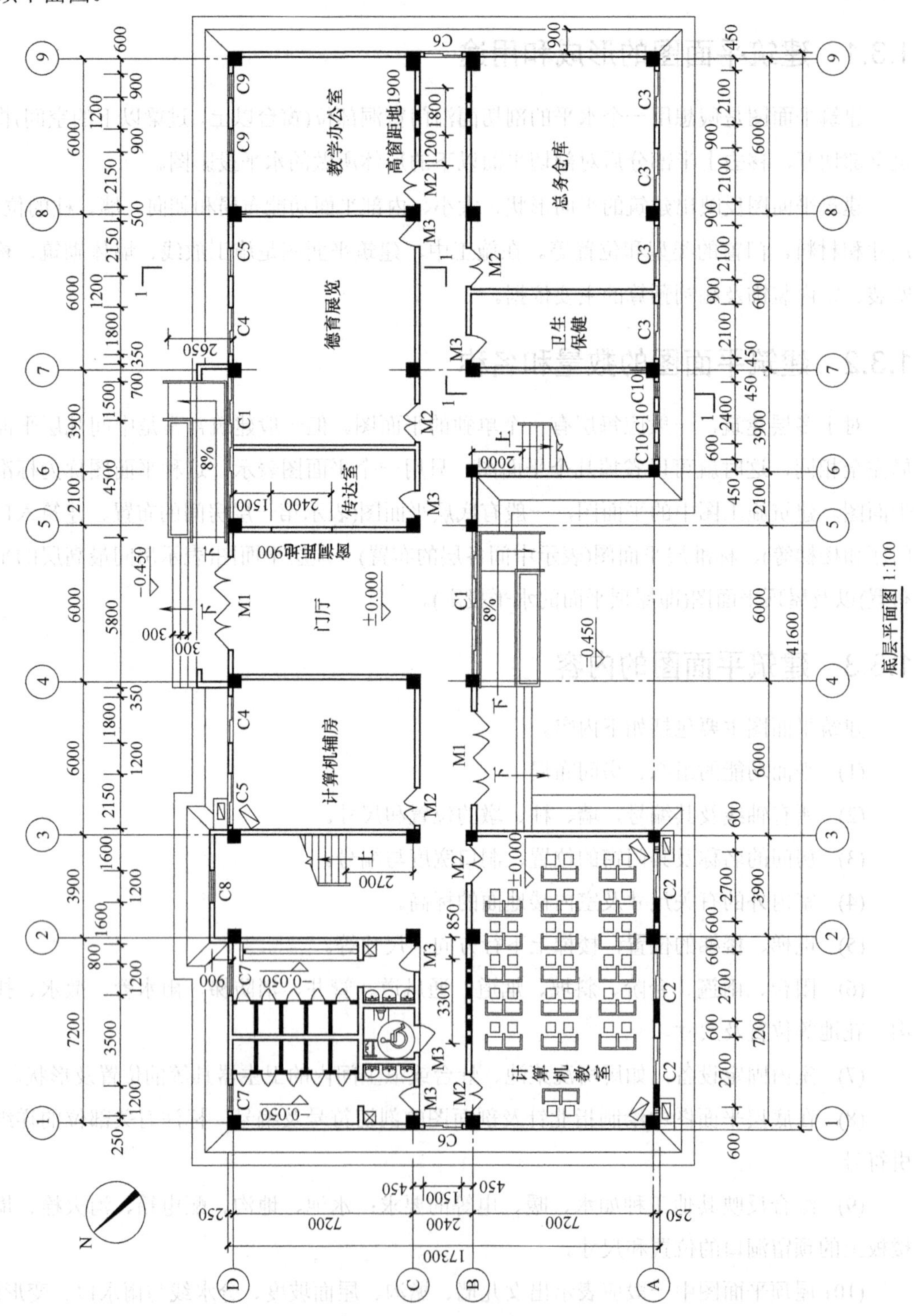

图 1-28 底层平面图

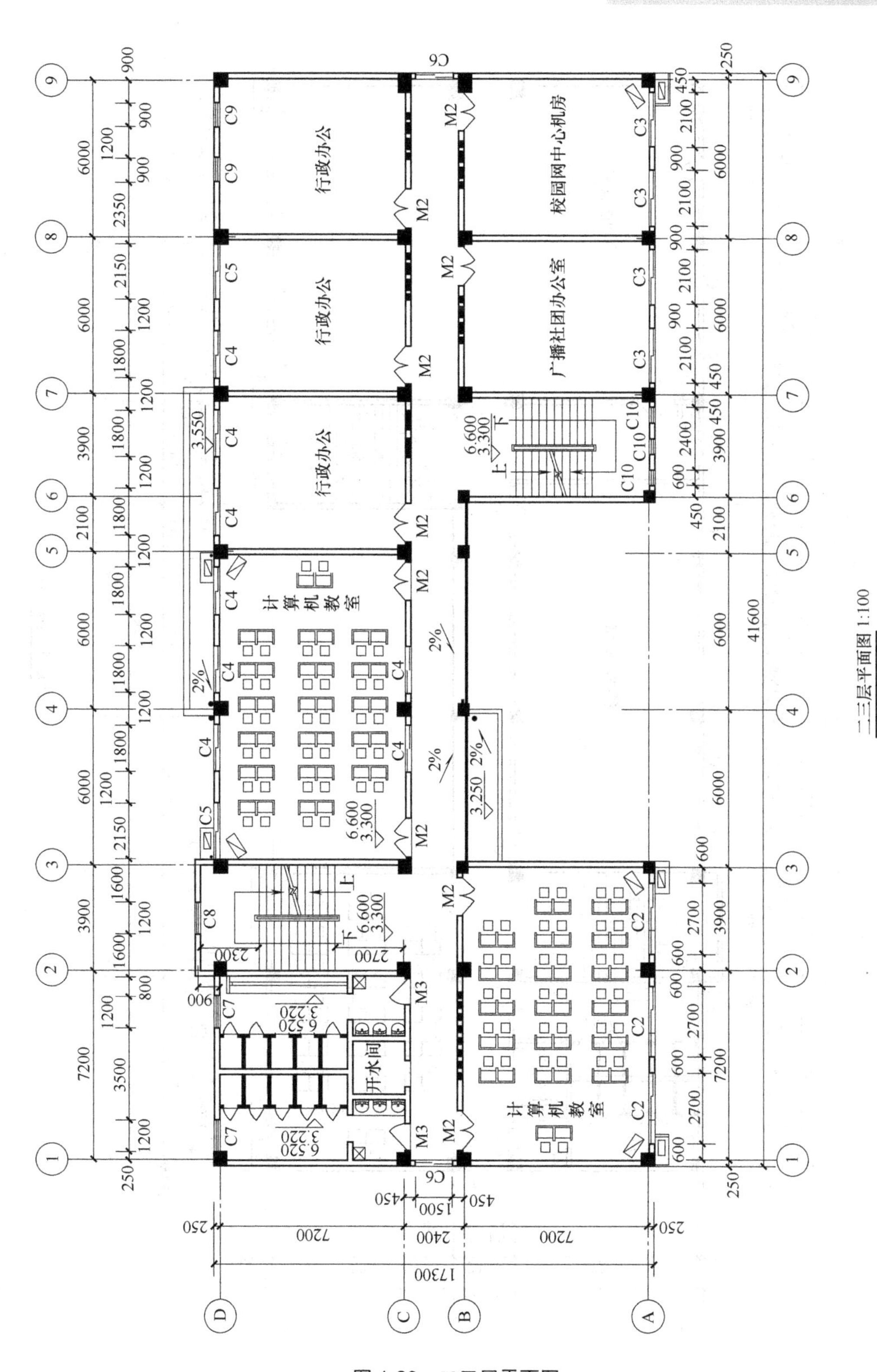
二三层平面图 1:100
行政办公
行政办公
行政办公
校园网中心机房
广播社团办公室
计算机教室
计算机教室
开水间
41600
17300

图 1-29　二三层平面图

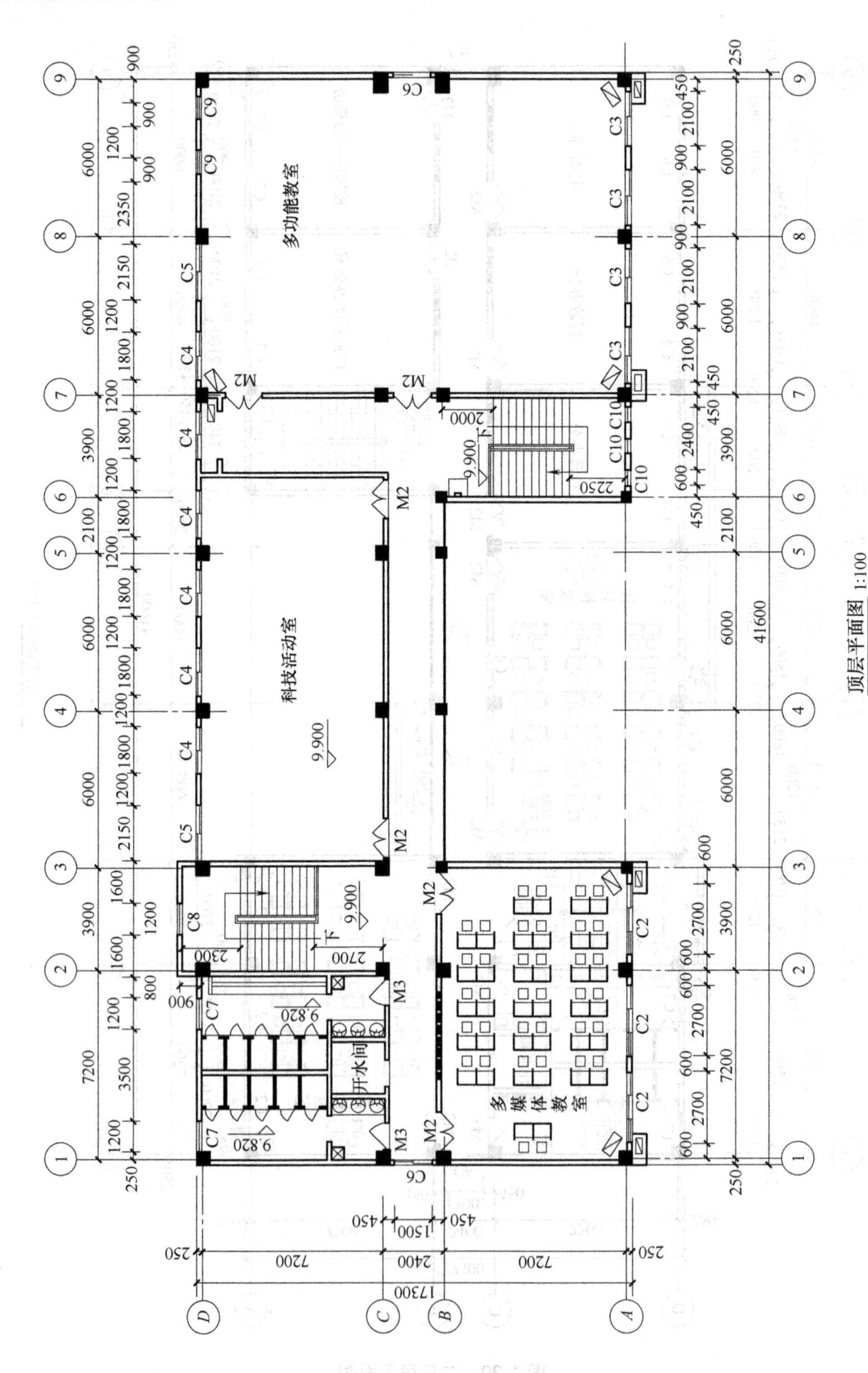

图 1-30　顶层平面图

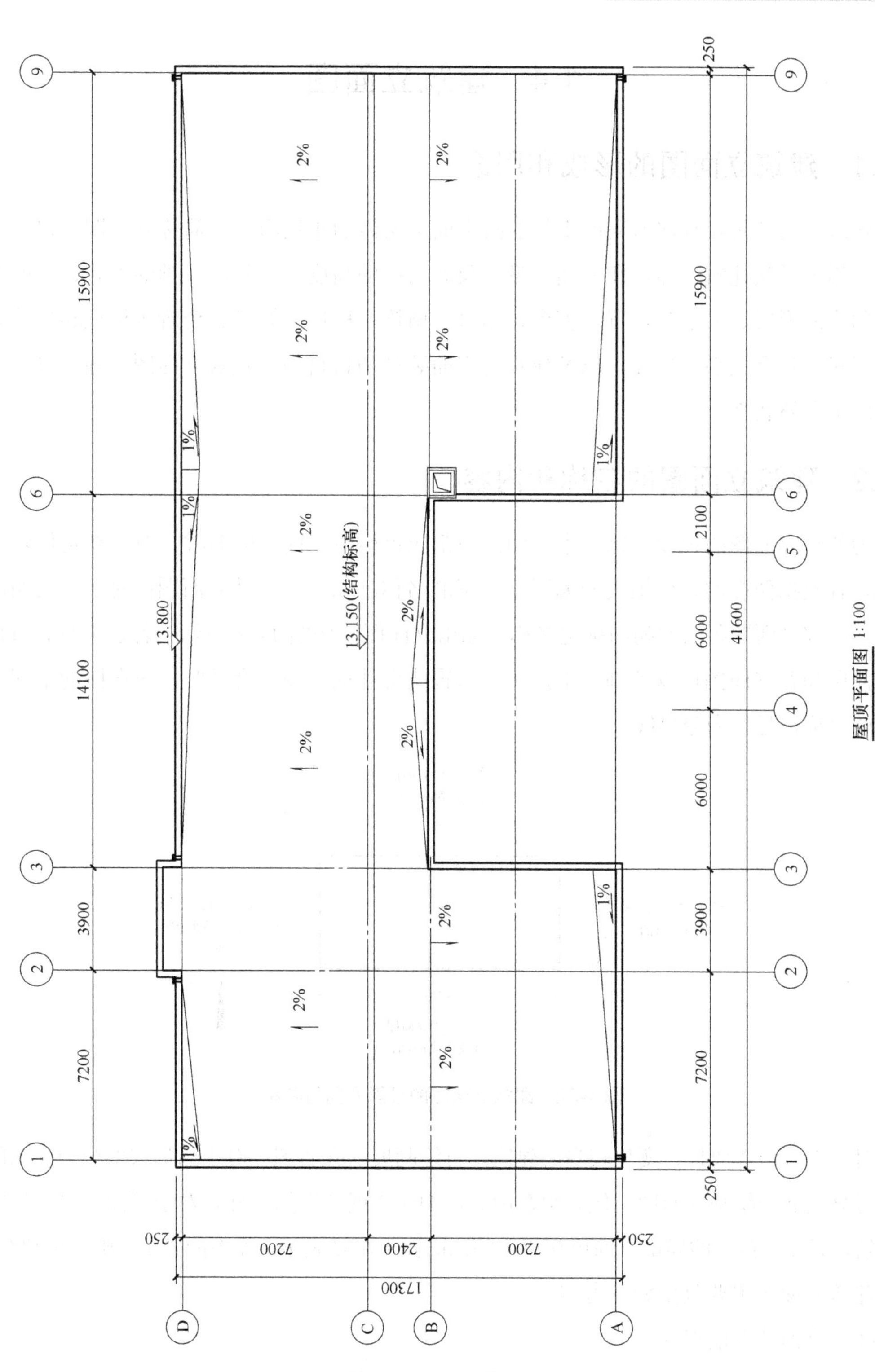

屋顶平面图 1:100
13.150(结构标高)
13.800
2%
1%
15900
14100
3900
7200
2100
6000
41600
250
2400
17300
1
2
3
4
5
6
9
A
B
C
D

图 1-31　屋顶平面图

1.4 建筑立面图

1.4.1 建筑立面图的形成和用途

建筑立面图是在与建筑立面平行的投影面上所做的正投影图，简称立面图。建筑立面图主要用来反映建筑的体形和立面造型，反映房屋的高度、层数，屋顶的形式，墙面的做法，门窗的形式、大小和位置，窗台、阳台、雨篷、檐口、勒脚、台阶等构造和配件各部位的形状和相互关系、标高，以及建筑的立面装饰和材料等。建筑立面图在施工过程中，主要用于室外装修。

1.4.2 建筑立面图的名称和内容

为便于立面图的识读，每一个立面图中都应该标注立面图的名称。对于有定位轴线的建筑，宜根据两端的定位轴线号编写立面图的名称，如①～⑦轴立面图；对于朝向明确的建筑，可按平面图各面的朝向确定名称，如南立面图，如图 1-32 所示。若建筑左右对称，正立面图和背立面图可以各画一半，单独布置或合并成一图。合并时，应在图的中间画一铅直的对称符号作为分界线。

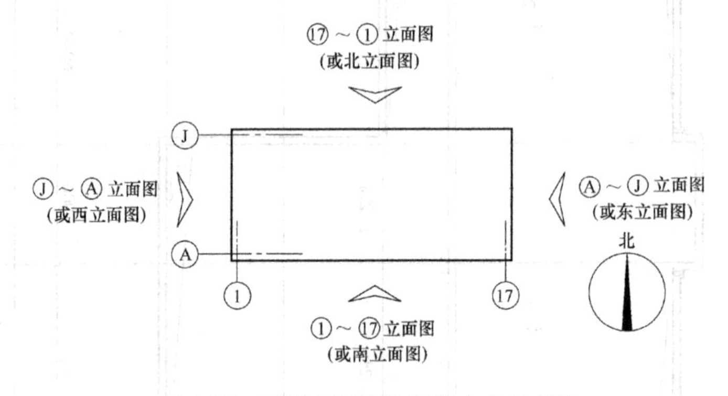

图 1-32 建筑立面图的投影方向与名称

对于平面形状曲折、变化较多的建筑，可绘制展开立面图。对于圆形或多边形平面的建筑，可分段展开绘制立面图，但必须在图名后加注“展开”的字样。对于平面为“回”字形的建筑，其在院落中的局部立面可在相关的剖面图上附带表示。如不能表示，则应单独绘出。

建筑立面图主要包括如下内容。

(1) 立面造型的形式。

(2) 立面图两端或分段定位轴线的编号及其尺寸。

(3) 建筑各主要部分的标高和关系。如室内外地面、窗台、门窗顶、阳台、雨篷、檐口等处完成面的标高。

(4) 建筑立面所选用的材料、色彩和施工要求等。

图 1-33 所示为某教学楼的立面图。

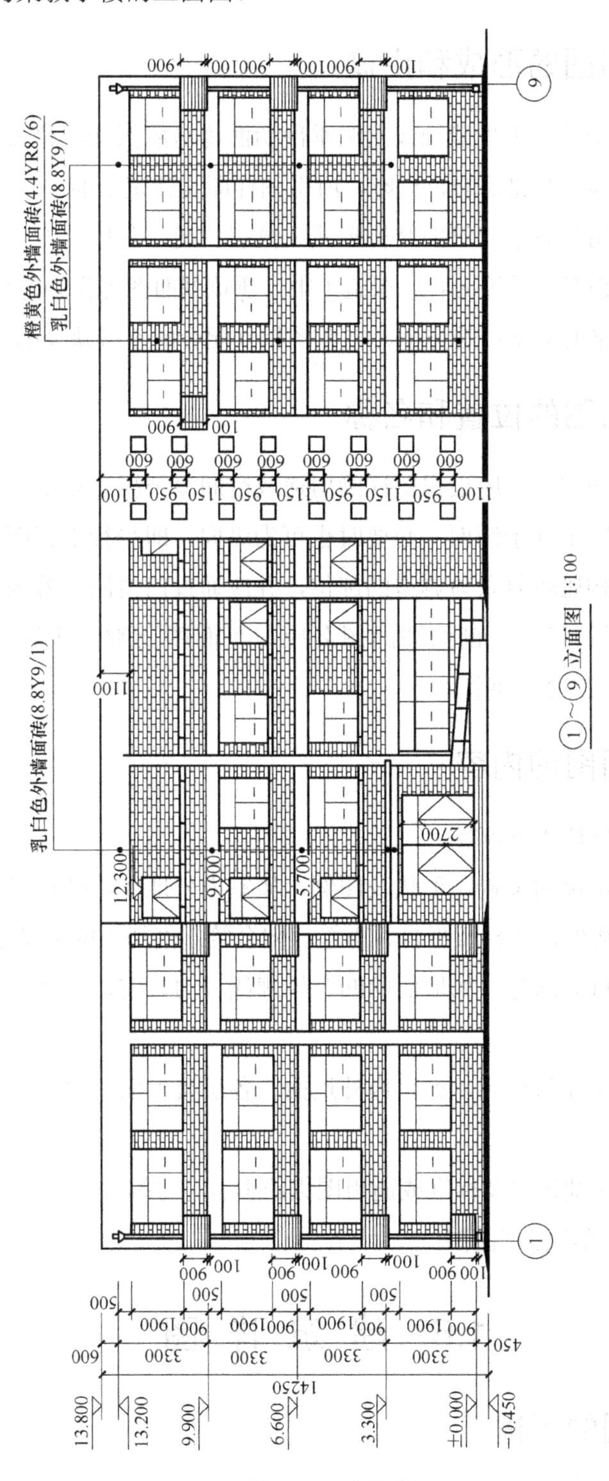

图 1-33　立面图

1.5 建筑剖面图

1.5.1 建筑剖面图的形成和用途

假想用一个或多个垂直于外墙轴线的铅垂剖切面将房屋剖开，移去观察者与剖切面之间的部分，绘出剩余部分的建筑的正投影，所得图样即为建筑剖面图，简称剖面图。

建筑剖面图主要用于表示建筑的结构形式、分层情况、各层高度、地面和楼面以及各构件在垂直方向上的相互关系等内容。在施工中，建筑剖面图可作为进行分层，砌筑墙体，浇筑楼板、屋面板和梁的依据；是与平、立面图相互配合的不可缺少的重要图纸。

1.5.2 建筑剖面图的位置和名称

建筑剖面图的剖切位置，应根据图样的用途或空间复杂程度和施工实际需要来确定。剖面图一般为横向，即平行于侧面；必要时也可为纵向，即平行于正面。其位置应选择在能反映出房屋内部结构比较复杂与典型的部位，并应通过门窗洞。若为多层建筑，应选择在楼梯间或层高不同的部位。剖面图的图名应与平面图上所标注的剖切符号的标号一致，如 1—1 剖面图、2—2 剖面图。

1.5.3 建筑剖面图的内容

建筑剖面图主要包括如下内容。

(1) 剖切到的各部位的位置、形状及图例，如室内外地面、楼板层及屋顶、内外墙及门窗、梁、女儿墙或挑檐、楼梯及平台、雨篷、阳台等；剖切到的墙身定位轴线与间距。

(2) 未剖切到的可见部分，如墙面的凹凸轮廓线、门、窗、勒脚、踢脚线、台阶、雨篷等。

(3) 垂直方向的尺寸与标高，如室内外地面、各层楼地面、窗台、门窗过梁、檐口、屋顶的标高。

(4) 有关部位的详细构造及标准或通用图集的索引符号等。

图 1-34 所示为某教学楼剖面图。

1.6 建 筑 详 图

1.6.1 建筑详图的用途

建筑详图是建筑细部的施工图。由于建筑平、立、剖面图一般采用较小比例绘制，许

多细部构造、材料和做法等内容很难表达清楚，为了能够指导施工，常将这些局部构造用较大比例绘制成详细的图样，这种图样称为建筑详图，也称为大样图或节点图。

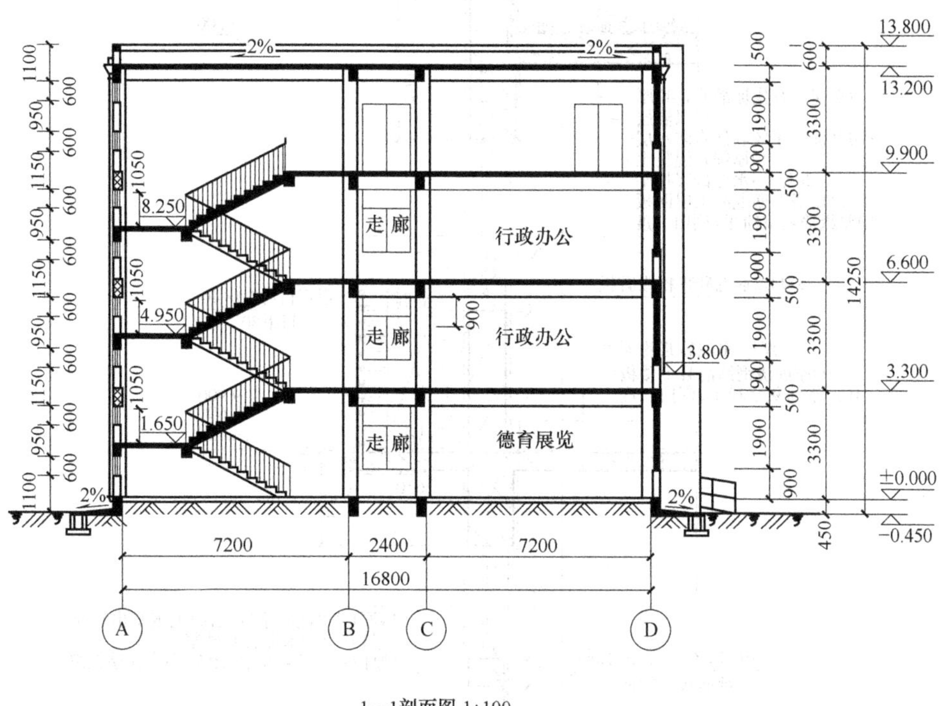

图 1-34　剖面图

1.6.2　建筑详图的内容

建筑详图也可以是平、立、剖面图中局部的放大图。对于某些建筑构造或构件的通用做法，可直接选用国家或地方制定的标准图集(册)或通用图集(册)中的详图，只需注明图集代号和页次，不必再画详图。常见的建筑详图包括表示局部构造的详图，如外墙、楼梯、阳台等；表示房间设备的详图，如卫生间、厨房、实验室内设备的位置及构造等；表示建筑特殊装修部位的详图，如吊顶、花饰等。

1. 外墙身详图

外墙身详图实际上是建筑剖面图的局部放大图，它表示建筑的屋面、楼层、地面和檐口构造、楼板与墙的连接、门窗顶、窗台和勒脚、散水等的构造情况，是施工的重要依据。图 1-35 所示为某框架结构教学楼的外墙节点详图。

外墙身详图主要包括如下内容。

(1)　墙体的厚度与各部分的尺寸变化及其与定位轴线的关系；定位轴线的位置。

(2)　各层梁板等构件的位置、尺寸及其与墙身的关系与连接做法。

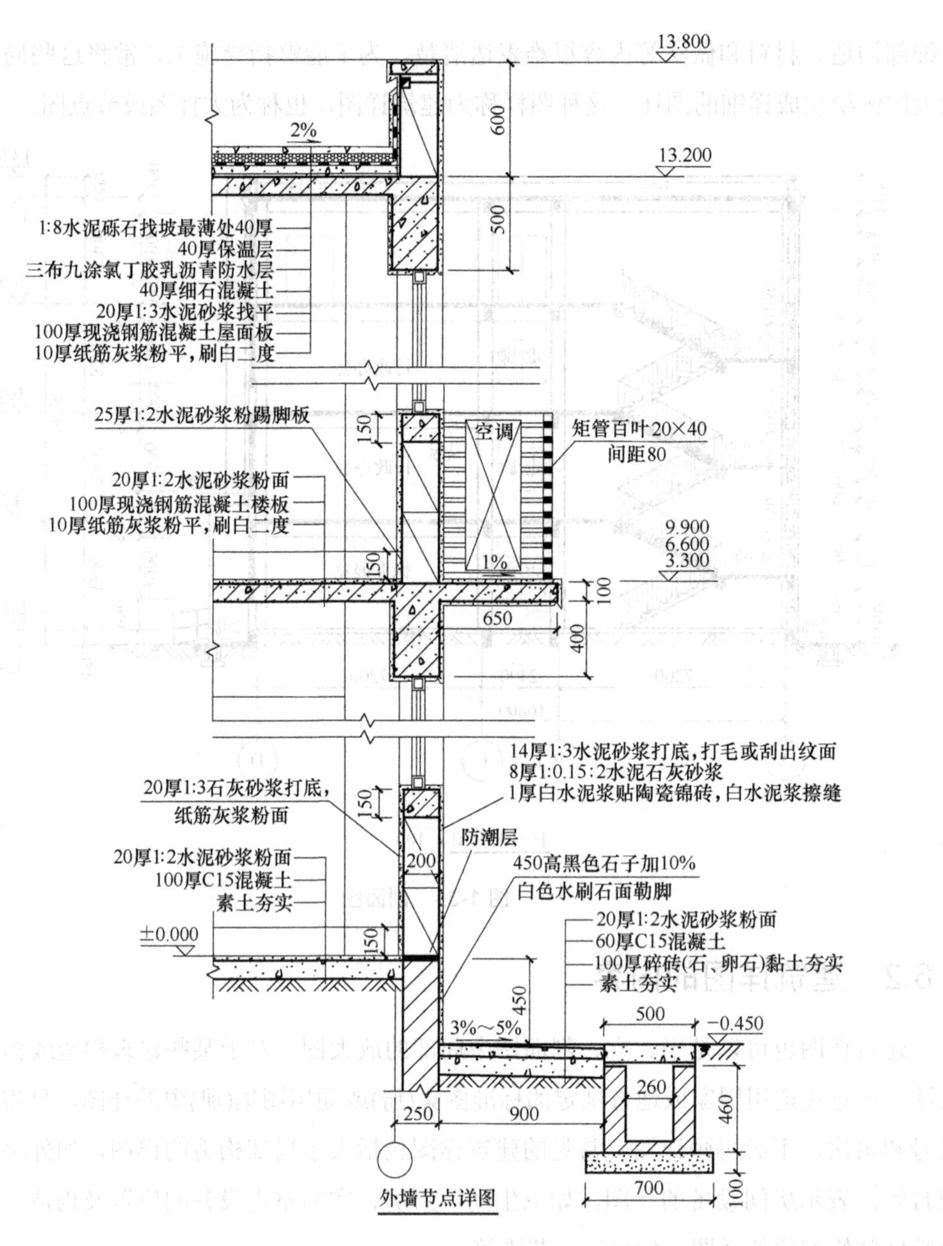

图 1-35　外墙节点详图

(3) 室内各层地面、楼面、屋面的标高及其构造做法(当施工图中附有构造做法表时，在详图及其他图纸上只需标注该表中的做法编号即可，如墙 1、楼 1、屋 1 等)。

(4) 门窗洞口的高度、标高及立口的位置。

(5) 立面装修的要求，包括墙身各部位的凹凸线脚、窗口、门头、雨篷、檐口、勒脚、散水以及墙身防潮等的材料、构造做法和尺寸等。

2. 楼梯详图

楼梯的构造比较复杂，在建筑平面图、剖面图中很难表示清楚，所以必须另画详图表示。楼梯详图要表示出楼梯的类型、结构形式、各部位尺寸以及装修做法等，是楼梯施工放样的依据。图 1-36 及图 1-37 所示为某住宅的楼梯平面详图和剖面详图。

1)　楼梯平面图

楼梯平面图主要包括如下内容。

(1)　楼梯平面图应表示出楼梯间墙、门窗、踏步、平台及栏杆扶手等，底层平面图还应绘出投影所见室外台阶或坡道、部分散水等。

(2)　外部标注两道尺寸。

开间方向：第一道为细部尺寸，包括梯段宽度、梯井宽度和墙内缘至轴线尺寸(门窗只按比例绘出，不标注尺寸)；第二道为轴线尺寸。

进深方向：第一道为细部尺寸，包括梯段长度(标注形式为(踏步数量−1)×踏步宽度=梯段长度)、平台深度和墙内缘至轴线尺寸；第二道为轴线尺寸。

(3)　内部标注楼面和中间平台面标高、室内外地面标高，标注楼梯上下行指示线，并注明踏步数量和踏步尺寸。

(4)　注写图名和比例，底层平面还应标注剖切符号。

2)　楼梯剖面图

楼梯剖面图主要包括如下内容。

(1)　画出楼梯、平台、栏杆扶手、室内外地坪、室外台阶或坡道、雨篷以及剖切到或投影所见的门窗、梯间墙等(可不画出屋顶，画至顶层水平栏杆以上断开，断开处用折断线表示)，剖切到的部分用材料图例表示。

(2)　外部标注两道尺寸。

水平方向：第一道为细部尺寸，包括梯段长度、平台深度和墙内缘至轴线尺寸；第二道为轴线尺寸。

垂直方向：第一道为细部尺寸，包括室内外地面高差和各梯段高度(标注形式为踏步数量×踏步高度=梯段高度)；第二道为层高。

(3)　标注室内外地面标高、各楼面和中间平台面标高、底层中间平台的平台梁底面标高以及栏杆扶手高度等尺寸。

(4)　标注详图索引符号，注写图名和比例。

3)　楼梯节点图

楼梯节点图应表示出踏步、栏板等部位的形式、大小、材料等细部构造，注明构造做法，并标注有关尺寸。此部分详图可参见 3.5 节相关图样。

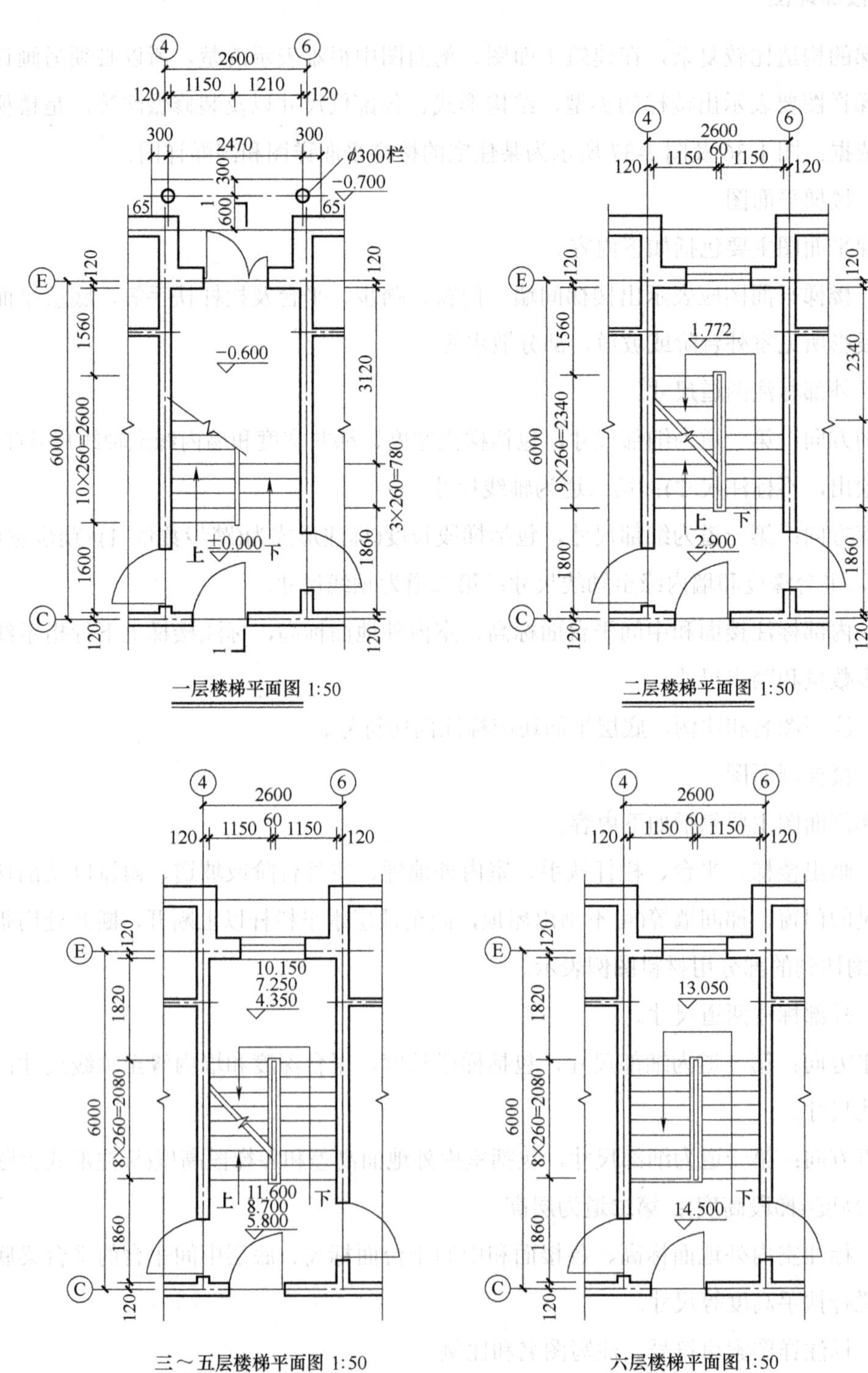

图 1-36　楼梯平面详图

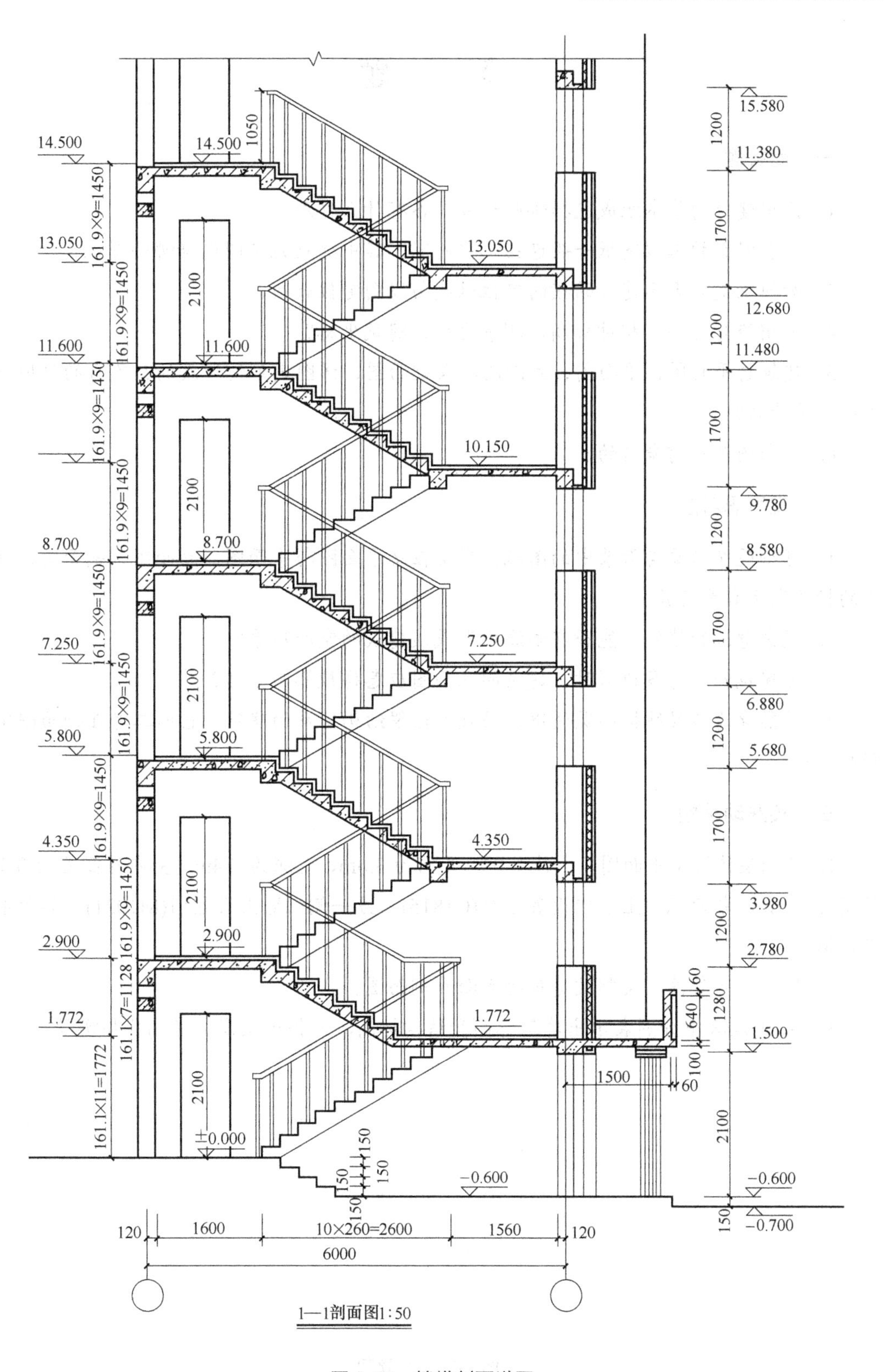
14.500
13.050
11.600
8.700
7.250
5.800
4.350
2.900
1.772
161.9×9=1450
161.1×7=1128
161.1×11=1772
2100
1050
±0.000
10.150
−0.600
15.580
11.380
12.680
11.480
9.780
8.580
6.880
5.680
3.980
2.780
1.500
−0.700
1200
1700
1280
640
1500
120
1600
10×260=2600
1560
6000
1—1剖面图1:50

图 1-37　楼梯剖面详图

习　题

一、简答题

1. 民用建筑的基本组成包括哪些部分？各有什么作用？

2. 一套完整的工程图纸一般包括哪些内容？其中建筑施工图包括哪些图纸？

3. 如何确定和表示建筑的横向定位轴线与纵向定位轴线？

4. 何谓绝对标高、相对标高、测量坐标、建筑坐标？

5. 建筑总平面图、平面图、立面图以及剖面图、详图是如何形成的？各自的作用及表达内容是什么？

6. 立面图是如何命名的？

二、观察思考题

1. 仔细观摩本章与附录中的图纸，观察在总平面图与平面图、立面图、剖面图、详图中的标高表示有无差异。

2. 观察身边的建筑，能否在脑海中形成该建筑的空间形象？

3. 当建筑外形为多边形时，建筑的立面图应怎样投影与命名？

4. 观察身边砖混结构和现浇钢筋混凝土框架结构体系的建筑，它们二者在剖面图中有哪些不同？

三、实践动手题

1. 绘制某传达室平面图。条件如下：开间为3.6m，进深为5.4m，室内外高差为0.3m，层高为2.7m，朝北纵墙上居中设置窗户(C1815)，另一侧纵墙上设置门(M1021)。其余条件可自拟。

2. 根据上题条件，绘制该建筑的立面和剖面图。

3. 在图1-38中分别表示出建筑标高和结构标高，并指出层高、净高各指哪段？

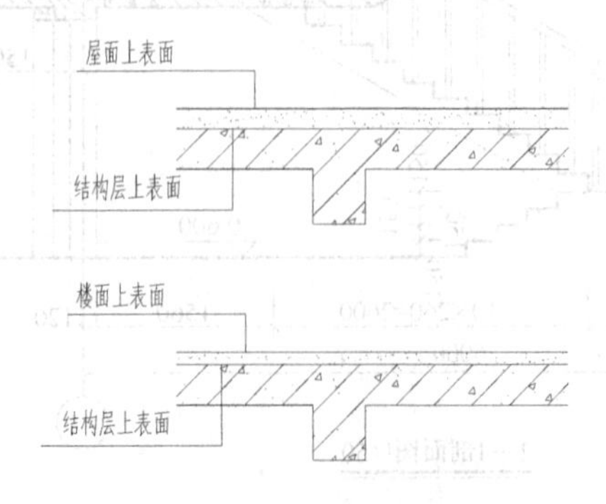

图1-38　习题图

第 2 章　民用建筑设计

2.1　概　　述

一项工程从立项到交付使用要经过若干环节，一般包括编制设计任务书、选址和场地勘测、设计、施工、竣工验收及交付使用等。设计工作作为其中一个关键环节，具有较强的政策性、技术性和综合性。

2.1.1　建筑设计的内容和阶段划分

广义地讲，建筑设计是指设计一个建筑物(或建筑群)所要做的全部工作，即建筑工程设计，一般包括建筑设计、结构设计、设备设计和工程经济分析等几方面的内容。它们之间既有分工，又相互配合。通常所说的建筑设计是指建筑学范围内的工作，其在整个工程设计中起着主导和先行的作用，一般由建筑师来完成。

建筑工程设计一般分为初步设计和施工图设计两个阶段，对于技术上复杂而又缺乏经验的工程，经主管部门指定或由设计部门自行确定可在两阶段之间增加技术设计阶段，用于深入解决各工种之间的协调等技术问题。大型民用建筑工程设计在初步设计之前应进行方案设计，小型民用建筑工程设计可以用方案设计代替初步设计。

2.1.2　建筑设计的程序和设计成果

1. 设计前的准备工作

具体着手设计前，必须做好充分的准备工作，了解并掌握与设计有关的各种文件、外部条件和客观情况。

1)　落实设计任务

建筑单位具有以下批文时，向设计单位办理委托设计手续。

(1)　主管部门的批文：上级主管部门对建设项目的批准文件，文件中包括建设项目的性质、内容、用途、总建筑面积、总投资、单方造价及建筑物使用期限等内容。

(2) 城建部门的批文：城建部门同意设计的批复文件，文件包括用地范围(常用红线划定)，以及规划、环境等城镇建设对拟建建筑的设计要求等内容。

2) 熟悉任务书

任务书是经上级主管部门批准提供给设计单位进行设计的依据性文件，一般包括以下内容。

(1) 建设项目总的要求和建设目的的说明。

(2) 建筑物的具体使用要求、建筑面积以及各类用途房间之间的面积分配。

(3) 建设项目的总投资和单方造价。

(4) 建设基地范围、大小，周围原有建筑、道路、地段环境的描述，并附有地形测量图。

(5) 供电、供水、采暖、空调等设备方面的要求，并附有水源、电源等各种工程管网接用许可文件。

(6) 设计期限和项目的建设进程要求。

设计人员应对照国家或所在地区的有关定额指标，校核任务书中的相关内容，也可对任务书中的一些内容提出补充或修改意见，但应征得建设单位的同意，涉及用地、造价、使用面积的问题，还应经城市规划部门或主管部门批准。

3) 收集必要的设计原始数据

通常建设单位提出的计划任务主要是从使用要求、建设规模、造价和建设进度等方面考虑的，在进行建筑的设计和建造时，还需要收集下列有关原始数据和设计资料。

(1) 气象资料：所在地区的温度、湿度、日照、雨雪、风向、风速以及冻土深度等。

(2) 场地地形及地质水文资料：基地地形标高、土壤种类及承载力、地下水位以及地震烈度等。

(3) 设备管线资料：基地地下的给水、排水、电缆等管线布置，基地上的架空线等供电线路情况。

(4) 定额指标：国家或所在地区有关设计项目的定额指标，如面积定额以及建筑用地、用材等指标。

4) 设计前的调查研究

设计前还应对以下几方面的情况进行调查研究。

(1) 建筑物的使用要求：了解使用单位对拟建项目的使用要求，调查同类已建建筑的实际使用情况，通过分析和总结，掌握所设计的建筑物的使用要求。

(2) 建筑材料供应及结构施工等技术条件：了解所在地区建筑材料供应的种类、规格

和价格以及施工单位的技术力量和起重、运输等设备条件。

(3) 现场踏勘：深入了解基地和周围环境的现状及历史沿革，从基地的地形、方位、面积以及周围原有建筑、道路、绿化等多方面考虑拟建建筑物的位置和总平面布局的可能性。

(4) 当地传统建筑经验和风俗习惯：了解当地传统建筑设计布局、创作经验、生活习惯、风土人情等，结合拟建建筑物的具体情况，创作出人们喜闻乐见的建筑形式。

2. 初步设计阶段

初步设计是整个设计构思基本成型的阶段，其主要任务是根据任务书及收集调研的资料，结合基地条件、功能要求、建筑标准以及技术和经济上的可行性与合理性，提出设计方案。此阶段涉及的图纸和设计文件如下。

(1) 设计说明书：包括设计方案构思，主要结构方案及构造特点，主要技术经济指标，建筑材料、装修标准以及结构、设备等系统的说明。

(2) 建筑总平面图：包括用地范围、建筑物在基地上的位置、标高、道路、绿化以及基地上各种设施的布置等，比例尺一般采用 1∶500～1∶2000。

(3) 各层平面图及主要剖面、立面图：这些图纸应标出建筑的主要尺寸(如总尺寸、开间、进深、层高等)、门窗位置、部分室内家具和室内固定设备的布置等，比例尺一般采用 1∶100～1∶200。

(4) 工程概算书：包括投资估算、主要建筑材料用量和单位消耗量。

(5) 根据任务的需要，辅以必要的建筑透视图或建筑模型。

3. 技术设计阶段

技术设计是初步设计具体化的阶段，也是各种技术问题的定案阶段，其主要任务是在初步设计的基础上，进一步确定各设计工种之间的技术问题，协调各工种在技术上的矛盾。

技术设计阶段涉及的图纸和文件与初步设计阶段大致相同，但更详细些。建筑工种的图纸要标明与具体技术工种有关的详细尺寸，并编制建筑部分的技术说明书；结构工种应有建筑结构布置方案图，并附初步计算说明；设备工种也应提供相应的设备图纸及说明书。

4. 施工图设计阶段

施工图设计的主要任务是在初步设计或技术设计的基础上，确定各个细部的构造方式和具体做法，进一步解决各技术工种之间的矛盾，编制出一套完整的、能据以施工的图纸和文件。此阶段涉及的图纸及文件如下。

(1) 建筑总平面图：应详细表示基地上建筑物的位置、尺寸和标高，道路、绿化以及各种设施的布置，并附必要的说明，比例尺为 1∶500～1∶2000。

(2) 建筑各层平面、立面及剖面图：除了表示出初步设计或技术设计的内容以外，还应详细标明细部尺寸、标高以及详图索引、门窗编号等，比例尺为1∶100～1∶200。

(3) 建筑构造详图：主要包括檐口、墙身和各构件的连接点，楼梯、门窗以及各部分的装饰大样等，根据需要可采用1∶1、1∶5、1∶10、1∶20 等比例。

(4) 各工种相应配套的施工图：如基础平面图、结构布置图和结构详图等结构施工图，给排水、电器照明以及暖气或空气调节等设备施工图。

(5) 建筑、结构及设备等的说明书。

(6) 结构及设备的计算书。

(7) 施工图预算书。

2.1.3 建筑设计的要求

1. 满足建筑的功能要求

满足建筑的使用功能要求，是建筑设计的首要任务。例如，设计学校时，首先要考虑满足教学活动的需要，教室设置应符合教学模式，根据需求设置采光、通风，同时还要合理安排教师备课、办公、储藏和厕所等行政管理和辅助用房，并配置良好的体育场馆和室外活动场地等。

2. 采用合理的技术措施

正确选用建筑材料，根据建筑空间组合特点，选择合理的结构、施工方案，使房屋坚固耐久、建造方便。

3. 具有良好的经济效果

建造房屋是一个复杂的物质生产过程，需要耗费大量的人力、物力和财力，在建筑设计和建造中，要因地制宜、就地取材，尽量做到节省劳动力，节约建筑材料和资金。

4. 考虑建筑美观的要求

建筑是社会的物质和文化财富，在满足使用要求的同时还需考虑人们对建筑美观方面的要求，考虑建筑所赋予人们的精神感受。

5. 符合总体规划的要求

单体建筑是总体规划中的组成部分，单体建筑应符合总体规划提出的要求，充分考虑其与原有建筑、道路、绿化等周围环境的关系，并为城市的后续发展留有一定的空间。

2.1.4 建筑设计的依据

建筑设计是一个复杂的渐次进行的科学决策过程，其工作是将任务书中的相关文字资

料转变为图纸，因此必须在一定的基础上有依据地进行。

1. 资料性依据

1)　人体工程学

(1)　人体尺度和人体活动所需的空间尺度。

建筑物中家具、设备的尺寸，踏步、窗台、栏杆的高度，门洞、走廊、楼梯的宽度和高度，以及各类房间的高度和面积，都和人体尺度以及人体活动所需的空间尺度直接或间接相关，因此人体尺度和人体活动所需的空间尺度是确定建筑空间的基本依据之一。图 2-1 所示为人体尺度和人体活动所需的空间尺度。

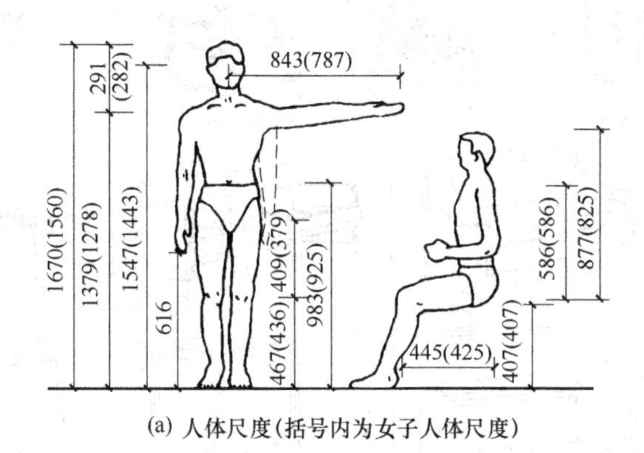

(a) 人体尺度(括号内为女子人体尺度)

200
0
440　1700　860　500　680　620

1300　560　520

(b) 人体活动所需的空间尺度

图 2-1　人体尺度和人体活动所需的空间尺度(单位：mm)

(2) 家具、设备的尺寸及使用空间。

人们在建筑内生活、工作、起居，需要一定的家具及设备，因此在进行设计时，设计人员应对家具和设备的基本尺寸、数量以及人们在使用它们时占用活动空间的大小有一定的了解，这些尺寸是考虑房间内部使用面积时的重要依据，如图 2-2 所示。

图 2-2　常用家具及尺寸(单位：mm)

2)　各种设计规范

建筑设计应遵照国家制定的标准、规范以及各地区或各部门颁布的标准执行，如《民用建筑设计通则》《建筑设计防火规范》《住宅设计规范》《采光设计标准》等。设计人员应注意规范的更新调整。

3)　建筑模数和建筑模数制的有关规定

为了建筑设计、构件生产以及施工等方面的尺寸协调，提高建筑工业化的水平，我国制定了《建筑模数协调标准》，作为建筑物、建筑构配件、建筑制品以及有关设备尺寸相互间协调的基础。建筑模数除包括基本模数外，还包括导出模数和模数数列。

基本模数作为建筑模数协调中的基本尺寸单位，用 M 表示，$1M$=100mm。整个建筑物和建筑物的一部分以及建筑部件的模数化尺寸，应是基本模数的倍数。导出模数分为扩大模数和分模数，扩大模数基数应为 $2M$、$3M$、$6M$、$9M$、$12M$…；分模数基数为 $M/10$、$M/5$、$M/2$。建筑物的开间或柱距，进深或跨度，梁、板、隔墙和门洞口宽度等分部件的截面尺寸宜采用水平基本模数和水平扩大模数数列，且水平扩大模数数列宜采用 $2n$m、$3n$m(n 为自然数)。建筑物的高度、层高和门窗洞口高度等宜采用竖向基本模数和竖向扩大模数数列，且竖向扩大模数数列宜采用 nm。构造节点和分部件的接口尺寸等宜采用分模数数列，且分模数数列宜采用 $M/10$、$M/5$、$M/2$。

2. 条件性依据

1)　气候条件

在设计前需收集当地有关气象资料作为设计的依据。气候条件包括建筑物所在地区的温度、湿度、日照、雨雪、风向、风速等，是解决建筑物自然通风、保温隔热、防水防潮等问题的重要依据。如湿热地区的建筑设计要综合考虑隔热、通风和遮阳等问题；寒冷地区则要考虑保温、防风沙等问题。日照和主导风向通常是确定建筑朝向和间距的主要因素，风速是高层建筑、电视塔等设计中考虑结构布置和建筑体型的重要因素，雨雪量的大小会影响到屋顶形式和构造处理等。

2)　地形、地质条件和地震烈度

基地地形、地质构成、土壤特性和地基承载力的大小，对建筑平面组合、建筑体型、结构布置及构造处理等都有明显影响。同时，由于我国属于地震高发区，因此建筑设计要尤其考虑抗震问题。地震烈度表示地面及建筑物遭受地震破坏的程度。我国《建筑抗震设计规范》(GB 50011—2010)规定，抗震设防烈度为 6 度及以上地区的建筑，必须进行抗震设计。

3)　水文条件

要掌握当地地下水位的高低及地下暗河等情况，以便决策是否在该地建房或采取相应的技术对策。

3. 文件性依据

文件性依据包括主管部门及城建部门同意设计的批文、建设单位提出的工程设计任务书等。

2.2 建筑总平面设计

总平面设计又称场地设计，是建筑设计中必不可少的重要内容之一，是根据一个建筑群的组成内容和作用功能，结合用地条件和有关技术条件要求，综合研究建筑物、构筑物以及各项设施相互间的平面和空间关系，正确进行建筑布置、交通组织、管线综合、绿化布置等，使场地内各组成内容与设施组成为统一的有机整体，并使其与周围环境相互协调而进行的设计。

2.2.1 场地条件分析

场地条件是场地设计的重要工作基础，获取并分析场地条件是设计工作的开始。场地条件一般从设计任务书、设计基础资料、规划部门提供的控制条件和现场调研中获得，主要包括自然条件、环境条件、现状条件及规划要求四个方面的内容。

1. 自然条件

自然条件一般包括形地貌、气象、工程地质和水文等内容。

1) 地形地貌条件

地形条件可由任务书中对场地地势起伏、地形及高程变化、坡度等的描述或设计条件图中以地形等高线或若干控制点的标高(高程)等方式表达。场地设计中可能涉及场地的平整，应注意综合场地的排水条件，确定排水方向及雨水排出点，场地内不应有积水。此外，在布置建筑时应注意建筑与场地高程的关系，特别是在布置山地环境时更应注意错层后地面各层出口与地面高程的联系。

2) 气象条件

(1) 纬度或太阳入射(高度)角：主要用于控制建筑的日照间距。我国对住宅，托幼和老年人、残疾人专用住宅的主要居室，医院、疗养院至少半数以上的病房和疗养室等均有一定的日照要求。当任务书中只给出纬度时，可采用查表等方式获得当地太阳高度角，由太阳高度角即可推算出标准日照间距值 D(见图 2-3)，计算公式为

$$D=\frac{H-H_1}{\tan h}$$

式中：D——日照间距；

H——前排建筑遮挡屋檐高度；

H_1——后排建筑底层窗台高度；

h——太阳高度角。

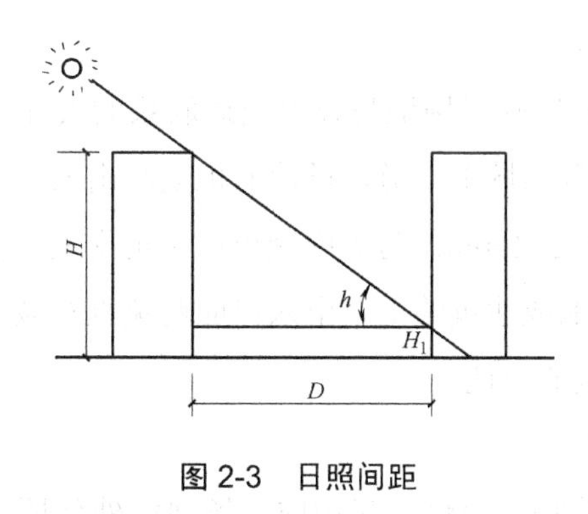

图 2-3　日照间距

对于非正南向布局的建筑物，日照间距可相应折减，山地环境的日照间距应视坡向和坡度的变化而进行具体的推算。

(2) 气温：主要参数是最冷、最热月平均气温及极端最低和最高气温等。气温与纬度紧密相关，它决定了建筑保温的要求(外墙构造及厚度)、建筑形式及建筑的组合方式、场地道路和绿化组织形式等，从而反映了南北不同气候条件下建筑和场地的不同特点。

(3) 风向：依据风向玫瑰图的情况，在场地功能布局时应有意识地把污染源安排在主导风向的下风侧。在建筑布局和选择朝向时，也应考虑到夏季通风和冬季防风的问题等。

(4) 降雨量：年平均(总)降雨量、最高月降雨量、最高日降雨量等参数，可作为设置建筑落水管密度、设计场地排水条件、安排场地排水设施等的基础条件。

3) 工程地质条件

场地的地质条件分析，主要体现在场地的地质稳定性、建筑物地基承载力和有关工程设施的经济性等方面。当地基承载力较小时，应注意地基的变形问题。一些不良的地质现象，如崩塌、滑坡、断层等将直接影响工程建筑质量与安全，还会影响工程速度与投资量。

4) 水文条件

(1) 河湖等地表水体、防洪标准：对于有河流流经或靠近湖泊等地表水体的场地，应注意岸线位置、水位变化情况、岸线附近的高程及坡度变化，以及防洪标准与相应的洪水淹没范围和高程。

(2) 地下水位：主要影响建筑物的基础和防潮处理。

2. 环境条件

环境条件一般包括区域位置、周围道路与交叉口、周围的建筑与绿化、市政设施条件等。

1) 区域位置

区域位置指场地在城市或区域中的位置，包括场地与区域整体用地结构的关系。这一条件决定了场地的使用人数及人流、货流方向，结合场地附近的设施分布状况，还可能影响建筑物的形态和场地的布局结构。

2) 周围道路与交叉口

周围道路与交叉口主要反映了场地与外界交通联系的条件。对于城市道路，一般红线宽度在 30m 以上的街道多数为城市干道，场地的机动车出入口应优先选择在城市次要道路上，并保证出入口间距不小于 150m；与大中城市主干道交叉口的距离，应自道路红线交叉点 70m 以上；人员密集场地或建筑的主要出入口应避免直对城市主干道交叉口，并应在主要出入口前留有供人员集散的空地。

3) 周围的建筑与绿化

场地周围的道路与建筑物、绿化一起构成了场地的外部环境，形成了一定的风格和艺术特征。场地内的新建建筑必须与之相协调，这就影响到场地内建筑的形态和群体组合关系，如采取与外部环境一致的轴线、对位、对景、尺度等，使之协调统一为有机整体。

4) 市政设施条件

场地内的各种管线，必须与场地周围的城市市政设施连接。在总平面设计中应特别注意城市市政管线的位置、走向、标高和接入点的选择。

3. 现状条件

在熟悉了设计任务书和设计条件图后，应对基地的现状情况有一定的了解，特别是对于要求保留的建筑物、构筑物及绿化等设施，应针对具体情况，充分合理地加以利用，并有机地组织到场地总平面设计中。

4. 规划要求

规划要求由城市规划部门提出，是场地及建筑设计中必须满足的要求。

1) 用地范围控制

场地的范围是由道路红线和建筑控制线形成的封闭围合的界限所界定。道路红线是城市道路用地的规划控制线，即城市道路用地和建筑基地的分界线，非经规划主管部门批准，建筑物(包括台阶、平台、地下管线等)不允许突出红线。建筑控制线，又称建筑线，是建筑物基底位置的控制线。场地范围内并不一定都能用于安排建筑。当有后退红线要求时，道路红线一侧场地内规定的宽度范围内不能设置永久性建筑物，而退让出来的空间可以设置通路、停车场、绿化等。建筑与相邻基地边界线之间应留出相应的防火间距，在满足建筑防火要求时，相邻基地的建筑也可毗连建造；建筑高度不应影响相邻基地建筑的最低日照要求。

2)　容积率

容积率指场地上各类建筑的总面积与场地总用地面积的比值，是用于控制场地上建筑面积总量的指标。

3)　建筑密度

建筑密度又称覆盖率，是场地上各类建筑的基底总面积与场地总面积的比例(%)。

4)　停车泊位

停车泊位，即场地内必须提供的最少停车位的数量。

5)　出入口限制

某些情况下，城市规划会对场地通路或人行道的出入口位置提出限制，如要求必须设置于某条道路上等，这是场地设计中必须遵守的。

6)　空间要求与高度限制

为更好地与外部环境协调一致，城市规划还会对场地的空间布局提出要求，如主体建筑位置、场地内绿化与周围环境的关系和衔接等，有时还可能对最高层数或极限高度提出要求。

此外，设计任务书中可能还会涉及人防、环境保护等，均应在设计中满足这些要求。

2.2.2　场地平面布局

1. 功能分区与基地环境

在总平面布置中，首先要满足各类建筑物的功能要求，也就是要考虑各建筑之间的使用关系，联系比较密切和频繁的建筑物应尽量靠近，地段允许时也可以将这些建筑物并在一起。同时，各建筑物之间的距离也必须满足日照、通风、人防、防火、工程管网等技术间距。应根据人流和车流的流向、频繁率布置道路系统，选择道路的纵横断面，以及与城市干道的有机连接，并在此基础上进行绿化布置，保护环境卫生。

图 2-4 所示为中小学场地使用功能分析。其中，教学、办公、实验联系密切，都要求有安静的环境并靠近主要出入口，共同构成了校园中的主要建筑区；运动场地对环境干扰大，且最好南北为长轴方向布置，考虑学生课间时间较短，又不宜离教室太远；室外科技活动场地主要是生物园地，要求地段相对完整，对环境的影响小、要求低，功能相对独立；后勤服务要求使用方便，校办工厂独立性很强，二者对环境均有较大影响，宜单独设置。

又如图 2-5 所示为医院功能分区图。医院分为医务区与总务区两大部分。其中，医务区又可以分为门诊部、住院部和辅助医疗三个部分。医务区是为病人诊断和治疗使用，应保证良好的卫生条件，且与外界联系方便，与总务区要既有较严格的卫生隔离又有必要的联系。住院部主要是病房，是医院的主要组成部分，其位置应安排在总平面中卫生条件最好的地方，尽可能避免外来干扰，以创造安静、卫生、适宜的治疗和休养环境。辅助医疗部分主要由手术部、药房、X 光室、理疗室和化验室等组成，为了使用方便，常将辅助医疗部分设置在门诊部和住院部之间，使之形成有机联系的整体，又可避免两部分病人因穿行而相互感染。

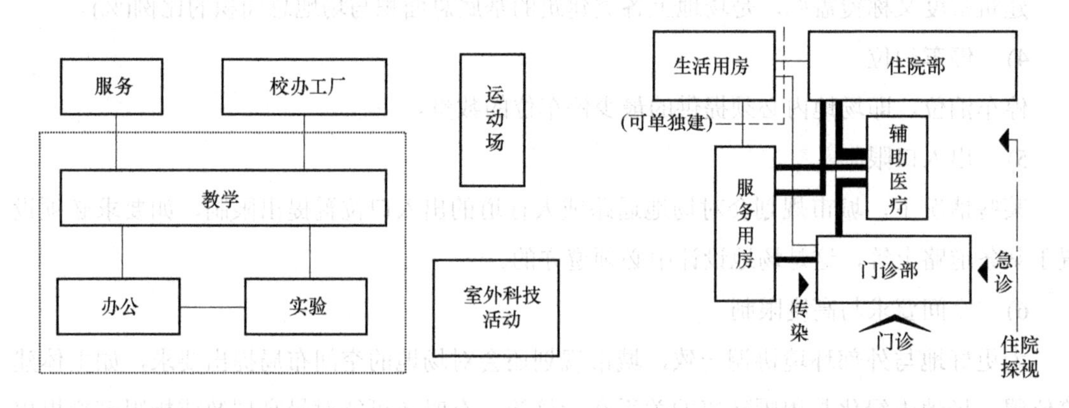

图 2-4　中小学场地使用功能分析　　　图 2-5　医院功能分区图

2. 建筑朝向、间距

确定建筑的朝向时，应综合考虑太阳辐射强度、日照时间、常年主导风向等因素。我国处于北半球，南向是最受人们欢迎的朝向。夏季太阳高度角大，从南向窗户照射到室内的深度和时间较少；冬季时南向的日照时间和照进房间的深度都比夏季大，这就有利于夏季避免日晒而冬季可以利用日照。但是，在设计时不可能把房间都安排在南向。同时，要特别注意避免西晒问题，如因地段条件限制，建筑布置必须朝西时，要适当布置遮阳设施。

确定建筑物的间距时，应综合考虑日照、通风、人防、防火、室外工程，以及节约用地和投资等诸多因素。表 2-1 所示为民用建筑的防火间距。从卫生角度来看，建筑物的间距应考虑日照和通风两个主要因素。

表 2-1　民用建筑之间的防火间距　　单位：m

建筑类别		高层民用建筑	裙房和其他民用建筑		
		一、二级	一、二级	三　级	四　级
高层民用建筑	一、二级	13	9	11	14
裙房和其他民用建筑	一、二级	9	6	7	9
	三级	11	7	8	10
	四级	14	9	10	12

2.2.3　交通组织

1. 道路设计

道路在建筑总平面中是建筑物同建设地段、建设地段与城镇整体之间联系的纽带，是人们在建筑环境中活动，也是交通运输及休息场所不可缺少的重要组成部分。

建筑总平面的道路设计应符合防火规范，设置合理的消防车道，使所有建筑物在必要时都有消防车可以开达。同时，应设置合理的路宽以及坡度，从而满足交通运输以及场地排水的需要。一般单车道宽 3.5m，双车道宽 6～7m。考虑机动车与自行车共用的情况，则单车道宽 4m，双车道宽 7m。人行道的宽度以通过步行人数的多少为依据，以步行带作为单位(通常为 0.75m)，一般人行道的宽度不应小于两条步行带的宽度。

2. 停车场及回车场

在建筑总平面布置中，常常设置停车场。停车可采取与道路垂直、平行或斜列的方式。当采用尽端式道路布置时，为满足车辆掉头的要求，须在道路的尽头或适当的地方设置不小于 12m×12m 的回车场。

2.2.4　竖向设计

根据建设项目的使用功能要求，结合场地的自然地形特点、平面功能布局与施工技术条件，因地制宜，对场地地面及建筑物、构筑物等的高程做出的设计与安排，即为竖向设计。竖向设计应遵循因地制宜，就地取材，适应经济环境和生产、生活发展的需要，本着少占耕地、多用丘陵，体现工程量少、见效快、环境好的整体效果的基本原则。

竖向设计的基本任务为：选择场地平整方式和地面连接形式；确定场地地坪、道路，以及建筑物、构筑物的高程；拟订场地排水方案并安排场地的土方工程，计算场地的挖方和填方量，使挖、填方量接近平衡，且土石方工程总量应最小。

除此之外，场地设计中还包括管线综合、绿化环境保护和技术经济分析等。管线综合协调各种室内外管线的敷设，进行管线的综合布置。绿化环境保护合理布置场地内的绿化、小品等环境设施，与周围环境空间取得协调，并满足环境保护的要求。技术经济分析核算场地设计方案的各项技术经济指标，满足有关城市规划等控制要求；核定场地的室外工程量及造价，进行必要的技术经济分析与论证。

2.3 建筑平面设计

2.3.1 建筑平面的组成

建筑平面主要表示建筑物在水平方向房屋各部分的组合关系，集中反映建筑物的功能关系，一般可归纳为主要使用空间、辅助使用空间和交通联系空间。主要使用空(房)间，如住宅中的起居室、卧室，学校建筑中的教室、实验室等；辅助使用空(房)间，如厨房、厕所、储藏室等；交通联系空间是建筑物中各个房间之间、楼层之间和房间内外之间联系通行的面积，即各类建筑物中的走廊、门厅、过厅、楼梯、坡道以及电梯和自动扶梯等所占的面积。建筑面积由使用面积、结构面积和交通面积组成。

2.3.2 主要使用房间的设计

主要使用房间是建筑物的核心，由于不同房间的使用要求不同，对房间的大小、形状、位置、朝向、采光、通风等的要求也有很大差别。因此，在进行平面设计时，首先要根据设计任务书和调研资料，理顺各类房间的使用要求，然后从以下几个方面进行研究。

1. 房间的面积

房间的面积通常由以下三个因素决定：一是房间人数，二是家具、设备及人们使用活动需要的面积，三是室内行走需要的交通面积，如图 2-6 所示。

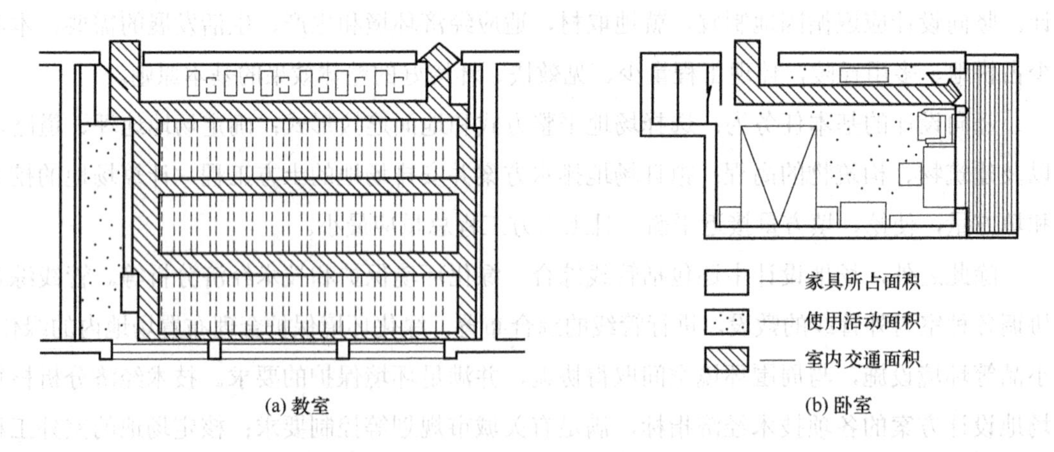

图 2-6　教室及卧室中室内使用面积分析示意

房间的面积与使用人数有关。通常情况下，房间的面积主要是依据国家有关规范规定的面积定额标准，结合工程实际情况确定的。如中学普通教室的使用面积指标为 1.39m²/座，术教室为 1.92m²/座。

2. 房间的形状

房间平面形状的确定主要应考虑房间的使用要求、结构布置、室内空间感受以及周围环境的特点等因素。大量性民用建筑(如宿舍、办公楼、学校等)通常采用矩形平面的房间，这是由于矩形平面便于家具和设备的布置，房间的开间或进深易于调整统一，结构布置和预制构件的选用较易解决。

有些房间对音质和视线有比较明确的要求，如影剧院、体育馆的观众厅等，它们对于音质的主要要求是语言清晰、声场分布均匀。其平面形状宜用矩形、钟形、扇形或其他类似形状，而不宜采用圆形、椭圆形或类似形状。

3. 房间的尺寸

对于民用建筑常用的矩形平面来说，确定房间尺寸就是确定房间的长和宽的尺寸，在建筑设计中用开间和进深表示。开间是指相邻两横向定位轴线的距离，进深是指相邻两纵向定位轴线的距离。

房间的尺寸应便于家具的布置，另外，采光、通风以及结构布置的合理性、符合建筑模数协调标准等也是确定房间尺寸的依据之一。以普通教室为例，最前排课桌的前沿与前方黑板的水平距离不宜小于 2.20m，且必须注意从左侧采光；最后排课桌的后沿与前方黑板的水平距离，小学不宜大于 8.00m，中学不宜大于 9.00m；沿墙布置的课桌端部与墙面或壁柱、管道等墙面突出物的净距不宜小于 0.15m；前排边座座椅与黑板远端的水平视角不应小于 30°，如图 2-7 所示。

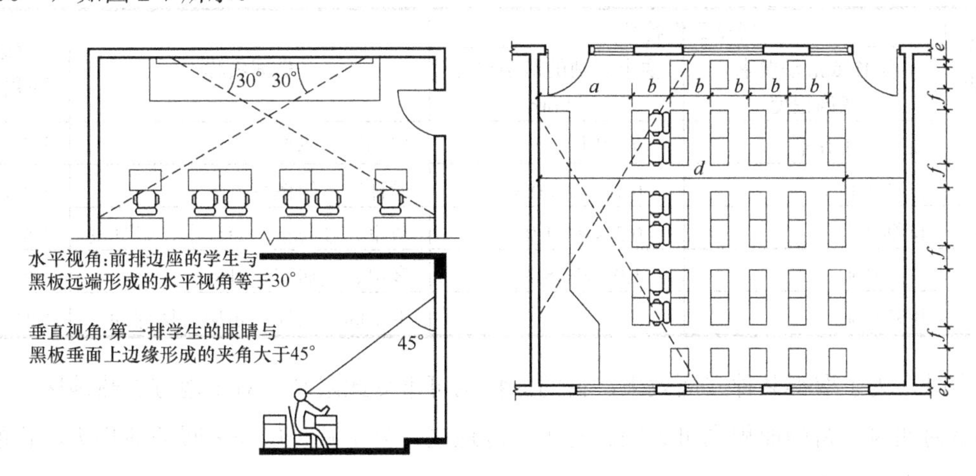

图 2-7　教室布置及有关尺寸

a≥2200mm；独立的非完全小学，b≥850mm；中小学，b≥900mm；c≥1100mm；小学，d≤8000mm；中学，d≤9000mm；e≥150mm；中小学 f≥600mm；独立的非完全小学 f 可为 550mm

4. 门窗在房间平面中的布置

1) 门的宽度、数量和开启方式

门的宽度通常是指门洞口的宽度，其最小宽度取决于通行人流股数、需要通过门的家具及设备的大小等因素。一般单股人流通行的最小宽度为 550+(0～150)mm，其中，0～150mm 为人流在行进中人体的摆幅，对于公共建筑等人流众多的场所应取上限值。因此，门的最小宽度一般为 700mm。公共建筑内疏散门和安全出口的净宽度不应小于 900mm。对于室内面积较大、活动人数较多的房间，应相应增加门的宽度或门的数量。如果房间面积大于 120m^2，按防火规范至少应设两个门，并放在房间的两端。

此外，门扇数量与门洞尺寸有关，一般 1000mm 以下的做单扇门，1200～1800mm 的做双扇门，2400mm 以上的宜做四扇门。至于门的开启方式，一般房间的门宜内开；影剧场、体育场馆观众厅的疏散门必须外开；对于幼儿园、中小学校，为确保安全不宜采用弹簧门；对防风沙、采暖要求较高的房间，可以采用弹簧门或转门；容量大的公用房间，如观众厅等不应采用推拉门、卷帘门等。

2) 窗的大小和位置

窗的面积(窗洞口的面积)应根据建筑所在地区的日照情况和房间使用对室内采光的需要情况来确定。表 2-2 所示为民用建筑中房间采光等级表，其中的窗地面积比是指窗洞口的面积与房间地面的面积之比，可按表中的规定来确定房间的开窗面积。

表 2-2 民用建筑中房间采光等级表

采光等级	视觉工作特征		房间名称	窗地面积比
	工作或活动要求精确程度	要求识别的最小尺寸 d/mm		
I	特别精细作业	$d \leqslant 0.15$	绘画室、画廊	1/2.5
II	很精细作业	$0.15 < d \leqslant 0.3$	设计室、绘图室	1/3.5
III	精细作业	$0.3 < d \leqslant 1.0$	教室、办公室、会议室、阅览室	1/5
IV	一般作业	$1.0 < d \leqslant 5.0$	客房、起居室、卧室	1/7
V	粗糙作业	$d > 5.0$	卫生间、门厅、走廊、楼梯间	1/12

有时，为了取得某种立面效果，窗的面积也可不受此限制。对于南方炎热地区，为了加强室内通风，窗的面积也可大些。对于寒冷地区，为了减少房间采暖的热损失，窗的面积也可适当小一些。

窗户的平面位置影响到照度是否均匀，有无暗角和眩光，因此，一般竖向布置比横向布置效果要好。在中小学教室一侧有采光窗时，应保证从左侧进光。

在考虑通风时，应尽量做到自然通风(穿堂风)，常将窗与窗或窗与门直通布置。

2.3.3 辅助使用房间的设计

辅助使用房间主要指厕所、盥洗室、浴室等服务用房。这些房间的设计是根据使用设备的数量、布置方式及人体使用所需要的基本尺度来决定的。表 2-3 所示为厕所和浴室隔间的平面尺寸。

卫生设备的数量取决于使用人数，表 2-4 中列举了某些建筑类型卫生设备数量的参考数据，另外，规范《城市公共厕所设计标准》(CJJ 14—2005)中也有相关规定，可在设计时进行参考，并根据实际情况进行选取。

在进行厕所的设计时，应尽量考虑设有前室。为节省管道，应尽可能在平面上集中布置并上下对齐。

表 2-3 厕所和浴室隔间的平面尺寸 单位：m^2

类 别	平面尺寸/(宽度×深度)
外开门的厕所隔间	0.90×1.20
内开门的厕所隔间	0.90×1.40
医院患者专用厕所隔间	1.10×1.40
无障碍厕所隔间	1.40×1.80(改建用 1.00×2.00)
外开门淋浴隔间	1.00×1.20
内设更衣凳的淋浴隔间	1.00×(1.00+0.60)
无障碍专用浴室隔间	盆浴(门扇向外开启)2.00×2.25 淋浴(门扇向外开启)1.50×2.35

表 2-4 卫生设备个数参考数据

建筑类别	男大便器/(人/个)	男小便器/(人/个)	女大便器/(人/个)	洗手盆或龙头/(人/个)	男女比例
中小学	40	20	13	40～45	1∶1
宿舍	8 人以下设一个；超过 8 人时，每增加 15 人或不足 15 人增设一个	每 15 人或不足 15 人增设一个	6 人以下设一个；超过 6 人时，每增加 12 人或不足 12 人增设一个	5 人以下设一个；超过 5 人时，每增加 10 人或不足 10 人增设一个	

注：一个小便器，折合 0.6m 长的小便槽。一个大便器，折合 1.2m 长的大便槽。

2.3.4 交通联系部分的设计

交通联系部分包括水平交通空间——走道；垂直交通空间——楼梯、电梯、自动扶梯、坡道；交通枢纽空间——门厅、过厅等。交通联系部分的设计要求做到流线简捷明确、联系便捷，满足一定的采光、通风要求，同时综合考虑空间造型问题，并在满足使用和符合防火规范的前提下，力求节省交通面积。

1. 走道

走道又称为过道、走廊，是用来联系同层内各大小房间的交通空间，有时还兼有其他从属功能。按使用性质的不同，走道可分为以下三种情况。

(1) 完全为交通需要而设置的走道，如办公楼、旅馆、电影院、体育馆的安全走道等都是供人流集散用的，这类走道一般不允许安排做其他用途。

(2) 主要为交通联系同时也兼有其他功能的走道，如教学楼中的走道，除作为学生课间休息活动的场所外，还可布置陈列橱窗及黑板；医院门诊部走道可供人流通行和候诊之用。这时，走道的宽度和面积应相应增加。

(3) 多种功能综合使用的走道，如展览馆的走道应满足边走边看的要求。

走道的宽度和长度主要根据人流通行、安全疏散、防火规范、走道性质、空间感受来综合考虑。我国《建筑设计防火规范》(GB 50016—2014)规定，除剧场、电影院、礼堂、体育馆外的公共建筑，其房间疏散门、安全出口、疏散走道和疏散楼梯的各自总净宽度应符合表 2-5 的规定。

表 2-5 每层的房间疏散门、安全出口、疏散走道和疏散楼梯的每 100 人最小疏散净宽度

单位：m/百人

建筑层数		建筑的耐火等级		
		一、二级	三 级	四 级
地上楼层	1～2 层	0.65	0.75	1.00
	3 层	0.75	1.00	—
	≥4 层	1.00	1.25	—
地下楼层	与地面出入口地面的高差ΔH≤10m	0.75	—	—
	与地面出入口地面的高差ΔH＞10m	1.00	—	—

走道长度应根据建筑性质、耐火等级等确定。公共建筑的安全疏散距离如表 2-6 所示。

表 2-6 公共建筑直通疏散走道的房间疏散门至最近安全出口的直线距离 单位：m

名 称			位于两个安全出口之间的疏散门			位于袋形走道两侧或尽端的疏散门		
			一、二级	三 级	四 级	一、二级	三 级	四 级
托儿所、幼儿园老年人建筑			25	20	15	20	15	10
歌舞、娱乐、放映、游艺场所			25	20	15	9	—	—
医疗建筑	单、多层		35	30	25	20	15	10
	高层	病房部分	24	—	—	12	—	—
		其他部分	30	—	—	15	—	—

续表

名　称		位于两个安全出口之间的疏散门			位于袋形走道两侧或尽端的疏散门		
		一、二级	三级	四级	一、二级	三级	四级
教学建筑	单、多层	35	30	25	22	20	10
	高层	30	—	—	15	—	—
高层旅馆、展览建筑		30	—	—	15	—	—
其他建筑	单、多层	40	35	25	22	20	15
	高层	40	—	—	20	—	—

2. 楼梯

楼梯是建筑物各层间的垂直交通联系手段，应根据使用要求选择合理的形式、适当的位置，根据使用性质、人流通过情况及防火规范综合确定楼梯的宽度和数量，并根据使用对象和场所选择合理的坡度。

楼梯的宽度和数量主要根据使用性质、使用人数和防火规范来确定。一般民用建筑楼梯的最小净宽应满足两股人流疏散要求，通常不应小于 1100mm。不超过 6 层的住宅，一边设有栏杆的梯段净宽可取 1000mm。高层公共建筑内楼梯间的首层疏散门、首层疏散外门、疏散走道和疏散楼梯的最小净宽度应符合表 2-7 中的规定。

表 2-7　高层公共建筑内楼梯间的首层疏散门、首层疏散外门、疏散走道和疏散楼梯的最小净宽度

单位：m

建筑类别	楼梯间的首层疏散门、首层疏散外门	走　道		疏散楼梯
		单面布局	双面布局	
高层医疗建筑	1.30	1.40	1.50	1.30
其他高层公共建筑	1.20	1.30	1.40	1.20

同时，《建筑设计防火规范》(GB 50016—2014)规定，公共建筑内每个防火分区或一个防火分区的每个楼层，其安全出口的数量应经计算确定，且不应少于两个。除医疗建筑，老年人建筑，托儿所、幼儿园的儿童用房，儿童游乐厅等儿童活动场所和歌舞娱乐放映游艺场所等外，符合表 2-8 中规定的公共建筑，可设置一部疏散楼梯。

表 2-8　可设置一部疏散楼梯的公共建筑

耐火等级	最多层数	每层最大建筑面积/m^2	人　数
一、二级	3 层	200	第二、三层的人数之和不超过 50 人
三级	3 层	200	第二、三层的人数之和不超过 25 人
四级	2 层	200	第二层人数不超过 15 人

3. 坡道、电梯与自动扶梯

建筑物垂直交通联系部分除楼梯外，还有坡道、电梯和自动扶梯等。一些人流大量集中的建筑物，如大型体育馆常在人流疏散集中的地方设置坡道，以利于安全和快速地疏散人流；一些医院为了病人上下和手推车通行的方便也可采用坡道。室内坡道的坡度通常小于1/8，通行能力几乎与平地相当。当考虑无障碍坡道时，坡度不应大于1/12。

电梯通常使用在多层或高层建筑中，如旅馆、办公大楼、高层住宅楼等；一些有特殊使用要求的建筑物，如医院、商场等也常采用电梯。自动扶梯具有连续不断地乘载大量人流的特点，因而适用于具有频繁而连续人流的大型建筑物中，如百货大楼、展览馆、火车站、地铁站、航空港等建筑物中。

4. 门厅、过厅

门厅是建筑物主要出入口处的内外过渡空间，也是人流集散的交通枢纽。此外，在一些建筑物中，门厅常兼有服务、等候、展览等功能。门厅的设计必须做到导向明确，避免人流的交叉和干扰。

门厅对外出入口的总宽度，应不小于通向该门厅的过道、楼梯宽度的总和。对于人流比较集中的建筑物，门厅对外出入口的宽度可按每100人600mm计算。外门必须向外开启或采用弹簧门内外开启。

过厅通常设置在走道与走道之间或走道与楼梯的连接处，起交通路线的转折和过渡的作用。有时为了改善过道的采光、通风条件，也可以在走道的中部设置过厅。

5. 门廊、门斗

在建筑物的出入口处，为了给人们进出室内外一个过渡的地方，常设置门廊或门斗，以防止风雨或寒气的侵袭。开敞式的做法叫门廊，封闭式的做法叫门斗。

2.3.5 建筑空间组合设计

1. 建筑空间组织原则

1) 功能合理、紧凑

(1) 房间的主次关系。

组成建筑物的各房间，按使用性质及重要性必然存在着主次之分。如图2-8所示的住宅建筑中，起居室和卧室是主要房间，厨房、卫生间、储藏室是次要房间。在进行组合时，一般是将主要房间放在朝向好的位置，并使其具有良好的采光、通风条件；次要房间可布置在条件稍差的位置。

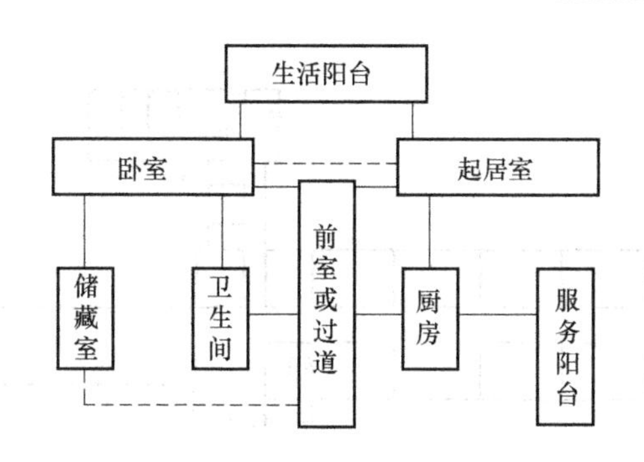

图 2-8 住宅建筑的功能组合

(2) 房间的内外关系。

在各种使用空间中，有的部分对外性强，直接为公众使用；有的部分对内性强，主要供内部工作人员使用。应按照人流活动的特点，将对外性较强的部分尽量布置在交通枢纽附近；将对内性较强的部分布置在较隐蔽的部位，并使之靠近内部交通区域。如图 2-9 所示的商业建筑中，营业厅是对外的，人流量大，应布置在交通方便、位置明显处；仓库、办公等管理用房则应布置在后部次要入口处。

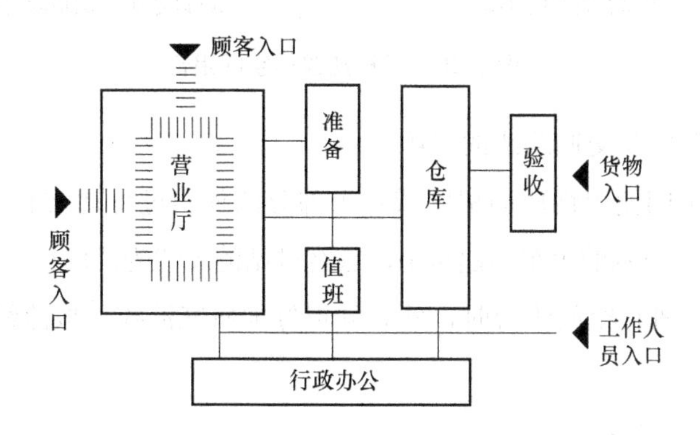

图 2-9 商业建筑的功能组合

(3) 房间的联系与分隔。

建筑物中那些供学习、工作、休息用的主要使用部分希望获得比较安静的环境，因此应与其他使用部分适当分隔。在进行建筑空间组合时，应首先将组成建筑物的各个使用房间进行功能分区，以确定各部分的联系与分隔，使空间组合更趋合理。例如，学校建筑可以分为教学活动、行政办公以及生活后勤等几部分，教学活动和行政办公部分既要分区明确、避免干扰，又要考虑联系方便，它们的平面位置应适当靠近一些。对于同样属于教学活动部分的普通教室和音乐教室，由于音乐教室上课时对普通教室有一定的声响干扰，因此它们虽属同一个功能区，但是在组合时却又要求有一定的分隔，如图 2-10 所示。

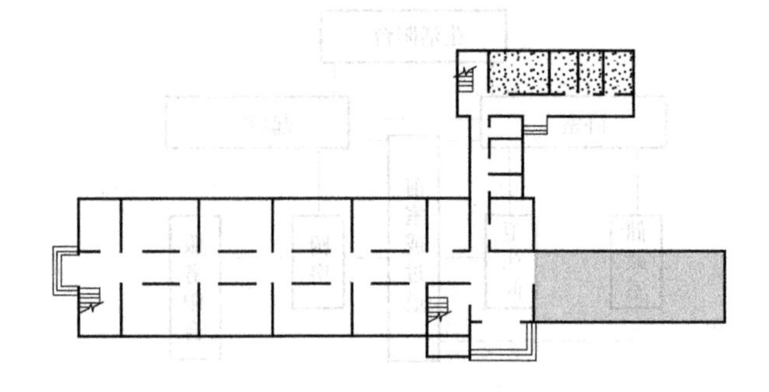

(a) 以门厅区分各部分

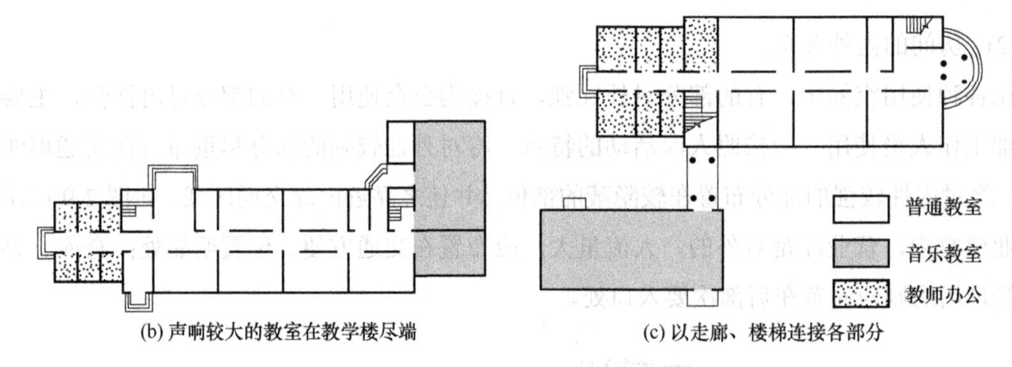

(b) 声响较大的教室在教学楼尽端

(c) 以走廊、楼梯连接各部分

图 2-10　学校建筑的空间组合

(4)　房间使用顺序及交通路线的组织。

某些建筑中，不同使用性质的房间或各个部分的使用过程通常有一定的先后顺序，流线性较强。如图 2-11 所示的火车站建筑中，旅客进站的流线为：问讯→售票→候车→检票→站台→上车。因此在进行空间组合时，就必须很好地研究流线，按流线顺序组织空间。

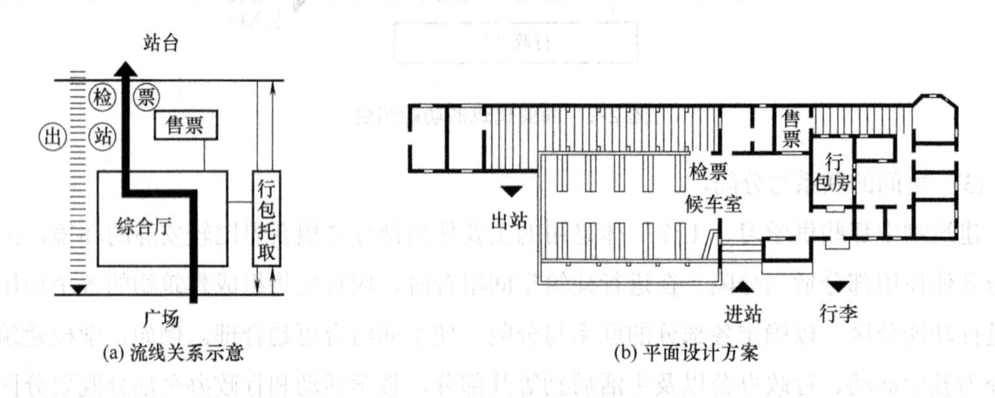

(a) 流线关系示意

(b) 平面设计方案

图 2-11　小型火车站的流线关系及平面设计方案

2)　结构经济合理

进行建筑空间组合设计时，要根据不同建筑的组合方式采取相应的结构形式，以达到经济、合理的效果。结构选型的不同为建筑空间的组合形式提供了很多可能性，又对建筑空间及体型设计有着很大的制约作用。因此，在研究建筑空间组合时，必须充分考虑结构和技术实施可行性等方面的问题。

3)　设备管线布置简捷、集中

民用建筑内，对于设备管线比较多的房间，如住宅中的厨房、卫生间；医院中的手术室、治疗室、辅助医疗室等，在满足使用要求的同时，在平面布置时，应尽可能将设备管线集中布置；在剖面布置时，也应尽可能将设备集中的房间叠砌在一起，使设备管线上下对齐。

4)　体型简洁、构图完整

建筑空间组合除受到功能、结构、设备、基地环境等条件的制约外，还应创造出美观大方的建筑体型。

2. 建筑空间组合形式

1)　走道式组合

走道式组合是通过走道联系各使用房间的组合形式，其特点是把使用空间和交通联系空间明确分开，以保持各使用房间的安静和不受干扰，如图 2-12 所示。这种组合方式多用于房间面积不大、同类房间多次重复的建筑中，如学校、医院、办公楼、集体宿舍等。

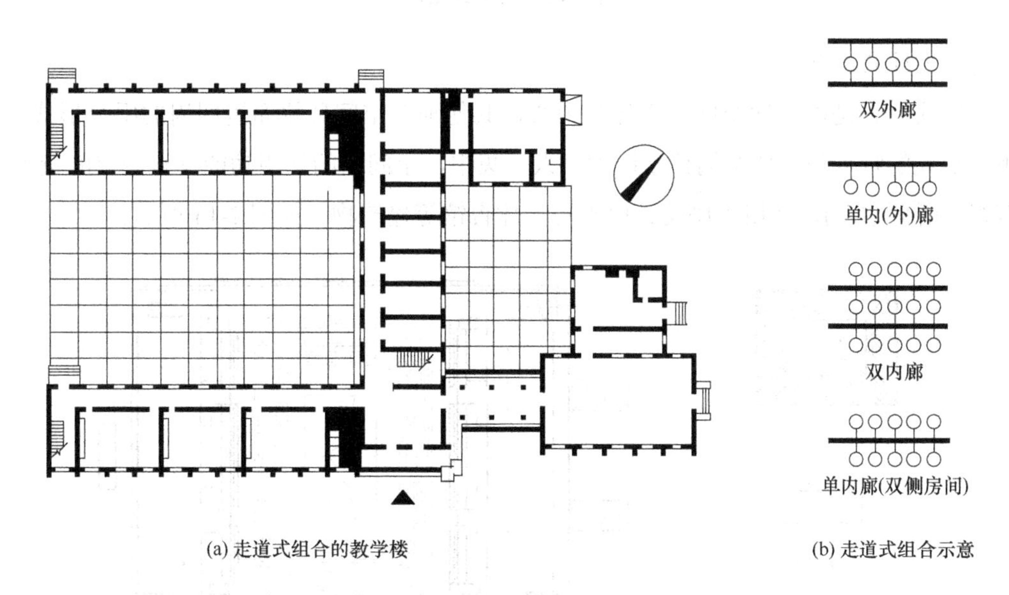

(a) 走道式组合的教学楼　　(b) 走道式组合示意

图 2-12　走道式组合

走道两侧布置房间的为内廊式。这种组合方式平面紧凑，走道所占面积较小，建筑深度较大，节省用地，但是有一侧的房间朝向差，走道较长时，采光、通风条件较差，需要开设高窗或设置过厅以改善采光和通风条件。走道一侧布置房间的为外廊式。这种组合方式的房间的朝向、采光和通风都较内廊式好，但建筑深度较小，辅助交通面积增大，故占地较多，相应造价增加。

2) 套间式组合

套间式组合是将各使用房间相互串联贯通，以保证建筑物中各使用部分的连续性的组合形式。其特点是交通部分和使用部分结合起来设计，平面紧凑，面积利用率高，适用于展览馆、商场、火车站等建筑物。如图 2-13(a)所示为串联式套间组合，各房间串联相套；图 2-13(b)所示是广厅式套间组合，各房间通过广厅相套。

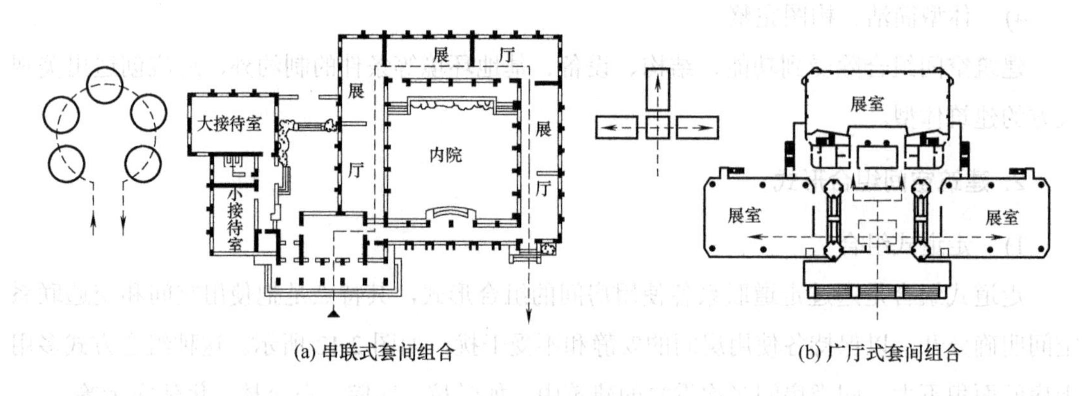

(a) 串联式套间组合　　(b) 广厅式套间组合

图 2-13　套间式组合

3) 大厅式组合

大厅式组合是以大厅空间的主体为中心，其他辅助空间环绕布置四周的组合形式。这种组合形式的特点是主体空间体量巨大，人流集中，空间内的使用功能具有一定的特点(如具有视、听要求等)，适用于剧院、电影院、体育馆等建筑物，如图 2-14 所示。

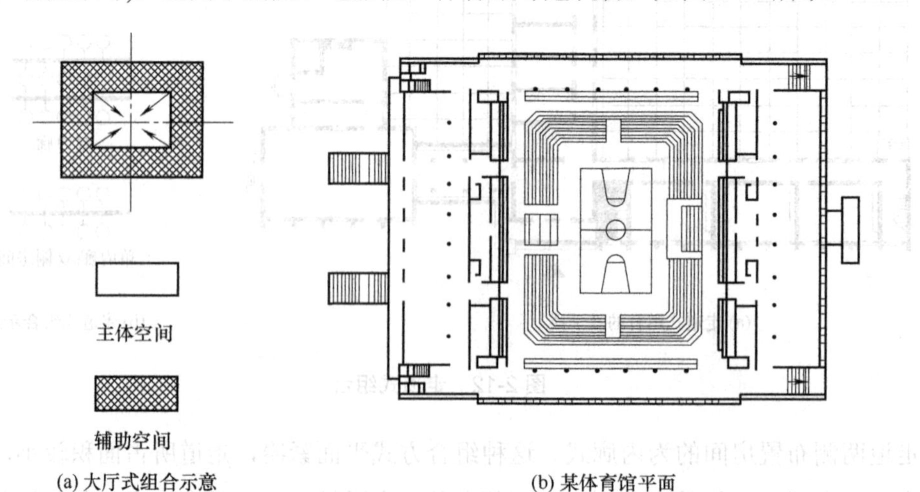

(a) 大厅式组合示意　　(b) 某体育馆平面

图 2-14　大厅式组合

4)　单元式组合

单元式组合是以竖向交通空间(楼、电梯)连接各使用房间，使之成为一个相对独立的整体的组合形式。其特点是功能分区明确，单元之间相对独立，组合布局灵活，适应不同的地形，广泛用于住宅、幼儿园、学校等建筑物中。如图 2-15 所示为住宅的单元式组合形式。

以上介绍了民用建筑常见的空间组合形式。由于建筑功能复杂多变，除少数功能比较单一的建筑只需采用一种空间组合形式以外，大多数建筑都是以一种组合形式为主，采用两种或三种类型的混合式空间组合形式。随着建筑使用功能的发展和变化，空间组合的形式也会有一定的变化。

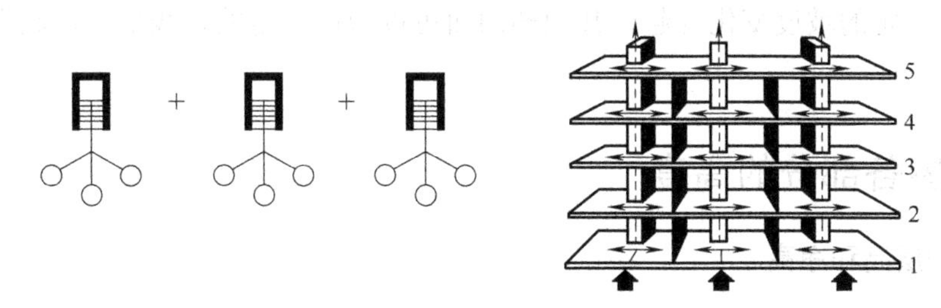

(a) 单元式组合及交通组织示意图

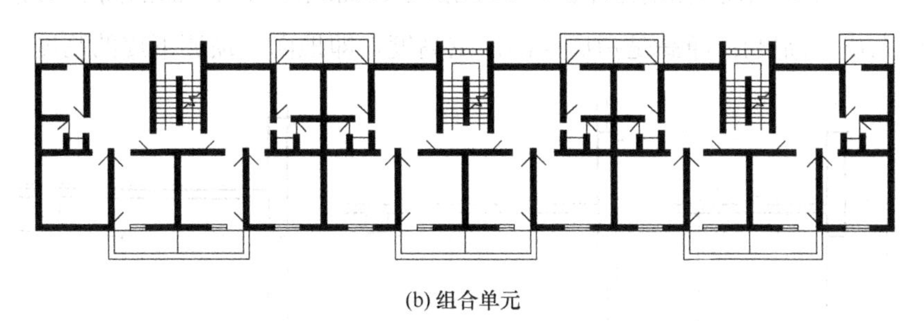

(b) 组合单元

图 2-15　单元式组合

2.4　建筑剖面设计

建筑剖面设计需根据房间的功能要求确定房间的剖面形状，同时必须考虑剖面形状与在垂直方向房屋各部分的组合关系，以及具体的物质技术、经济条件和空间的艺术效果等方面的影响，既要适用又要美观，才能使设计更加完善、合理。其具体要求如下。

(1)　确定建筑物的剖面形式和各部分高度。

(2)　确定建筑的层数。

(3)　分析建筑剖面空间的组合和利用。

(4)　在建筑剖面中研究有关的结构、构造关系。

2.4.1 房间的剖面形式

房间的剖面形式分为矩形和非矩形两类。矩形剖面简单、规整，便于竖向空间的组合，容易获得简洁而完整的体型。同时，其结构简单，有利于采用梁板式结构，节约空间，方便施工。非矩形剖面常用于有特殊声、视线等要求的房间或是由于结构形式变化而形成的。

房间的剖面形式主要根据使用要求和特点来确定，同时要考虑具体的物质技术、经济条件及特定的艺术构思，既要满足使用要求又要达到一定的艺术效果。大多数民用建筑如居室、教室、办公室等均采用矩形剖面。而学校的阶梯教室、电影院和体育馆的观众厅等室内地面应按一定的坡度变化升起，其顶部剖面可以做成一定的折线形，以获得良好的音响效果。

2.4.2 房屋各部分的高度

1. 房间的层高和净高

如图 2-16 所示，层高是指层间高度，即地面至楼面或楼面至楼面的高度(顶层为顶层楼面至屋面板上皮的高度)；净高是指房间的净空高度，即地面至顶棚下皮的高度。

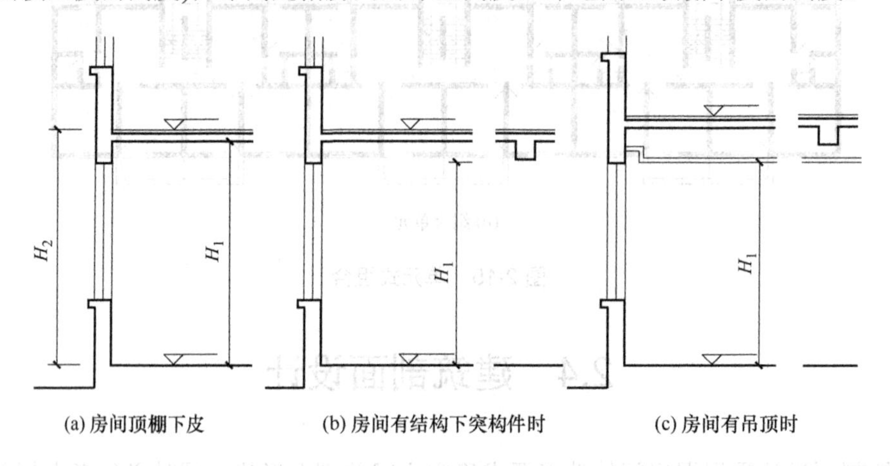

图 2-16 房间的净高和层高(H_1为净高，H_2为层高)

影响房间净高的因素主要如下。

(1) 人体活动及家具设备的要求。

房间净高与人体活动尺度有很大关系。一般情况下，室内最小净高应使人举手不接触到顶棚为宜。因此，房间净高应不低于 2.2m。不同类型的房间，由于使用人数不同，房间面积大小不同，对房间净高的要求也不相同。住宅卧室由于使用人数少，面积不大，一般无特殊要求，故净高常取 2.4m；教室使用人数多，面积相应增大，净高宜高一些，一般取

3.1～3.4m。

除此之外，房间中的家具设备以及使用家具设备所需的必要空间，也直接影响房间的层高和净高。如图 2-17(a)所示为设双层床的学生宿舍，考虑床的尺寸及必要的使用空间，净高应比一般住宅适当提高。如图 2-17(b)所示为游泳馆比赛大厅，房间净高应考虑跳水台的高度，以及跳水台至顶棚的最小高度。

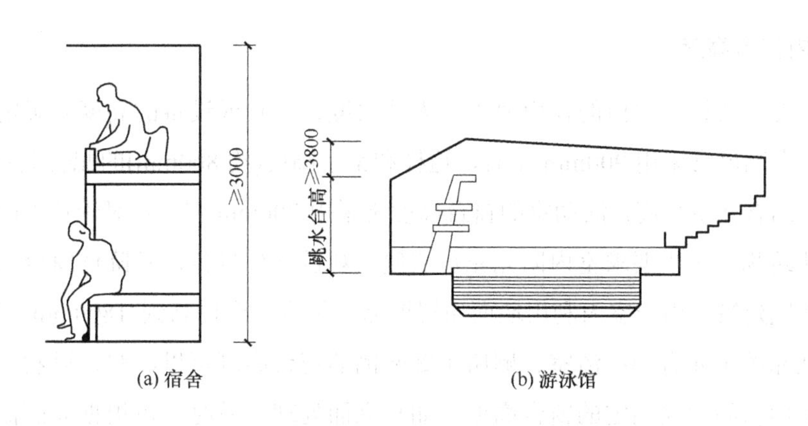

(a) 宿舍　　(b) 游泳馆

图 2-17　家具设备和活动要求对房间高度的影响

(2) 采光、通风等卫生要求。

房间的高度应有利于天然采光和自然通风，以保证房间必要的卫生条件。一般而言，层高越大，窗口上沿越高，光线照射深度就越远，所以，房间进深大或要求光线照射深度远的房间，层高应大些。在一些大进深的单层房屋中，为了使室内光线均匀分布，可在屋顶设置各种形式的天窗，形成各种不同的剖面形式。

此外，一些室内容纳人数较多的公共用房的高度还受卫生要求的影响。如中小学教室的气容量标准为 3～5m^3/人，电影院为 3.5～5.5m^3/人，根据房间的容纳人数、面积大小及气容量标准，可以确定出符合卫生要求的房间净高。

(3) 室内比例及空间观感。

室内空间的封闭与开敞、宽大与矮小、比例协调与否都会给人不同的感受。如住宅居室空间过高、过大，则不易产生亲切、宁静的感觉；公共建筑的空间过低，就会产生压抑感；而哥特式教堂建筑为了宗教的气氛，则往往采用高耸的空间。

(4) 结构层高度及构造方式的影响。

层高的决定要考虑结构层的高度，结构层的高度包括楼板、屋面板、梁和各种屋架所占的高度。结构层越高，则层高越大。一般开间进深较小的房间多采用墙体承重，在墙上直接搁板，结构层所占高度较小；开间进深较大的房间多采用梁板布置方式，使结构层较大；一些大跨度建筑多采用屋架、空间网架等多种形式，其结构层高度更大。房间如果采用吊顶构造，层高则应再适当加高，以满足净高需要。

(5) 建筑经济效益要求。

由于层高对建筑造价及节约用地的影响较大，因此在满足使用、采光、通风、室内观感等要求的前提下，应尽可能地降低层高。此外，降低层高还能减轻建筑物的自重，减少围护结构面积，节约材料，有利于结构受力，并能降低能耗。

2. 室内窗台高度

窗台高度主要根据室内的使用要求、人体尺度、家具或设备的高度来确定。一般民用建筑中，窗台高度常采用900mm左右，这样和桌子高度(约800mm)的配合关系比较恰当；幼儿园建筑结合儿童尺度，活动室的窗台高度常采用700mm左右；对于疗养院建筑和风景区的一些建筑物，由于要求室内阳光充足或便于观赏室外景色，常降低窗台高度或做落地窗；一些展览建筑，由于室内利用墙面布置展品，常将窗台提高到1800mm以上，高窗的布置也对展品的采光有利；浴室、厕所走廊两侧的窗台高度可以高些，以利于遮挡人们的视线。以上由房间用途确定的窗台高度，如与立面处理矛盾时，可根据立面需要，对窗台做适当调整。

3. 雨篷高度

雨篷的高度要考虑到与门的关系，过高则遮雨效果不好，过低有压抑感而且不便于安装门灯。一般来说，雨篷标高宜高于门洞标高200mm。另外要注意的是，作为主入口的雨篷还要充分考虑建筑立面设计的美观性。

4. 地面高差

同层各房间的地面标高要取得一致，这样行走比较方便。对于一些易于积水或者需要经常冲洗的房间，如浴室、厕所、厨房、阳台及外走廊等，它们的地面标高应比其他房间的地面标高低20～50mm，以防积水外溢影响其他房间的使用。高差过大，将不便于通行和施工。

5. 室内外地面的高差

为了防止室外雨水流入室内，防止建筑物因沉降而使室内地面标高过低，并满足建筑使用及增强建筑美观的要求，室内外地面应有一定高差。室内外地面高差要适当，高差过小难以保证基本要求，高差过大又会增加建筑高度和土方工程量。对大量性民用建筑，室内外高差的取值一般为150～450mm。

2.4.3　建筑层数

影响建筑层数的因素很多，主要有建筑本身的使用要求、城市规划要求、结构类型特点、建筑防火等。

不同性质的建筑对层数的要求不同，如幼儿园、中小学校等以单层或低层为主。城市规划从改善城市面貌和节约用地角度考虑，也对建筑层数做了具体的规定。以北京地区为例，北京是以紫禁城为中心呈“盆形”向四周发展，即紫禁城两侧必须保留部分平房，新建建筑应该以 2～3 层为主；二环路以内以建造多层为主，通常为 4～6 层；二环路以外可以适当建造些高层，但层数也不宜过高。

砌体结构以建造多层为主，其他结构可以建造多、高层。特种结构应该以建造低层为主。钢筋混凝土框架结构、剪力墙结构及筒体结构可用于建多层或高层建筑，如高层办公楼、宾馆、住宅等。空间结构体系，如折板、薄壳、网架等，适用于低层、单层、大跨度建筑，常用于剧院、体育馆等建筑。建筑防火也是影响建筑层数的重要因素，必须按有关规定确定层数。

2.4.4　建筑剖面空间的组合和利用

1. 剖面组合方式

剖面组合可以采用单一的方式，也可以采用混合的方式，常用的组合方式有高层加裙房、错层和跃层等。

(1)　高层加裙房。在高层建筑主体投影范围外，与建筑主体相连且建筑高度不大于 24m 的附属建筑称为裙房。裙房大多数用作服务性建筑。

(2)　错层。错层是指在建筑物的纵、横剖面中，建筑几部分之间的楼地面，高低错开，以节约空间。其过渡方式有台阶、楼梯等。

(3)　跃层。跃层常用于住宅中，每个住户有上下层的房间，并用户内专用楼梯联系。这样做的优点是节约公共交通面积，彼此干扰较少，通风条件较好；但结构较为复杂。

2. 建筑空间的利用

充分利用建筑物内部的空间，实际上是在建筑占地面积和平面布置基本不变的情况下，起到了扩大使用面积、节约投资的效果。同时，如果处理得当还可以改善室内空间比例，丰富室内空间。

1)　夹层空间的利用

一些建筑，由于功能要求其主体空间与辅助空间在面积和层高要求上大小不一致。如体育馆比赛大厅、图书馆阅览室、宾馆大厅等，常采用在大厅周围布置夹层空间的方式，以达到充分利用室内空间及丰富室内空间效果的目的。

2) 房间内空间的利用

在人们室内活动和家具设备布置等必需的空间范围以外，可以充分利用房间内其余部分的空间，如住宅建筑卧室中的吊柜、厨房中的搁板和储物柜等储藏空间。

3) 走道及楼梯间空间的利用

由于建筑物整体结构布置的需要，建筑物中的走道通常和层高较高的房间高度相同，这时走道顶部可以作为设置通风、照明设备和铺设管线的空间。一般建筑物中，楼梯间的底部和顶部通常都有可以利用的空间，当楼梯间底层平台下不做出入口用时，平台以下的空间可用作储藏或卫生间的辅助房间。

2.5 建筑体型与立面设计

建筑体型和立面设计贯穿于建筑设计的全过程。建筑体型是指建筑的轮廓形状，反映建筑物外形总的体量、形状、比例、尺度等空间效果。建筑立面由门窗、墙面、梁柱(外露)、阳台、雨篷、檐口、台阶等组成，立面设计就是恰当地确定这些组成部分的形状、尺度、比例、排列方式、材料和色彩等，是建筑体型设计的进一步深化。体型组合不好，对立面再加装饰也是徒劳。

2.5.1 建筑体型的组合原则

1. 反映建筑功能和建筑类型的特征

建筑的外部形体是内部空间合乎逻辑的反映，有什么样的内部空间，就有什么样的外部形体。例如住宅由于大多数房间要求有自然采光，并且由于房间功能的不同空间大小也不相同，因此在体型上往往转折较多，开设窗洞口的尺寸也往往不一。而对于办公楼、教学楼这样的建筑，则往往体型方正，洞口大小基本统一。

2. 符合材料性能、结构、构造和施工技术的特点

由于建筑内部空间组合和外部形体的构成，只能通过一定的物质技术手段来实现，所以建筑的形体和所用材料、结构形式以及采用的施工技术、构造措施等的关系极为密切。同时，随着建筑材料的改进和施工技术的发展，建筑结构形式产生了飞跃性的进步。例如拱、悬索、薄壳等曲面结构正是利用了结构自身的形状(曲线或曲面)，很好地解决了大跨度建筑结构材料消耗过多和自重过大的问题，并同时创造了丰富的建筑体型。

3. 与一定的经济条件相适应

建筑体型与立面的构思和立意必须正确处理适用、经济、美观三者的关系。建筑外形的艺术美并不完全是以投资的多少为决定因素。只要充分发挥设计者的主观能动性，在一定的经济条件下，巧妙地运用物质技术手段和构图法则，努力创新，就可能设计出适用、安全、经济、美观的建筑物。

4. 适应基地环境和城市规划要求

任何一幢建筑都处于一定的外部环境之中，它是构成该处景观的重要因素。因此，建筑外形不可避免地要受外部空间的制约，建筑和立面设计要与所在地区的地形、气候、道路以及原有建筑物等基地环境相协调，同时也要满足城市总体规划的要求。

5. 符合建筑美学法则

建筑造型中的美学法则，是人们在长期的建筑创作历史发展中的总结。要创造美的建筑形象，就必须遵循建筑构图的基本规律，如统一、变化、均衡、稳定等。

2.5.2　建筑体型的组合设计

不论建筑体型是简单还是复杂，它们都是由一些基本的几何形体组合而成的，基本上可以归纳为单一体型和组合体型两大类。

1. 单一体型

单一体型是指整栋建筑基本上是一个比较完整的、简单的几何形体，如图 2-18 所示。采用这类体型的建筑，其特点是平面和体型都较为完整单一，复杂的内部空间都组合在一个完整的体型中，平面形式多采用对称的正方形、三角形、圆形、多边形、风车形和 Y 形等单一几何形状。单一体型的建筑常常给人以统一、完整、简洁大方、轮廓鲜明和印象强烈的效果。绝对单一几何体型的建筑通常并不是很多，往往由于建筑地段、功能、技术等的要求或出于建筑美观上的考虑，会在体量上做适当的变化或进行凹凸起伏的处理，以丰富建筑的外形。

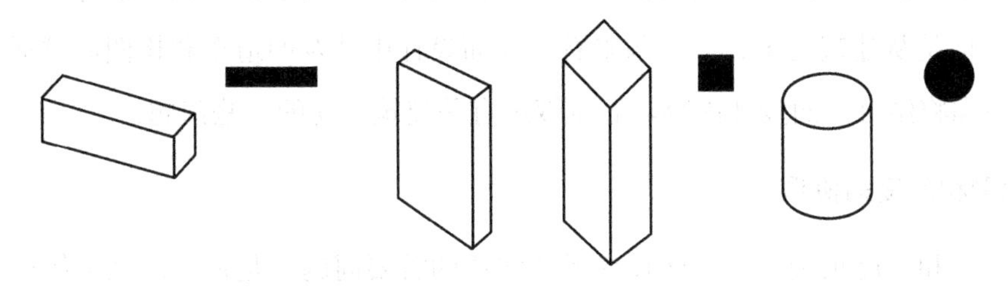

图 2-18　单一体型

2. 组合体型

组合体型是指由若干个单一体型组合在一起的体型。当建筑规模较大或内部空间不易在一个简单的体量内组合，或者由于功能要求，内部空间组合成若干相对独立的部分时，常采用组合体型。组合体型中，各体量之间存在着相互协调统一的问题，设计中应根据建筑内部功能要求、体量大小和形状，遵循构图规律进行体量组合设计。组合体型通常有对称组合和非对称组合两种方式，如图 2-19 所示。

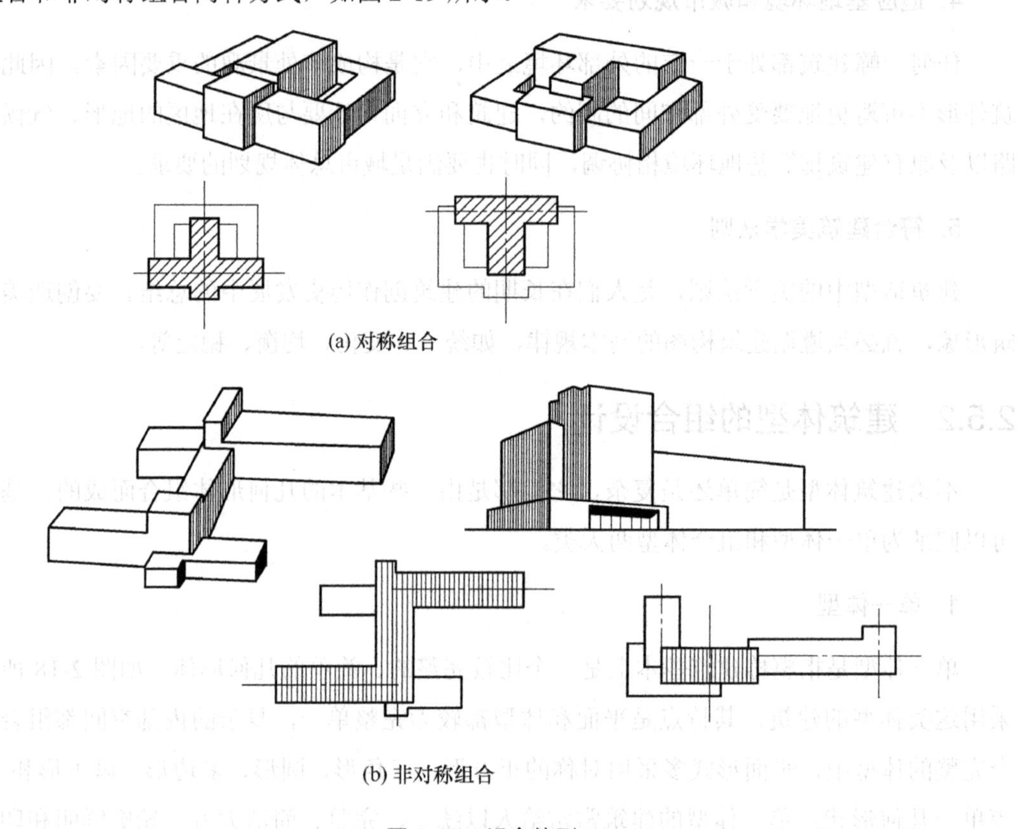
(a) 对称组合

(b) 非对称组合

图 2-19 组合体型

2.5.3 立面设计

建筑立面设计和平面、剖面设计一样，同样也有使用要求、结构构造等功能和技术方面的问题，但是从建筑的平、立、剖来看，立面设计中涉及的造型和构图问题通常较为突出，因此下面将结合立面设计内容，着重叙述有关建筑美观的一些问题。

1. 比例和尺度的协调

比例适当和尺度正确，是立面设计所要解决的首要问题，是使立面完整统一的重要方面。立面各部分之间的比例以及墙面的划分都必须根据建筑内部的功能特点进行，使立面

的高宽比例、各部分之间的尺寸比例做到合适，要有呼应和协调的关系，并要符合建筑物的使用功能和结构的内在逻辑。

2. 虚实和凹凸的结合

建筑立面中的“虚”是指立面上的玻璃、门窗洞口、门廊、空廊、凹廊等部分，“实”是指墙面、柱面、檐口、阳台、栏板等实体部分。根据建筑的功能、结构特点，巧妙地处理好立面的虚实关系，可取得不同的外观形象。以虚为主的手法能给人以轻巧、通透的感觉；以实为主则能给人以厚重、坚实的感觉；若采用虚实均匀分布的处理手法，将给人以平静、安全的感觉。

3. 立面线条的处理

在建筑立面上一般都会设计许多方向不同、大小不等的线条，如水平线、垂直线等，恰当地运用这些不同类型的线条，并加以适当的艺术处理，将给建筑立面韵律的组织、比例尺度的权衡带来不同的效果。

4. 立面的色彩与质感处理

处理立面色彩时应注意：色彩处理必须和谐统一，且富有变化；色彩的运用应符合建筑类型；色彩运用要与周围相邻建筑、环境气氛相协调，与民族文化传统和地方特色相适应。在建筑立面设计中，对材料的运用和质感的处理也是非常重要的，使用单一的材料易获得统一，但是若处理不好容易产生单调感；而使用不同材料，通过质感的对比可获得生动的立面效果。在进行立面处理时，应充分利用材料质感的特性，巧妙处理，有机结合，以增强和丰富建筑物的表现力。

5. 立面的重点与细部处理

在完成建筑立面的整体设计后，要根据功能和造型的需要，对一些重点部位(如建筑物的主要出入口、商店橱窗、房屋檐口等)进行重点刻画和塑造，突出建筑立面的关键部位，使其成为视觉焦点，以达到画龙点睛的效果。

习　　题

一、简答题

1. 建筑工程设计一般包括哪几方面的内容？一般的设计程序是什么？

2. 建筑工程设计中的两阶段设计和三阶段设计分别指的是什么？各自的适用范围是什么？

3. 建筑设计有哪些要求？进行建筑设计的主要依据有哪些？

4. 何谓基本模数、扩大模数、分模数？

5. 建筑总平面设计中一般包括哪些内容？

6. 何谓红线、建筑控制线、容积率、建筑密度、绿地率？

7. 何谓日照间距？确定的依据是什么？

8. 建筑面积由哪几部分组成？一个房间的面积由哪几个部分组成？

9. 房间的面积、形状、尺寸、门窗的设置是如何考虑的？

10. 什么是开间、进深？

11. 交通联系部分包括哪些部分？有哪些设计要求？

12. 如何确定走道和楼梯的宽度、数量和位置？门厅设计有哪些要求？

13. 如何确定房间门窗数量、面积大小、具体位置与开启方式？

14. 在建筑平面设计中，建筑空间的组织原则有哪些？常采用哪些空间组合形式？各有什么特点？

15. 房间剖面形式是如何确定的？

16. 何谓层高、净高？影响房间净高的因素有哪些？

17. 进行建筑体型和立面设计时，应考虑哪些组合原则？

18. 建筑体型一般有几类？组合时一般有几种方式？

19. 在立面设计中，通常需要对哪些部位进行重点处理？

二、观察思考题

1. 结合自己所在地区的气候条件以及抗震设防烈度的有关要求，思考一下在建筑设计过程中可以采取哪些措施加以有效应对？

2. 结合平时的学习生活，收集当地的有关建筑设计的法律法规等，并思考这些条款设定的依据是什么？

3. 观察周围建筑中的走廊，思考一下它们的宽度差异与建筑的功能有联系吗？

4. 观察周围建筑中门的开启方向，思考一下开启方式的不同对疏散有无影响？

5. 观察自己所在学校的教学楼和宿舍平面组合形式，并根据一间教室、宿舍的尺寸推算教学楼和宿舍楼的长宽尺寸各是多少？

6. 观察墙承重结构建筑和骨架结构体系建筑以及空间结构在外立面处理上的不同，体

会不同结构体系在结构以及立面造型等方面的差异。

7. 观察周围建筑中所采用的中国式传统符号，思考在设计中应从哪些方面更好地传承中国建筑文化的精髓？

8. 观察不同建筑类型，它们在建筑体型和立面设计中是否有共同之处？

第 3 章　民用建筑设计和构造

3.1　概　　述

建筑的目的是创造一种人为的环境，提供人们生活起居、购物、阅览、观看或参与文体活动、从事生产劳动等所需各种活动的空间。关于建筑空间，我们可以从我国古代著名的哲学著作《道德经》中找到这样的描述：“凿户牖以为室，当其无，有室之用。”意思是说：(建造房子)在墙壁上开凿门窗，有了门窗(及四壁围合形成中间的空间)，才有房屋的作用。建筑物(房子)虽然用的是它空的部分，实的部分只是它的外壳，但如果没有“实”的外壳，“空”的部分也就不复存在了。在古人看来，可以说建筑空间是实的部分和空的部分的统一。

建筑设计中对建筑空间的研究，即建筑空间的构成和组合，可由前两章介绍的相关知识来反映整体的大概念、大轮廓；而对构成建筑空间的建筑实体的研究，即关于建筑物实体的构成及细部处理的各种可能性，则是本章将要介绍的主要内容，即建筑构造设计。

一幢房屋除了门窗、四壁，还有许多其他组成部分，如基础、墙、柱、梁、楼板、屋架等承重结构构件，而坡道、台阶、栏杆、花格、细部装饰等通常被称为建筑配件。建筑构造是研究组成建筑的各种构、配件的组合原理和构造方法的学科，构造设计是建筑设计的重要组成部分，其关键点是构造节点。在施工图设计阶段，一般以建筑详图的形式来表达建筑构造设想与创意。除了构件形状和必要的图例外，构造详图中还应该表明相关构、配件的尺寸以及所用的材料、级配和做法。

3.1.1　影响建筑构造的因素

1. 外界环境因素

1)　外力作用

作用在建筑物上的各种直接力称为荷载，如结构自重、家具和设备重、雪荷载、风荷载等。荷载是建筑结构设计的主要依据，与建筑构造设计密切相关，它决定了构件的尺度与用料。所以，在确定建筑构造方案时，必须考虑外力的影响。

2) 气候条件

我国各地区由于地理环境不同，自然气候条件多有差异，因此在进行建筑构造设计时，需针对各地气候条件对建筑的影响，并结合建筑构件所处部位，采取相应的防范措施，如防潮防水、保温隔热等。

3) 人为因素

人们的生产和生活活动也会形成对建筑物的诸多不利因素，如机械振动、化学腐蚀、爆炸、火灾、噪声等，均属人为因素。因此在进行建筑构造设计时，必须针对这些因素从构造上采取防振、防腐、防火、隔声等相应措施，以免建筑物遭受不应有的损害。

2. 建筑技术条件

建筑材料、建筑结构和施工等物质技术条件是建造建筑物的基本物质技术条件。材料是建筑物的物质基础，结构是建筑物的骨架，施工则是建造和生产建筑物的技术方法，这些都与建筑构造密切相关。随着建筑业的不断发展，各种新型建筑材料、配套产品、新结构、新设备以及新的施工技术都在不断更新，这些物质技术条件的改变，必然会给构造设计带来新的构造做法。

3. 建筑标准

建筑标准一般包括造价标准、设备标准、装修标准等。标准高的建筑档次较高，装修质量好，设备齐全，但是造价也相对较高，反之则低。

建筑构造方案的选择与建筑标准密切相关。一般情况下，大量性民用建筑多属于一般标准的建筑，构造做法也多为常规做法。而大型公共建筑的标准要求较高，构造做法复杂，对美观方面的考虑比较多。

3.1.2 建筑构造的设计原则

1. 满足建筑使用功能要求

根据建筑物使用性质和所处环境的不同，往往会对建筑构造设计提出不同的技术要求，如我国北方寒冷地区要求建筑物冬季能保温；南方温暖地区要求建筑物夏季能通风、隔热；影剧院、会堂、音乐厅要求具有良好的音响效果；住宅区应控制噪声干扰，要求隔声；等等。为满足上述功能要求，应综合运用有关技术理论知识，提出合理的构造方案。

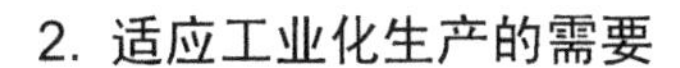

2. 适应工业化生产的需要

在建筑构造设计中应适时改进传统的构造方法，广泛采用标准设计，标准构、配件及其制品，使构、配件生产工厂化，节点构造定型化，并在此基础上，因地制宜地发展经济适用的工业化建筑体系，以适应建筑工业化发展的需要。

建筑构造的设计原则可概括为：坚固适用，技术先进，经济合理，美观大方。

进行构造设计时，应综合考虑各种因素，正确地选择建筑材料，提出符合坚固、经济、美观的构造方案，作为建筑设计中解决技术问题及进行施工图设计的依据。合理而良好的构造设计能提高建筑物抵御自然界各种影响的能力，从而保证建筑物的使用质量，延长使用寿命。

3.2　基　　础

3.2.1　基本概念

基础承受着房屋的上部荷载，因此基础应具有足够的强度，才能可靠地把上部荷载传给地基。基础同时应满足耐久性要求。

基础工程是隐蔽工程，如有缺陷，较难发现，也较难弥补和修复，而这些缺陷往往直接影响整个建筑物的使用甚至安全。因此，设计之前应先对地基进行钻探，充分掌握地质资料，并在此基础上进行正确分析和设计。

在进行基础选型和构造设计之前，应先对基础与地基的关系有基本的认识。基础与地基的关系如图 3-1 所示。

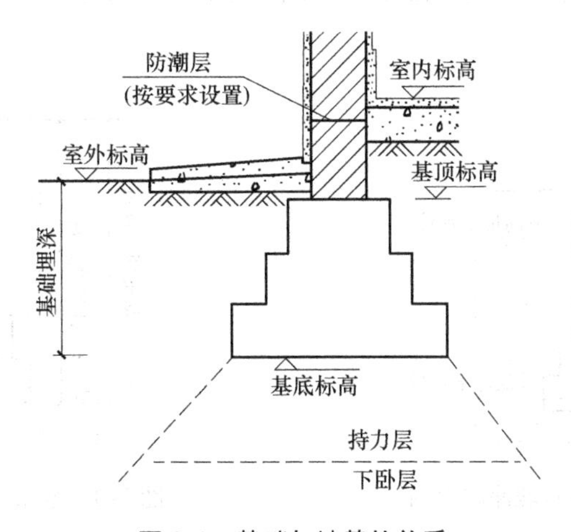

图 3-1　基础与地基的关系

(1) 基础：基础是建筑物下部的结构构件，承受建筑物上部结构传下来的荷载，并将这些荷载连同本身自重一起传给地基。

(2) 地基：地基是支承基础的土层。地基土分为岩石、碎石土、砂土、黏性土、人工填土等多种。它们的允许承载力差别很大，即使是同一类土，由于它们的物理力学性质不同，其允许承载力也不相同。

(3) 持力层：持力层是直接承受建筑荷载的土层。

(4) 下卧层：下卧层是持力层以下的土层。

3.2.2 基础的埋置深度与要求

由室外设计地面到基础底面的距离，称为基础的埋置深度。

从经济的角度考虑，基础宜浅埋以降低造价，但一般不应小于 500mm，为了避免基础外露，基础顶面距室外设计地面也不应小于 100mm。

影响基础埋置深度的因素主要如下。

(1) 建筑物有无地下室、设备基础及基础的形式及构造等。

(2) 作用在地基上的荷载大小和地基土的性质。

(3) 工程和水文地质条件。因为地下水位的上升和降落会影响建筑物的下沉，在地下水位较高的地区，宜将基础底面设在当地最低地下水位以下 200mm，如图 3-2 所示。一般情况下，为避免地下水位的变化影响地基承载力及减少基础施工的困难，应将基础埋在最高地下水位以上。

(4) 地基土的冰冻深度和地基土的湿陷。地基土冻胀时会使基础隆起，冰冻消失后又会使基础下陷，久而久之，基础就会被破坏。基础最好深埋在冰冻线以下 200mm，如图 3-3 所示。湿陷性黄土地基遇水会使基础下沉，因此基础应埋置得深一些，避免被地表水浸湿。

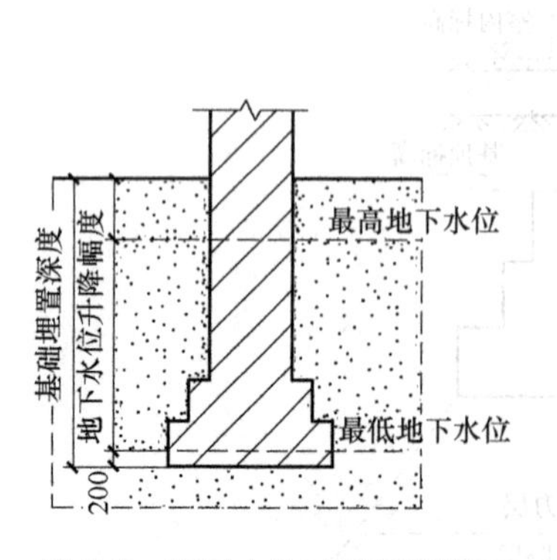

图 3-2 地下水位对埋深的影响

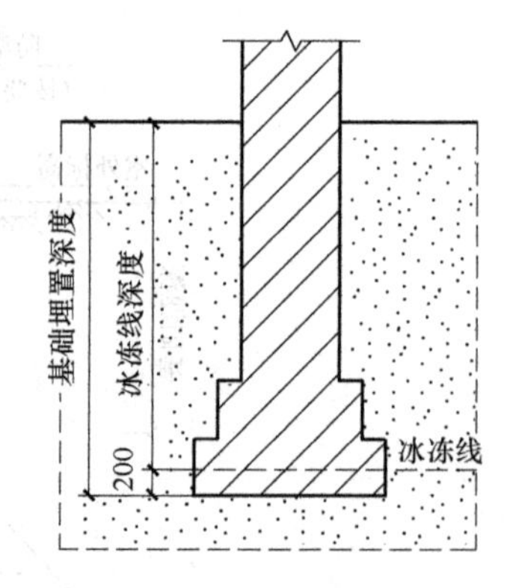

图 3-3 冰冻深度对埋深的影响

(5) 相邻建筑的基础埋深。基础埋深最好小于原有建筑的基础埋深。当基础深于原有建筑基础时，则新旧基础间的净距一般为相邻基础底面高差的 1～2 倍，如图 3-4 所示。

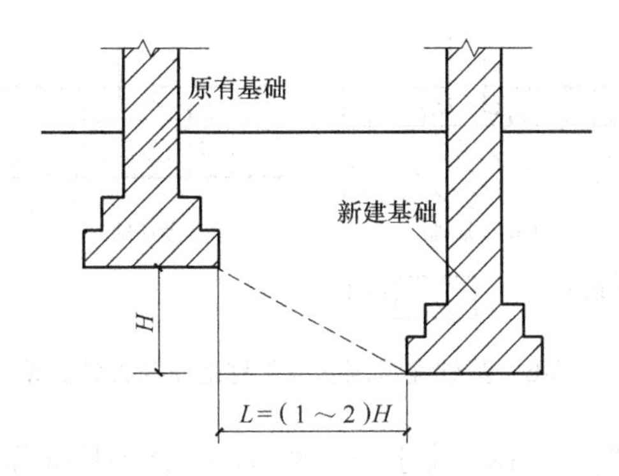

图 3-4　基础埋深与相邻基础的关系

3.2.3　基础的类型和材料

按照不同的标准，基础有不同的分类方法，下面分别介绍。

1. 按材料分

以砖石砌筑的承重墙，其基础所用材料常与上部墙身相同，或墙身是砖，基础用石。这类基础的最下部分也可以用灰土或三合土代替。灰土是用石灰和黄土(亚黏土较好)按 3∶7 或 2∶8 的体积比，略加水拌和而成，造价低廉，在我国北方应用较多。三合土的成分是石灰、砂、碎砖或石灰、矿渣、碎石按 1∶2∶4 或 1∶3∶6 的体积比，加水拌和而成，在我国南方应用较多。灰土或三合土基础的抗水性、抗冻性差，一般只用于冰冻线以下、地下水位以上。当地下水位较高、基底湿软时，则用毛石或混凝土代替灰土和三合土。如地基软弱而上部荷载较大时，常用抗弯性能较高的钢筋混凝土基础。不同材料的基础如图 3-5 所示。

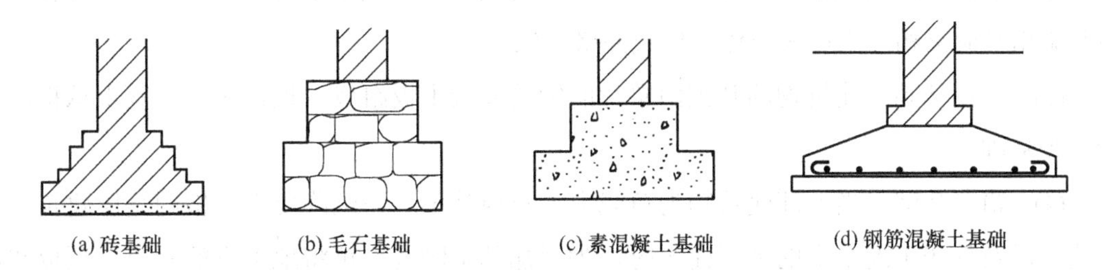

图 3-5　不同材料的基础

2. 按埋置深度分

按埋置深度的不同，基础可分为浅基础和深基础，这主要与工程地质条件有关，如图 3-6 所示。

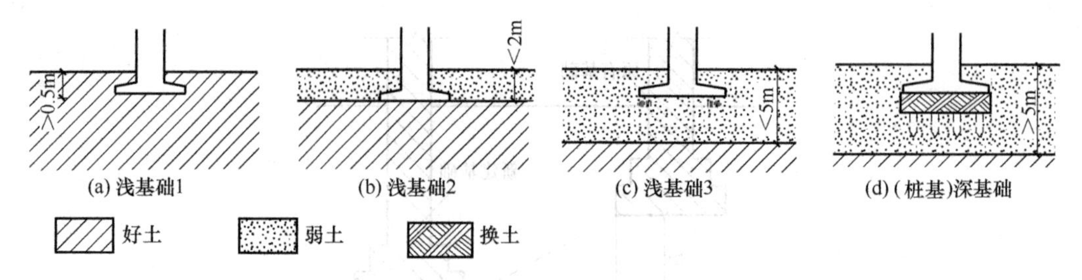

图 3-6　基础埋置深度与工程地质条件的关系

当基础埋深小于 5m 时，开挖、排水用普通方法，此类基础称为浅基础。如浅层土质不良，需加大基础埋深，此时应采取一些特殊的施工手段和相应的基础形式来修建，如桩基、地下连续墙等。

3. 按外观形状分

按外观形状，基础可分为以下几类：独立基础(包括杯形、阶梯形、锥形、壳形等)、条形基础、片筏基础、箱形基础、桩基础等，如图 3-7 所示。

(1) 独立基础。基础是独立的块状形式，常用断面形式有杯形、阶梯形、锥形、壳形等。独立基础适用于多层框架结构或厂房排架的柱下基础，其材料通常采用钢筋混凝土、素混凝土等。当柱为预制时，则将基础也预制成杯口形，然后将柱子嵌固在杯口内。

(2) 条形基础。基础是连续带形，也称带形基础，包括墙下条形基础和柱下条形基础。墙下条形基础一般用于多层混合结构的承重墙下，低层或小型建筑常用砖、混凝土等刚性条形基础。当上部为钢筋混凝土墙，或地基较差、荷载较大时，可采用钢筋混凝土条形基础。当上部结构为框架结构或排架结构，荷载较大或荷载分布不均匀，地基承载力偏低时，为增加基底面积或增强整体刚度，以减少不均匀沉降，常采用钢筋混凝土条形基础将各柱下基础用基础梁相互连接成一体，形成井格基础。

(3) 片筏基础。建筑物的基础由整片的钢筋混凝土板组成，板直接由地基土承担，称为片筏基础。

(4) 箱形基础。当上部建筑物为荷载大、对地基不均匀沉降要求严格的高层建筑、重型建筑以及软弱土地基上的多层建筑时，为增加基础刚度，可将地下室的底板、顶板和墙整体浇成箱子状的基础，称为箱形基础。

(5) 桩基础。当浅层地基不能满足建筑物对地基承载力和变形的要求，而又不适宜采取地基处理措施时，就要考虑以下部坚实土层或岩层作为持力层的深基础，其中桩基础的应用最为广泛。

4. 按受力分

按受力不同，基础可分为刚性基础和柔性基础。采用砖石、素混凝土、灰土等抗压强度较好而抗弯强度较低的材料做的基础称为刚性基础。施加在基础中心区域的上部荷载以一定的角度传递到基础底面，产生了一个确定的加载区域，区域内的荷载被来自地面的反作用力所抵消，如图 3-8(a)所示。如果基底宽度较大，使得这种反作用力作用于上部荷载的加载区域之外，则可能导致基底被剪断，如图 3-8(b)所示。因此，刚性基础的断面由刚性角控制。各类刚性基础的刚性角台阶宽高比允许值如表 3-1 所示。

砖基础的大放脚按刚性角的要求一般采用两皮砖出挑 1/4 砖或每两皮砖出挑 1/4 砖与每一皮砖出挑 1/4 砖相间砌筑而成，如图 3-9 所示。

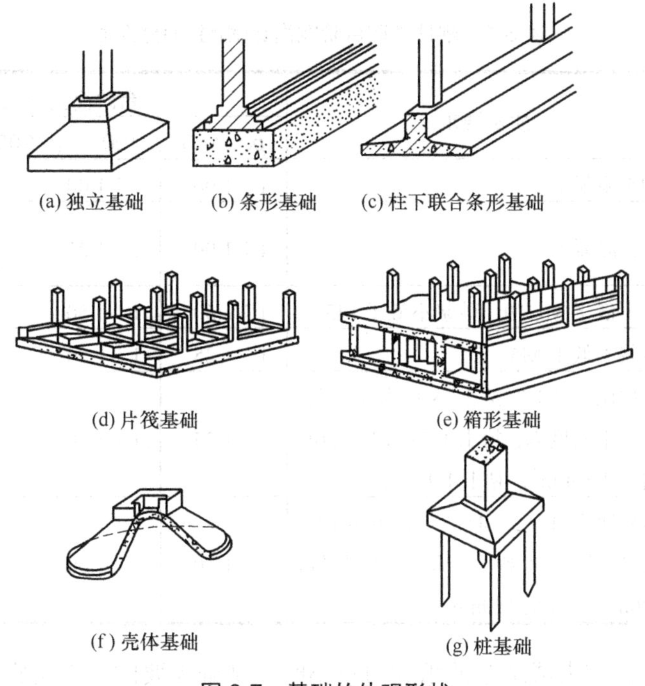

图 3-7　基础的外观形状

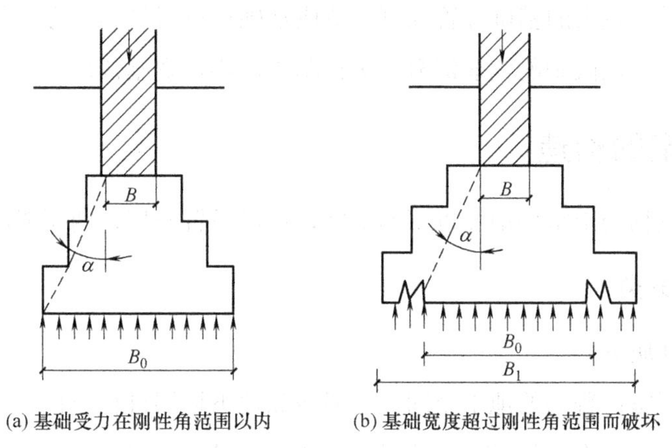

图 3-8　刚性基础的受力特点

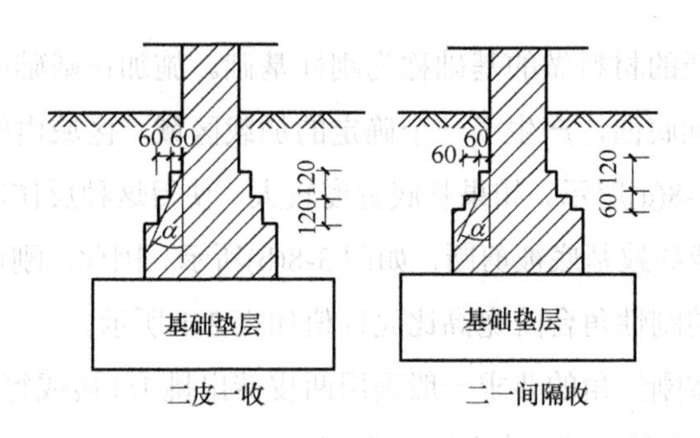

图 3-9　砖基础大放脚示意

表 3-1　刚性基础台阶宽高比(刚性角)允许值

基础材料	质量要求	台阶高宽比的允许值		
		$p_k \leq 100$	$100 < p_k \leq 200$	$200 < p_k \leq 300$
混凝土基础	C15 混凝土	1∶1.00	1∶1.00	1∶1.25
毛石混凝土基础	C15 混凝土	1∶1.00	1∶1.25	1∶1.50
砖基础	砖不低于 MU10、砂浆不低于 M5	1∶1.50	1∶1.50	1∶1.50
毛石基础	砂浆不低于 M5	1∶1.25	1∶1.50	—
灰土基础	体积比为 3∶7 或 2∶8 的灰土，其最小干密度为：粉土 1.55t/m³、粉质黏土 1.50t/m³、黏土 1.45t/m³	1∶1.25	1∶1.50	—
三合土基础	体积比为 1∶2∶4～1∶3∶6 的(石灰∶砂∶骨料)，每层约虚铺 220mm，夯至 150mm	1∶1.50	1∶2.00	—

当上部结构荷载较大或地基的承载力较小时，基础需要的较大基底宽度必须按刚性角逐步放成，这会导致较大的基础埋置深度，造成基础材料用量和土方工程量的增加。此时，可采用不受台阶宽高比限制的钢筋混凝土柔性基础，实现宽基浅埋。

3.2.4　地下室的构造

地下室是建筑物处于室外地面以下的房间，可以设置一层、两层或多层。

1. 地下室的分类

1)　按使用性质分

(1)　普通地下室：普通的地下空间，一般按照地下楼层进行设计。

(2)　人防地下室：有人民防空要求的地下空间。人防地下室应妥善解决紧急情况下的人员隐蔽与疏散问题，应有保证人身安全的技术措施。

2)　按埋入深度分

(1)　全地下室：是指地下室地坪面低于室外地坪面的高度超过该房间净高的 1/2 的地下室。

(2)　半地下室：是指地下室地坪面低于室外地坪面的高度超过该房间净高的 1/3，且不超过 1/2 的地下室。

2. 地下室的防潮与防水

地下室的侧墙和底板处于地面以下，常受到土层中潮气和地下水的侵蚀，因此，地下室的防潮、防水问题是地下室构造的重点。地下室的防潮、防水做法取决于地下室地坪与地下水位的关系。

1)　地下室的防潮构造

当设计最高地下水位低于地下室底板 300～500mm，且地基范围内的土壤及回填土无形成上层滞水可能时，采用防潮做法。

地下室的防潮构造包括设置垂直防潮层和水平防潮层，并使整个地下室的防潮层形成整体；同时地下室的墙体必须用水泥砂浆砌筑，灰缝必须饱满，以达到防潮的目的。垂直防潮层设在地下室外墙的外侧。所有墙体都必须设置两道水平防潮层，一道设在地下室地坪附近，另一道设在室外地面散水以上 150～200mm 的位置，如图 3-10 所示。

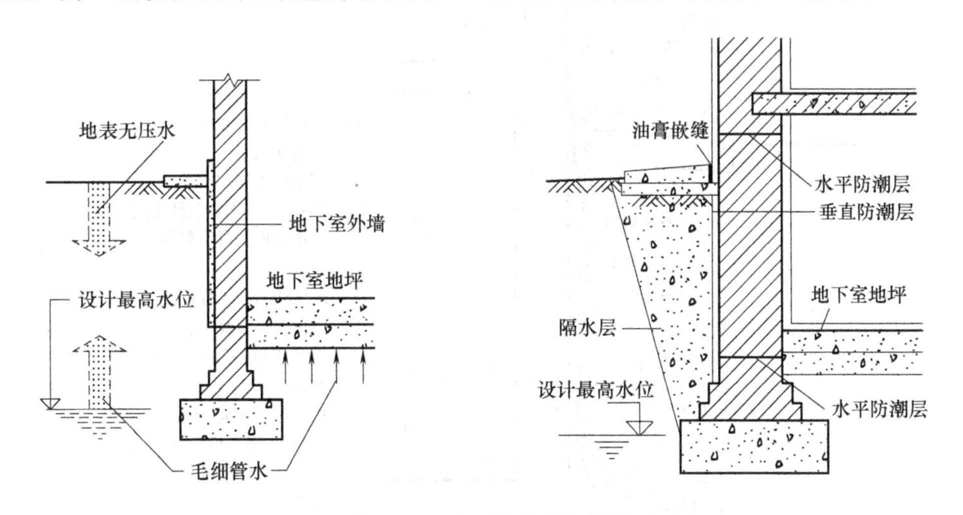

图 3-10　地下室的防潮构造

2)　地下室的防水构造

当设计最高地下水位高于地下室底板标高时，地下室外墙受到地下水的侧向压力，底板受到地下水上浮力的影响，这时地下室应采用防水构造处理。

地下室的防水方案，应考虑地下水、地表水、毛细管水和水中是否有侵蚀性物质等的影响，遵循以防为主、以排为辅，防、排、截、堵相结合，刚柔并济，因地制宜的基本原则，力争做到设计先进，防水可靠，经济合理。地下室设防标高的确定可根据勘测资料提供的最高水位标高，再加上500mm为设防标高，上部可以做防潮处理；对独立式全地下室，则应按全面封闭的防水层设计。

地下室防水构造做法可以根据实际情况，采用柔性卷材防水、防水混凝土防水、弹性涂料防水等，必要时可采用刚柔结合的防水方案。进行防水设计时，应根据《地下工程防水技术规范》以及《地下防水工程质量验收规范》选择合适的防水方案。

(1) 卷材防水。卷材防水是以胶结材料粘贴一层或多层卷材做防水层的防水做法。根据卷材与墙体的关系可分为内防水和外防水。卷材铺贴在地下室墙体外表面的做法称为外防水或外包防水，具体做法是：先在外墙外侧抹20mm厚1∶3水泥砂浆找平层，其上涂刷基层处理剂一道，然后铺贴卷材防水层，并与从地下室地坪底板下留出的卷材防水层逐层搭接。防水层外面砌半砖保护墙一道，在保护墙与防水层之间用水泥砂浆填实。砌筑保护墙时，先在底部干铺卷材一层，最后在保护墙外500mm的范围内回填3∶7灰土并分层夯实，如图3-11所示。若采用地下室外防水无工作面时，可将防水卷材铺贴在地下室外墙内表面，这种做法称为内防水或内包防水。这种防水方案对地下室外墙的保护不太有利，但施工方便，易于维修，多用于修缮工程。

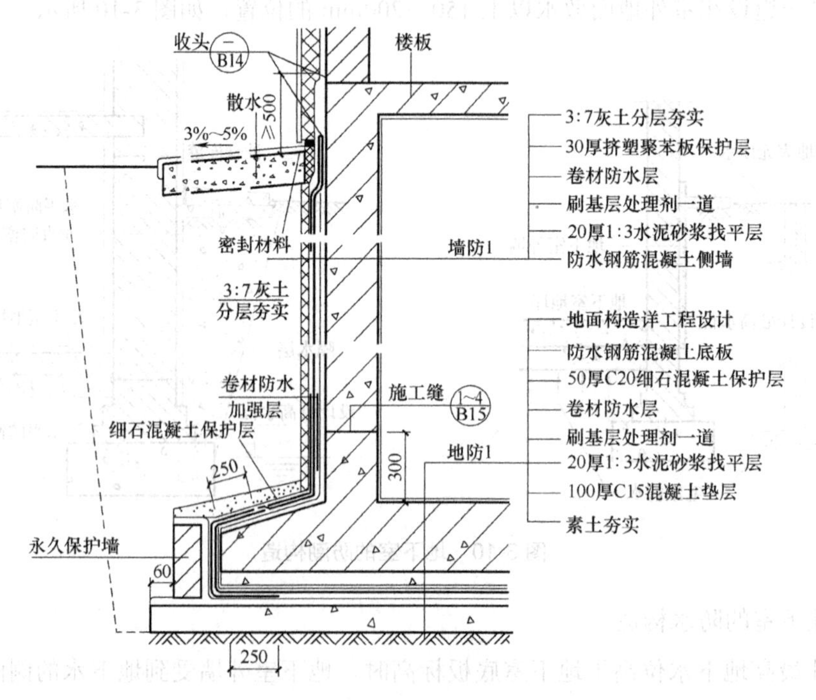

图3-11 地下室外包防水构造

(2) 防水混凝土防水。地下室的地坪与墙体一般都采用钢筋混凝土材料，其防水以采

用防水混凝土为佳。防水混凝土的配制与普通混凝土基本相同，所不同的是集料级配不同，即通过调整混凝土配合比，以提高混凝土自身的密实性；或在混凝土内掺入一定量的外加剂，以提高混凝土的防水性能。集料级配主要是采用不同粒径的骨料进行级配，同时提高混凝土中水泥砂浆的含量，使砂浆充满于骨料之间，从而堵塞因骨料直接接触而出现的渗水通道，达到防水目的。掺外加剂是指在混凝土中掺入密实剂，以提高其抗渗性能。防水混凝土的外墙、底板均不宜太薄，外墙厚度一般应在 200mm 以上，底板厚度应在 150mm 以上。为防止地下水侵蚀混凝土，在墙外侧应抹水泥砂浆，然后涂抹基层处理剂。

对特殊部位如变形缝、施工缝、穿墙管、埋件等薄弱环节应精心设计，按要求做好细部处理，如图 3-12～图 3-15 所示。

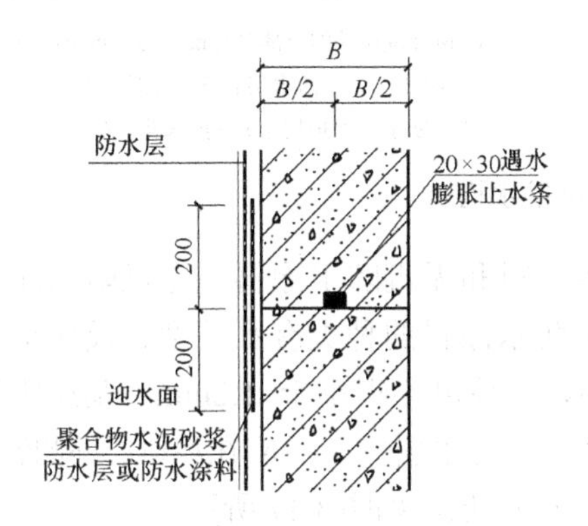

图 3-12　侧墙施工缝防水构造

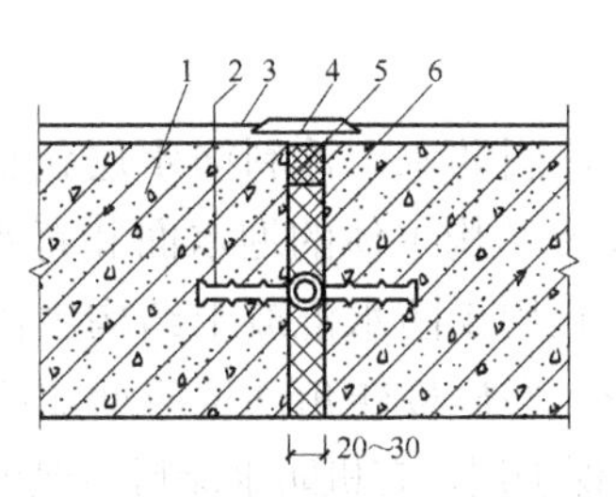

图 3-13　中埋式止水带与嵌缝材料复合使用

1—混凝土结构；2—中埋式止水带；3—防水层；4—隔离层；5—密封材料；6—填缝材料

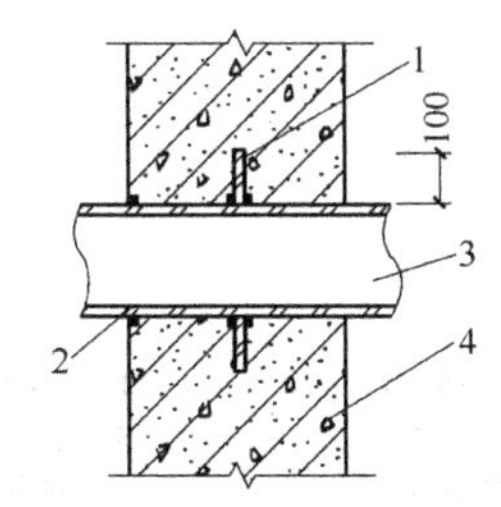

图 3-14　固定式穿墙管防水构造

1—止水环；2—密封材料；3—主管；4—混凝土结构

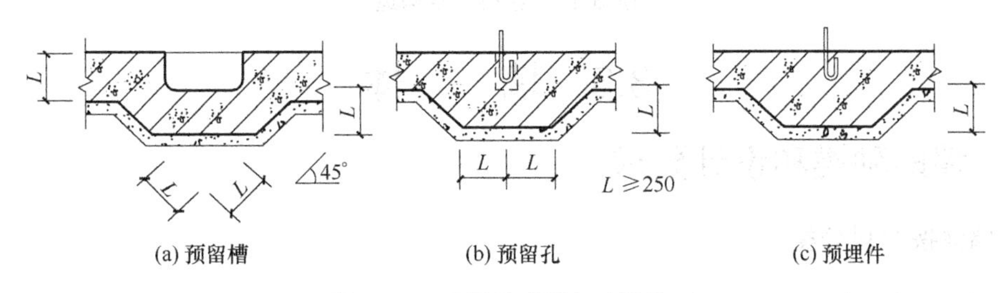

图 3-15　预埋件或预留孔槽处理

地下工程通向地面的各种孔口应采取防地面水倒灌的措施。窗井底部在最高地下水位以上时，窗井的底板和墙应做防水处理，并宜与主体结构断开，如图 3-16(a)所示。若窗井或窗井的一部分在最高地下水位以下时，窗井及其防水层应与主体结构连成整体，并在窗井内设置集水井，如图 3-16(b)所示。

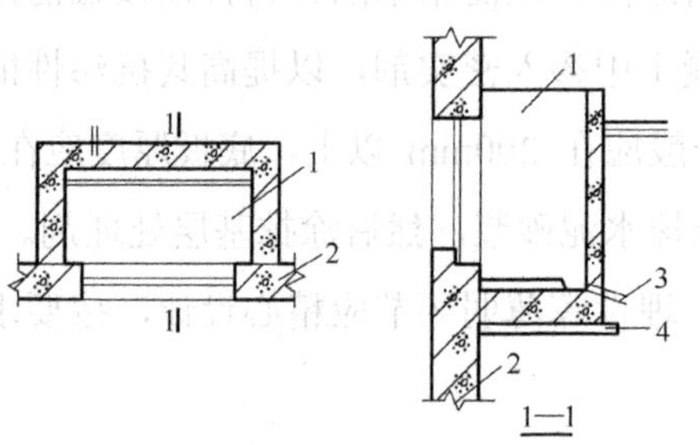

(a) 窗井底部在最高地下水位以上

1—窗井；2—主体结构；3—排水管；4—垫层

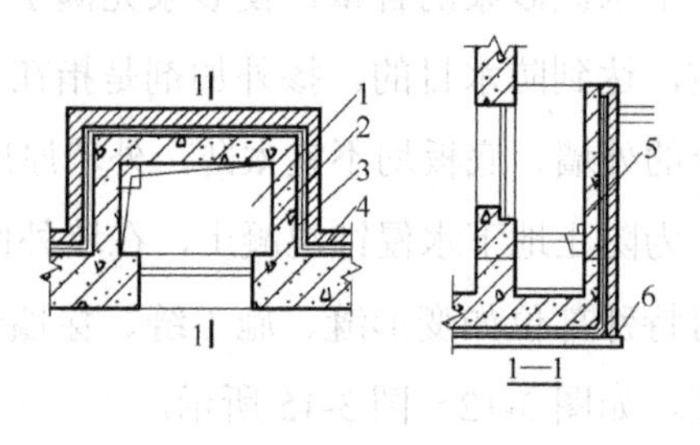

(b) 窗井或窗井的一部分在最高地下水位以下

1—窗井；2—防水层；3—主体结构；4—防水层保护层；5—集水井；6—垫层

图 3-16　窗井防水构造

(3)　涂料防水。涂料防水层包括有机防水涂料和无机防水涂料。无机防水涂料宜用于防水混凝土结构主体的迎水面和背水面；有机防水涂料的种类有水乳型、反应型、聚合物水泥等，宜用于防水混凝土结构主体的迎水面，其厚度不得小于 1.2mm。基层阴阳角应做成圆弧形，在底板转角部位应增加胎体增强材料。防水层完工后应在涂料层外侧做砂浆、砖墙或软质保护层，有机防水涂料与保护层之间应设隔离层，如图 3-17 所示。

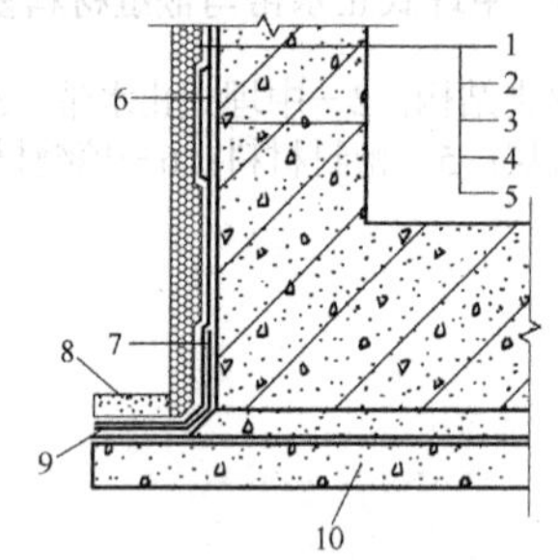

1—保护墙；2—砂浆保护层；3—涂料防水层；4—砂浆找平层；5—结构墙体；6—涂料防水层加强层；7—涂料防水加强层；8—涂料防水层搭接部位保护层；9—涂料防水层搭接部位；10—混凝土垫层

(a)　外防外涂构造

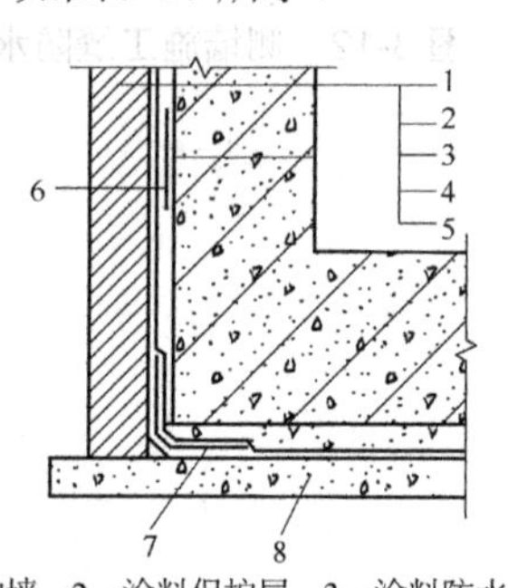

1—保护墙；2—涂料保护层；3—涂料防水层；4—找平层；5—结构墙体；6—涂料防水层加强层；7—涂料防水加强层；8—混凝土垫层

(b)　外防内涂构造

图 3-17　涂料防水构造

3.3　墙　体

3.3.1　墙的种类和设计要求

1. 墙体按材料分类

墙体按材料可分为以下几类。

(1) 砖墙。用作墙体的砖有普通黏土砖、灰砂砖、焦渣砖等。传统黏土砖由于“挖地烧砖”、破坏环境、消耗能源，现在已逐步淘汰禁用。灰砂砖用 30%的石灰和 70%的砂子压制而成。焦渣砖用高炉硬矿渣和石灰蒸养而成。

(2) 加气混凝土砌块墙。加气混凝土是一种轻质材料，其成分是水泥、砂子、磨细矿渣、粉煤灰等，用铝粉作发泡剂，经蒸养而成。加气混凝土具有体积质量轻、可切割、隔音、保温性能好等特点。这种材料多用于非承重的隔墙及框架结构的填充墙。

(3) 石材墙。石材是一种天然材料，主要用于山区和产石地区的建筑。

(4) 板材墙。板材以钢筋混凝土板材、加气混凝土板材为主。

(5) 现浇或预制的钢筋混凝土墙。

(6) 幕墙。幕墙因悬挂于主体结构外表面并形似帷幕而得名，包括石材幕墙和玻璃幕墙等。

2. 墙体按所在位置分类

墙体按所在位置一般分为外墙及内墙两大部分，每部分又各有纵、横两个方向，这样共形成四种墙体，即外纵墙、外横墙(又称山墙)、内纵墙、内横墙。另外，窗与窗、窗与门之间的墙称为窗间墙，窗洞下部的墙称为窗下墙，屋顶上部的墙称为女儿墙，如图 3-18 所示。

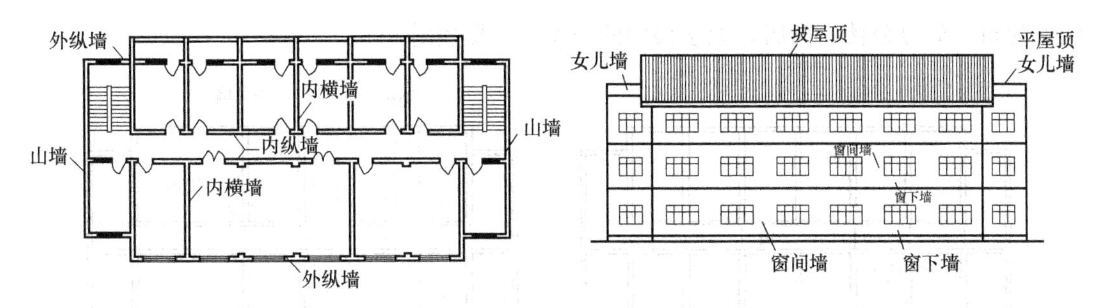

图 3-18　墙的位置和名称

3. 墙体按受力特点分类

墙体按受力特点可分为承重墙与非承重墙。

(1) 承重墙：承受屋顶和楼板等构件传下来的竖向荷载和风力、地震力等水平荷载。由于承重墙所处的位置不同，又分为承重内墙和承重外墙。

(2) 非承重墙：只承受墙体自身重量而不承受屋顶、楼板等构件传下来的竖向荷载。其中，只承受墙体自身重量和风力、地震力等水平荷载的墙体称为自承重墙。非承重墙还包括隔墙与填充墙。隔墙起着分隔大房间为若干小房间的作用。隔墙应满足隔声的要求，这类墙不作基础。填充墙是填充在框架结构中柱子之间的墙。

4. 墙体按构造做法分类

按构造形式不同，墙体可分为实体墙、空心墙和复合墙三种。实体墙是由普通烧结砖及其他实体砌块砌筑而成的墙；空心墙内部的空腔可以靠组砌形成，如空斗墙，也可用本身带孔的材料组合而成，如空心砌块墙等；复合墙由两种以上的材料组合而成，如加气混凝土复合板材墙，其中混凝土起承重作用，加气混凝土起保温、隔热作用。

5. 按施工方法分类

按施工方法不同，墙体可分为块材墙、板筑墙和板材墙三种。

6. 承重墙的布置方式

墙体有四种承重方案：横墙承重、纵墙承重、纵横墙双向承重和墙与柱混合承重。

(1) 横墙承重。横墙承重是将楼板及屋面板等水平承重构件搁置在横墙上，如图 3-19(a)所示，楼面及屋面荷载依次通过楼板、横墙、基础传递给地基。这种布置方案适用于房间开间尺寸不大、墙体位置比较固定的建筑，如宿舍、旅馆、住宅等。

(2) 纵墙承重。纵墙承重是将楼板及屋面板等水平承重构件均搁置在纵墙上，横墙只起分隔空间和连接纵墙的作用，如图 3-19(b)所示。这种布置方案适用于要求有较大使用空间的建筑，如办公楼、商店、教学楼中的教室、阅览室等。

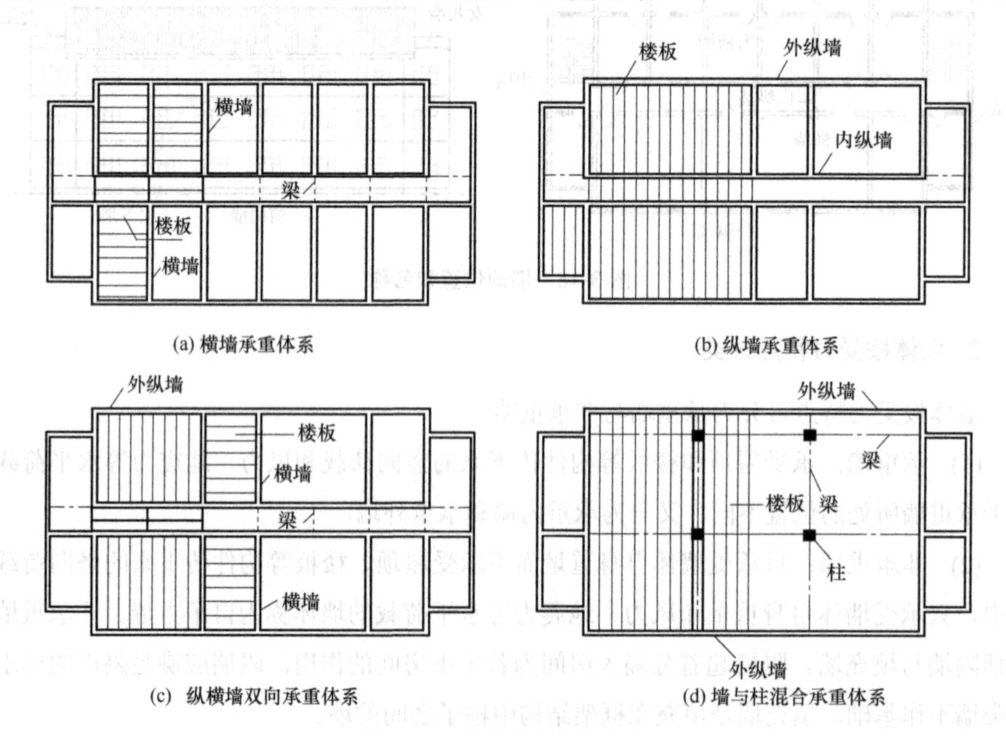

图 3-19 承重墙的布置方式

(3) 纵横墙双向承重。这种承重方式的承重墙由纵横两个方向的墙体组成，如图 3-19(c)所示。纵横墙双向承重方式平面布置灵活，两个方向的抗侧刚度都较好，适用于房间开间、进深变化较多的建筑，如医院、幼儿园等。

(4) 墙与柱混合承重。这种承重方式为建筑内部采用梁、柱组成的内框架承重，四周由墙承重，如图 3-19(d)所示。这种布置方案适用于室内需要大空间的建筑，如大型商店、餐厅等。

7. 墙的设计要求

(1) 具有足够的强度和稳定性。强度是指墙体承受荷载的能力，它与所采用的材料、材料强度等级、墙体的截面积、构造和施工方式有关。稳定性则与墙的高度、长度和厚度及纵横向墙体间的距离有关。

(2) 满足保温、隔热等热工方面的要求。我国北方地区气候寒冷，要求外墙具有较好的保温能力，以减少室内热损失。南方地区夏季炎热，建筑外墙应采取自然通风、遮阳和围护结构隔热等综合性措施，以减少室外高温热辐射对室内的影响。

(3) 满足隔声要求。为保证建筑室内有一个良好的声学环境，墙体必须具有一定的隔声能力。

(4) 满足防火要求。在防火方面，应符合防火规范中对燃烧性能和耐火极限的相应规定。当建筑的占地面积或长度较大时，还应按防火规范要求设置防火墙，防止火灾蔓延。

(5) 满足防水、防潮要求。卫生间、厨房、实验室等用水房间的墙体以及地下室的墙体应满足防水、防潮要求。

(6) 满足建筑工业化要求。建筑工业化的关键是墙体改革，通过提高机械化施工程度，提高工效，降低劳动强度。为减轻自重、降低成本，应采用轻质高强的墙体材料。

3.3.2 墙的尺寸和砌筑方式

1. 墙的尺寸

砖的规格与尺寸有多种形式，从形状上看有实心砖、多孔砖和空心砖，如图 3-20 和图 3-21 所示。多孔砖又分为 P 型砖和 M 型砖，P、M 分别表示普通多孔砖和模数多孔砖。多孔砖和空心砖的主要区别在于孔洞率和孔的形状，多孔砖的孔洞率为 15%～35%，孔的尺寸小而数量多；空心砖的孔洞率大于 35%，孔的尺寸大而数量少。

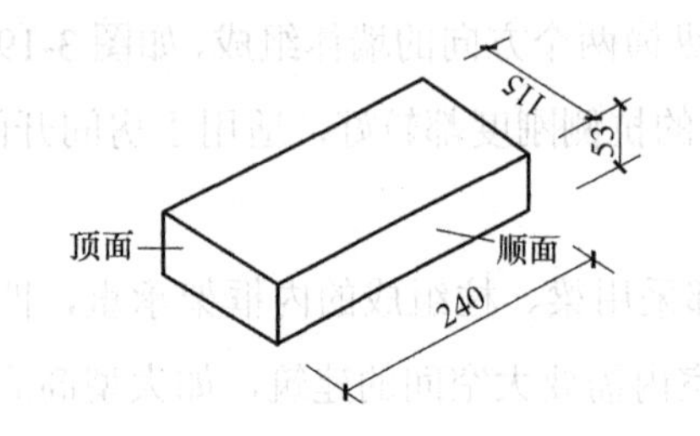

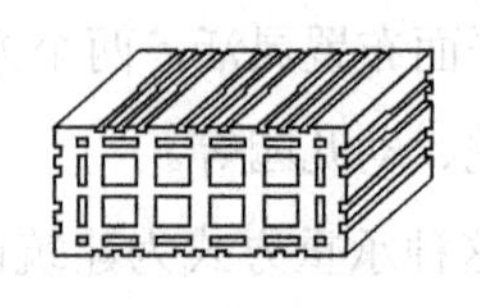

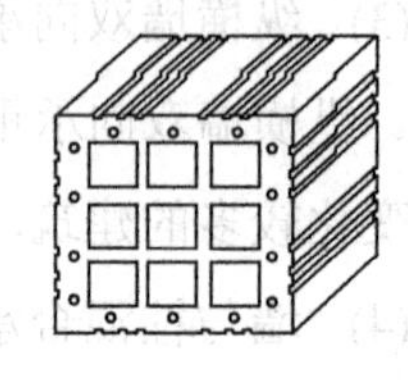

图 3-20 实心砖和空心砖

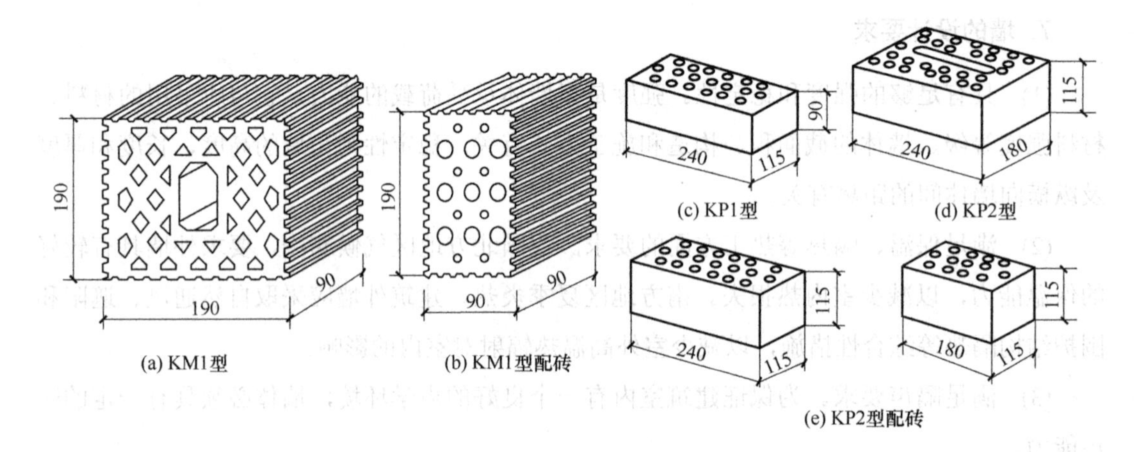

图 3-21 几种多孔砖的规格与孔型

实心普通烧结砖和蒸压灰砂砖是全国统一规格的标准尺寸，即 240mm×115mm×53mm；多孔砖的尺寸有 240mm×115mm×90mm 等多种；空心砖的尺寸有 290mm×190mm×90mm 或 240mm×115mm×180mm 等。

标准砖砌筑墙体时以砖宽度的倍数(115+10=125mm)为模数，砖墙的尺度包括砖墙厚度、墙段长度、砖墙高度等。

1) 砖墙厚度

砖墙的厚度习惯上以砖长为基数来称呼，如半砖墙、一砖墙、一砖半墙等。工程上以它们的标志尺寸来称呼，如 12 墙、24 墙、37 墙等，如图 3-22 所示。常用砖墙厚度尺寸如表 3-2 所示。

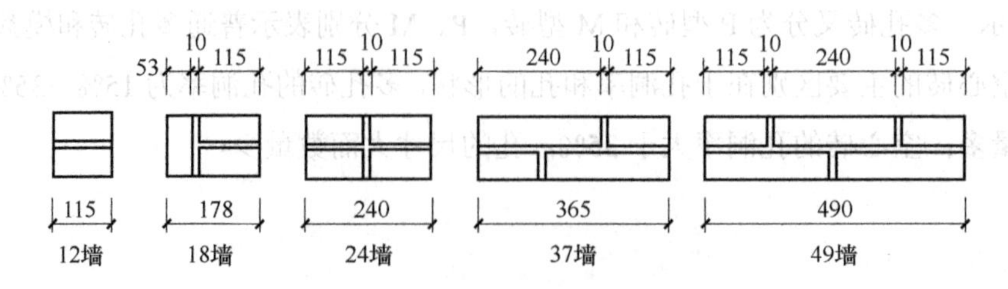

图 3-22 墙厚与砖规格的关系

表 3-2　常用砖墙厚度尺寸

墙厚名称	习惯称呼	实际尺寸/mm	墙厚名称	习惯称呼	实际尺寸/mm
半砖墙	12 墙	115	一砖半墙	37 墙	365
3/4 砖墙	18 墙	178	二砖墙	49 墙	490
一砖墙	24 墙	240			

2)　墙段长度

墙段长度主要指窗间墙、转角墙等部位墙体的长度。其取值以砖宽加缝宽(115mm+10mm=125mm)为基础。通常建筑的进深、开间、门窗都是按扩大模数 3*M* 进行设计的，这样一幢建筑中采用两种模数必然给建筑、施工带来很多困难，因此需要靠调整竖向灰缝大小的方法来解决。竖向灰缝宽度的取值范围为 8～12mm。墙段长，调整余地大；墙段短，调整余地小。在设计砌筑较短的墙段时，应符合砖的模数，即取 125mm 的整数倍数。当墙段超过 1.5m 时，可不考虑砖的模数。

在抗震设防地区，墙段长度还应符合现行《建筑抗震设计规范》(GB 50011—2010)的相关规定，具体尺寸如表 3-3 所示。

3)　砖墙高度

按砖模数的要求，砖墙的高度应为 53mm+10mm=63mm 的整倍数。但现行统一模数协调系列多为 3*M*，如 2700、3000、3300mm 等；住宅建筑中层高尺寸则按基本模数递增，如 2700、2800、2900mm 等，均无法与砖墙皮数相适应。为此，砌筑前必须事先按设计尺寸反复推敲砌筑皮数，适当调整灰缝厚度，并制作若干根皮数杆作为砌筑的依据。

表 3-3　抗震设计规定的最小墙段长度　　单位：mm

部　位	6 度	7 度	8 度	9 度
承重窗间墙最小宽度	1.0	1.0	1.2	1.5
承重外墙尽端至门窗洞边的最小距离	1.0	1.0	1.2	1.5
非承重外墙尽端至门窗洞边的最小距离	1.0	1.0	1.0	1.0
内墙阳角至门窗洞边的最小距离	1.0	1.0	1.5	2.0
无锚固女儿墙(非出入口处)的最大高度	0.5	0.5	0.5	0.0

注：① 局部尺寸不足时，应采取局部加强弥补措施，且最小宽度不宜小于 1/4 层高和表列数据的 80%。
② 出入口处的女儿墙应有锚固。

2. 墙的砌筑方式

砖墙的砌筑方式是指砖块在砌体中的排列方式，为了保证墙体的坚固，砖块的排列应遵循内外搭接、上下错缝的原则。错缝长度不应小于 60mm，且应便于砌筑及少砍砖，否则会影响墙体的强度和稳定性。

在墙的组砌中，砖块的长边平行于墙面的砖称为顺砖，砖块的长边垂直于墙面的砖称为丁砖。上下皮砖之间的水平缝称为横缝，左右两砖之间的垂直缝称为竖缝。砖砌筑时切忌出现贯通通缝，否则会影响墙的整体性和稳定性，如图 3-23 所示。

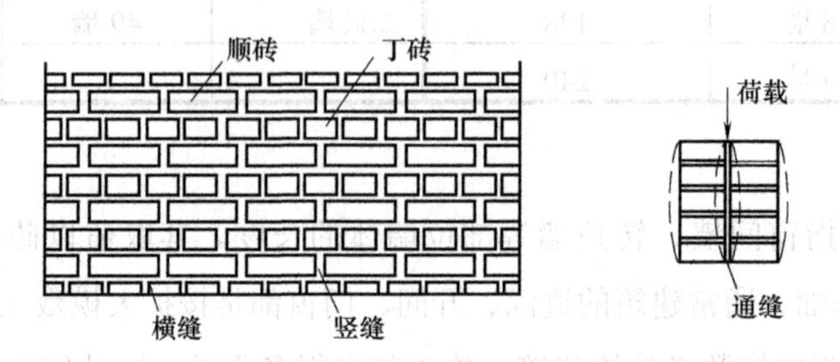

图 3-23　砖的错缝搭接示意

砖墙的砌筑方式有全顺式、全丁式、多顺一丁式、一顺一丁式等，如图 3-24 所示。

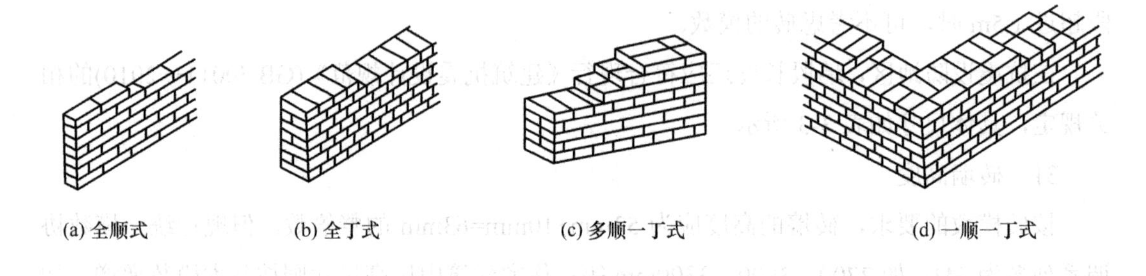

(a) 全顺式　(b) 全丁式　(c) 多顺一丁式　(d) 一顺一丁式

图 3-24　砖墙的砌筑方式

3.3.3　砌筑类墙体构造

墙体作为建筑物主要的承重或围护构件，不同部位必须进行不同的处理，才可能保证其耐久、适用。砖墙的主要细部构造包括墙脚构造、门窗洞口构造、墙身加固构造等。

1. 墙脚构造

1)　勒脚

勒脚位于外墙墙身下部外侧，由于它常易遭到雨水的浸溅，影响房屋的耐久和美观，因此在此部位要采取一定的防潮、防水措施。

勒脚经常采用抹水泥砂浆、石材贴面或加大墙厚的办法做成，如图 3-25 所示。勒脚的高度一般为室内地坪与室外地坪之高差，也可以根据立面的需要而提高勒脚的高度尺寸。

2)　墙脚防潮

当墙身采用吸水性强的材料时，为防止墙基毛细水上升，应设水平防潮层。水平防潮层的位置首先至少高出人行道或散水表面 150mm 以上，防止雨水溅湿墙面。

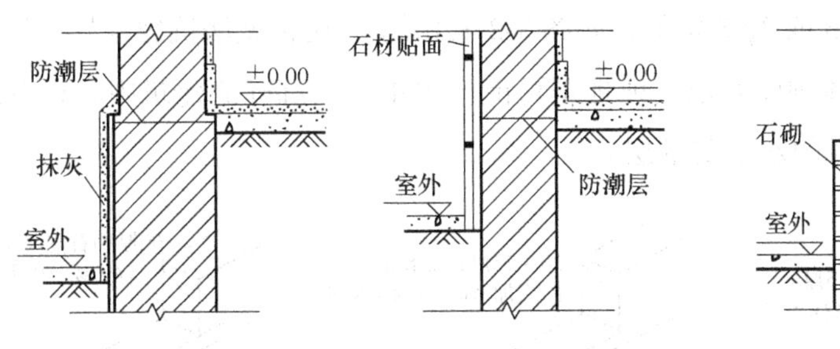

图 3-25　勒脚构造

当室内地面垫层为混凝土等密实材料时，水平防潮层应设在垫层范围内，并低于室内地坪 60mm(即一皮砖)处，如图 3-26(a)所示。当室内地面垫层为炉渣、碎石等透水材料时，水平防潮层的位置应平齐或高于室内地面 60mm(即一皮砖)处，如图 3-26(b)所示。

当墙身两侧的室内地面有高差时，高差范围的墙身应做垂直防潮层，如图 3-26(c)所示。垂直防潮层的具体做法是：在墙体迎向潮气的一面先用水泥砂浆找平，再涂防水涂膜 2～3 道或贴高分子防水卷材一道。

墙身水平防潮层的做法如下。

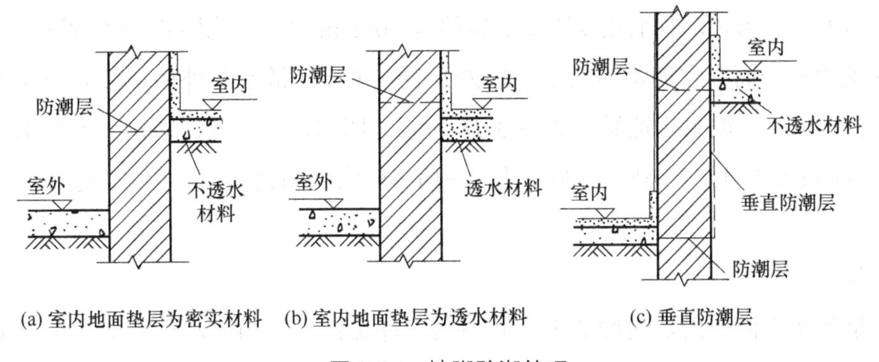

图 3-26　墙脚防潮处理

(1)　卷材防潮层。其具体做法是在防潮层部位先抹砂浆找平层，然后干铺卷材一层或粘贴卷材一层，如图 3-27(a)所示。卷材的宽度应与墙厚一致，或稍大一些，卷材沿长度铺设，搭接≥100mm。卷材防潮效果较好，但因使基础墙和上部墙身断开，减弱了砖墙的抗震能力，因此在地震设防区不宜使用。

(2)　防水砂浆防潮层。其具体做法是在水平防潮层处用掺 3%～5%防水剂的 1∶2 水泥砂浆抹 20～25mm 厚，或直接用防水砂浆在室内地坪上下砌筑 3～5 皮砖，如图 3-27(b)所示。这种做法构造简单且克服了卷材防潮层的不足。但砂浆属于脆性材料，易开裂，故不宜用于结构变形较大或地基可能产生不均匀沉降的建筑。

(3)　细石混凝土防潮层。其具体做法是在防潮层位置浇注 60mm 厚与墙等宽的细石混凝土防潮带，内置 3ϕ6 或 3ϕ8 钢筋，如图 3-27(c)所示。这种做法抗裂性好，且能与砌体结合成一体，多用于整体刚度要求高或地基可能产生不均匀沉降的建筑中。设有地圈梁的，可以用地圈梁代替墙身的水平防潮层。

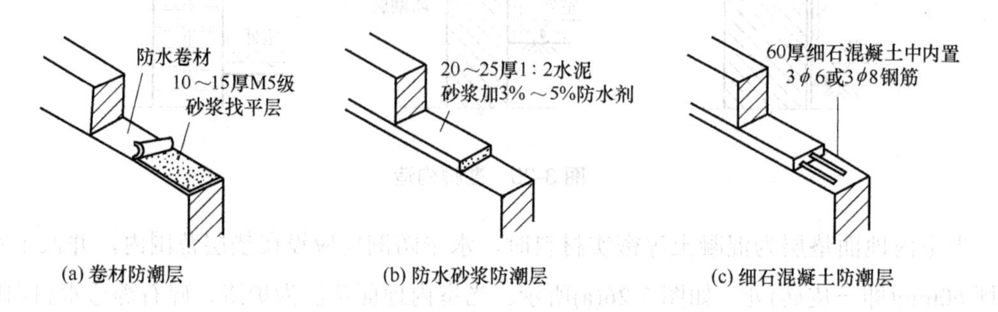

图 3-27 墙身水平防潮层

3) 散水和明沟

为防止屋面落水或地表水侵入勒脚而危害基础，常设置散水或明沟以迅速排除建筑物周围的积水。散水常设 3%～5%的排水坡，宽度则与屋面排水方式有关。对于有组织排水，散水宽度一般为 600～1000mm。对于无组织排水，当设有明沟时，檐口中心与明沟中心竖向对齐；当不设明沟时，散水宽度比屋面挑檐宽 200mm 以上。为防止墙体沉降或散水处发生意外的受力不均而导致墙基与散水交接处开裂，因此在散水与外墙交接处应设变形缝，并以弹性材料嵌缝。散水构造做法如图 3-28 所示。明沟可用砖砌、石砌、混凝土现浇，沟底应做纵坡，坡度为 0.5%～1%，坡向窨井。外墙与明沟之间设散水，明沟构造做法如图 3-29 所示。

4) 踢脚

踢脚是外墙内侧或内墙两侧的下部和室内地坪交接处的构造，目的是防止扫地时污染墙面。踢脚的高度一般为 120～150mm。常用的材料有水泥砂浆、木材、缸砖、油漆等，选用时一般应与地面材料一致。

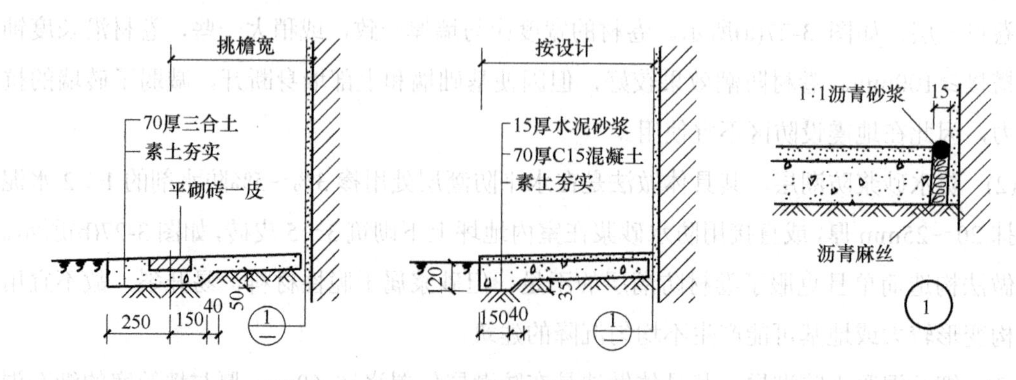

图 3-28 散水构造做法

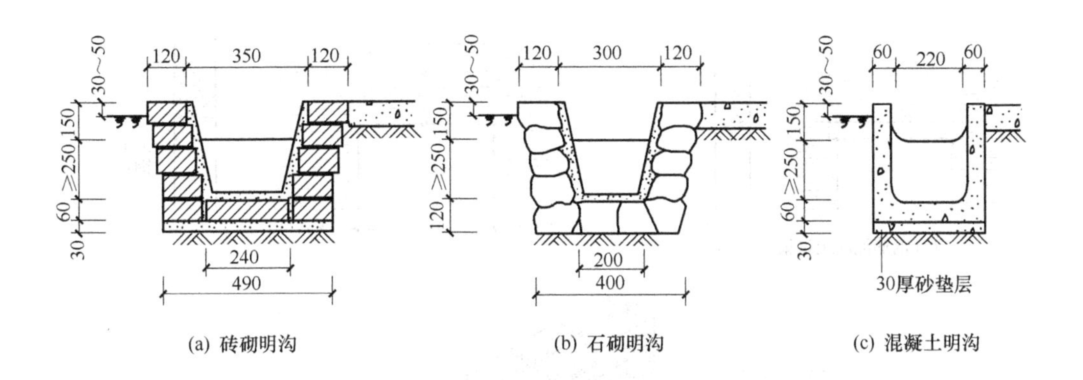

(a) 砖砌明沟　　(b) 石砌明沟　　(c) 混凝土明沟

图 3-29　明沟构造做法

2. 门窗洞口构造

1)　窗台

窗洞口的下部应设置窗台。根据窗的安装位置可形成内窗台和外窗台，窗台构造如图 3-30 所示。外窗台是为了防止在窗洞底部积水，并流向室内。内窗台则是为了排除窗上的凝结水，以保护室内墙面及存放东西、摆放花盆等。

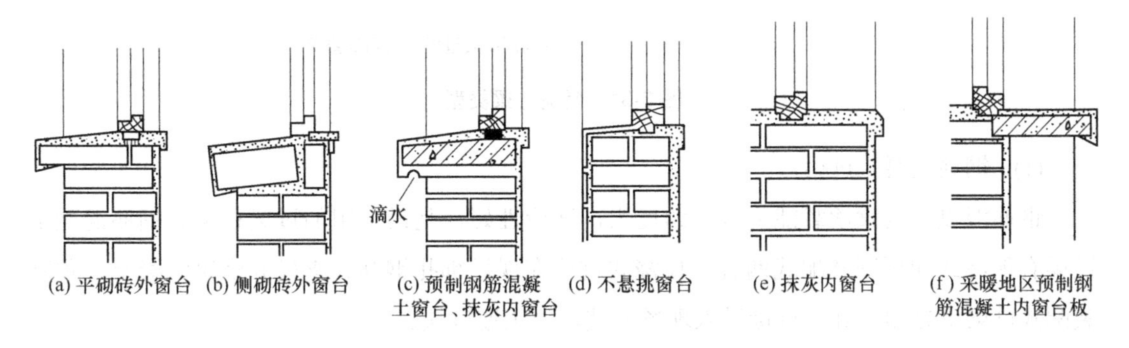

(a) 平砌砖外窗台　(b) 侧砌砖外窗台　(c) 预制钢筋混凝土窗台、抹灰内窗台　(d) 不悬挑窗台　(e) 抹灰内窗台　(f) 采暖地区预制钢筋混凝土内窗台板

图 3-30　窗台做法

外窗台应设置排水构造，应有不透水的面层，并向外形成不小于 20%的坡度，以利于排水。外窗台有悬挑窗台和不悬挑窗台两种。处于阳台等处的窗不受雨水冲刷，可不必设挑窗台；外墙面材料为贴面砖时，也可不设挑窗台。悬挑窗台常采用顶砌一皮砖出挑 60mm 或将一砖侧砌并出挑 60mm，也可采用钢筋混凝土窗台。内窗台一般为水平放置，通常结合室内装修做成水泥砂浆抹灰、木板或贴面砖等多种饰面形式。

2)　过梁

为承受门窗洞口上部的荷载，并将其传到门窗两侧的墙上，应在门窗洞口上部加设过梁。过梁一般可分为钢筋混凝土过梁、砖砌平拱过梁、钢筋砖过梁等几种，如图 3-31 所示。

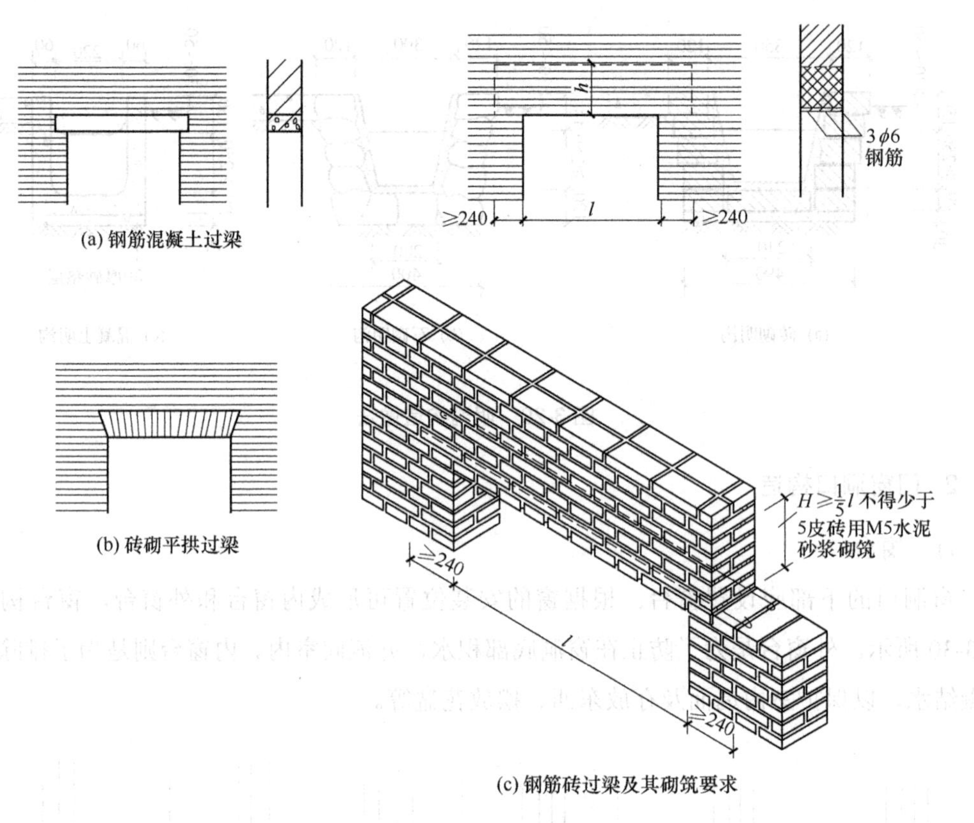

图 3-31　常见过梁类型

(1) 钢筋混凝土过梁。

钢筋混凝土过梁承载能力强，跨度大，适应性好，是最常用的过梁种类。钢筋混凝土过梁有现浇式和预制装配式两种，现浇式过梁在现场绑扎钢筋、支模并浇筑混凝土。预制装配式过梁事先预制好后直接进入现场安装，施工速度快。

常用的钢筋混凝土过梁有矩形和 L 形两种断面形式，如图 3-32 所示。矩形断面的过梁用于没有特殊要求的外立面墙或内墙中。L 形断面的过梁多用于有窗套的窗、带窗楣板的窗。由于钢筋混凝土的导热性多大于砌块的导热性，因此在寒冷地区为了避免过梁内产生凝结水，也多采用 L 形过梁。

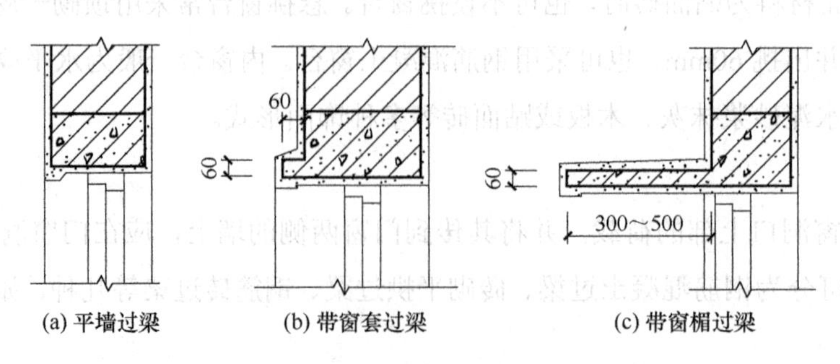

图 3-32　钢筋混凝土过梁的断面形式

钢筋混凝土过梁的断面尺寸主要根据荷载和跨度的大小计算确定。过梁的宽度一般同墙宽，如 115mm、240mm 等(即宽度等于半砖的倍数)。过梁的高度可做成 120mm、180mm、240mm 等(即高度等于砖厚的倍数)。过梁两端搁入普通砖墙内的支撑长度不小于 240mm。

(2) 砖砌平拱过梁。

砖砌平拱过梁采用砖侧砌而成，是我国传统的过梁砌筑方法。砖砌平拱过梁的最大跨度为 1.2m。当过梁上有振动荷载或在抗震设防地区，则不应采用此类过梁。

(3) 钢筋砖过梁。

钢筋砖过梁即在洞口顶部配置钢筋，其上用砖平砌，形成能承受弯矩的加筋砖砌体。钢筋直径为 6mm，间距小于 120mm，伸入墙内 1～1.5 倍砖长。钢筋砖过梁的跨度不应超过 1.5m，高度不应少于 5 皮砖，且不小于 1/5 洞口跨度。

3. 墙身加固

墙的高度、长度和厚度等尺寸大小除了要满足承载力要求外，还要符合墙体稳定性要求。若尺寸超出制约，墙体稳定性不好时，要考虑采用壁柱(墙墩、扶壁)、门垛、圈梁、构造柱等做法对墙身进行加固。

1) 墙墩

墙墩是墙中柱状的突出部分，通常直通到顶，以承受墙上梁及屋架的荷载，并增加墙身强度及稳定性。

2) 扶壁

扶壁形似墙墩，不同之处在于扶壁主要用于增加墙的稳定作用，其上不考虑荷载。

3) 门垛

墙体上开设门洞一般应设门垛，以保证墙身稳定，便于安装门框。门垛长度一般为 120mm 或 240mm，过长会影响室内使用，如图 3-33 所示。

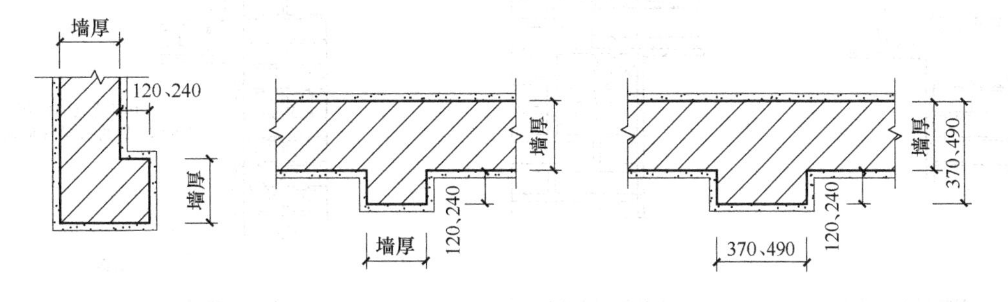

图 3-33　门垛与壁柱

4) 圈梁

圈梁是沿墙体高度(包括内、外墙体，基础顶面)间隔一定距离设置的连续闭合的梁。它与构造柱配合，可增加房屋的整体刚度和整体性，减少由于地基不均匀沉降而引起的墙体开裂，提高建筑的抗震能力。圈梁应在同一水平面上连续、封闭，但当圈梁被门窗洞口(如楼梯间窗洞口)截断时，应在洞口上部增设相同截面的附加圈梁。附加圈梁与圈梁的搭接长度不应小于两梁高差的两倍，且不得小于 1m，如图 3-34 所示。

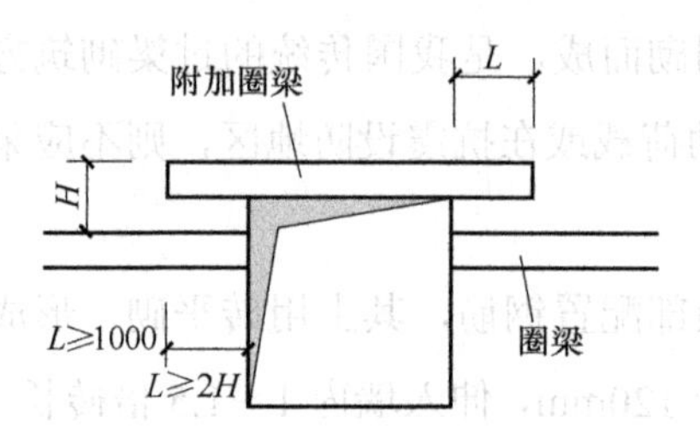

图 3-34 附加圈梁

圈梁有钢筋混凝土圈梁和钢筋砖圈梁两种，如图 3-35 所示。

(1) 钢筋混凝土圈梁。其截面高度不应小于 120mm，宽度同墙厚，当墙厚大于 240mm 时，其宽度不宜小于墙厚的 2/3。多层砖砌体房屋现浇钢筋混凝土圈梁的配筋要求如下：抗震设防烈度为 6 度和 7 度时，最小纵筋 4ϕ10，箍筋最大间距 250mm；8 度时，最小纵筋 4ϕ12，箍筋最大间距 200mm；9 度时，最小纵筋 4ϕ14，箍筋最大间距 150mm。基础圈梁的高度不应小于 180mm，配筋不应小于 4ϕ12。

(2) 钢筋砖圈梁。其做法是，在楼层标高处的墙身砌体灰缝中加入钢筋。梁高 4～6 皮砖，钢筋不宜少于 6ϕ6，分上下层布置；钢筋水平间距一般不应大于 120mm；砂浆强度等级一般不低于 M5。

在地震区，圈梁的设置还应满足抗震设防的要求，具体如表 3-4 所示。

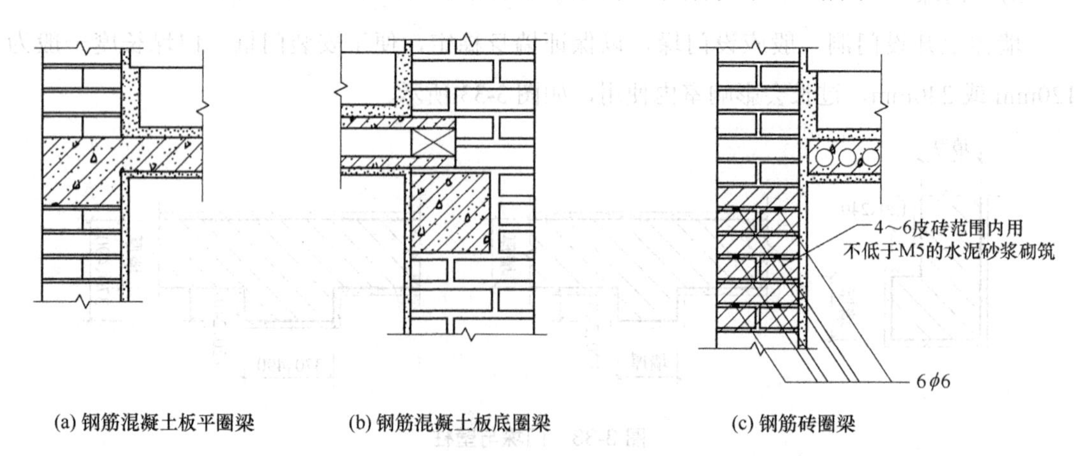

图 3-35 圈梁类型

表 3-4　多层砖砌体房屋现浇钢筋混凝土圈梁设置要求

墙　类	烈　度		
	6、7	8	9
外墙和内纵墙	屋盖处及每层楼盖处	屋盖处及每层楼盖处	屋盖处及每层楼盖处
内横墙	同上； 屋盖处间距不应大于 4.5m； 楼盖处间距不应大于 7.2m； 构造柱对应部位	同上； 各层所有横墙，且间距不应大于 4.5m； 构造柱对应部位	同上； 各层所有横墙

5)　构造柱

为了增强建筑物的整体性和稳定性，多层砖混结构建筑的墙体中还应设置钢筋混凝土构造柱，并与各层圈梁相连接，形成能够抗弯剪的空间框架。构造柱是防止房屋倒塌的一种有效措施，一般设在建筑物转角、楼梯间四角、内外墙交界等处，多层砖砌体房屋应按表 3-5 中的要求设置构造柱。

构造柱的最小截面可采用 180mm×240mm(墙厚 190mm 时为 180mm×190mm)，纵向钢筋宜采用 $4\phi12$，箍筋间距不宜大于 250mm，且在柱上下端应适当加密。6、7 度时超过六层、8 度时超过五层和 9 度时，构造柱纵向钢筋宜采用 $4\phi14$，箍筋间距不应大于 200mm；房屋四角的构造柱应适当加大截面及配筋。

构造柱与墙连接处应砌成马牙槎(见图 3-36(a))，沿墙高每隔 500mm 设 $2\phi6$ 水平钢筋和 $\phi4$ 分布短筋平面内点焊组成的拉结网片或 $\phi4$ 点焊钢筋网片，每边伸入墙内不宜小于 1m(见图 3-36(b))。6、7 度时底部 1/3 楼层，8 度时底部 1/2 楼层，9 度时全部楼层，上述拉结钢筋网片应沿墙体水平通长设置。

构造柱与圈梁连接处，构造柱的纵筋应在圈梁纵筋内侧穿过，保证构造柱纵筋上下贯通。

构造柱可不单独设置基础，但应伸入室外地面下 500mm，或与埋深小于 500mm 的基础圈梁相连。

表 3-5　多层砖砌体房屋构造柱设置要求

<table>
<tr><th colspan="4">房屋层数</th><th colspan="2" rowspan="2">设置部位</th></tr>
<tr><th>6 度</th><th>7 度</th><th>8 度</th><th>9 度</th></tr>
<tr><td>四、五</td><td>三、四</td><td>二、三</td><td></td><td rowspan="3">楼、电梯间四角，楼梯斜梯段上下端对应的墙体处；外墙四角和对应转角；错层部位横墙与外纵墙交接处；大房间内外墙交接处；较大洞口两侧</td><td>隔 12m 或单元横墙与外纵墙交接处；楼梯间对应的另一侧内横墙与外纵墙交接处</td></tr>
<tr><td>六</td><td>五</td><td>四</td><td>二</td><td>隔开间横墙(轴线)与外墙交接处；山墙与内纵墙交接处</td></tr>
<tr><td>七</td><td>≥六</td><td>≥五</td><td>≥三</td><td>内墙(轴线)与外墙交接处；内墙的局部较小墙垛处；内纵墙与横墙(轴线)交接处</td></tr>
</table>

注：较大洞口，内墙指不小于 2.1m 的洞口；外墙在内外墙交接处已设置构造柱时应允许适当放宽，但洞侧墙体应加强。

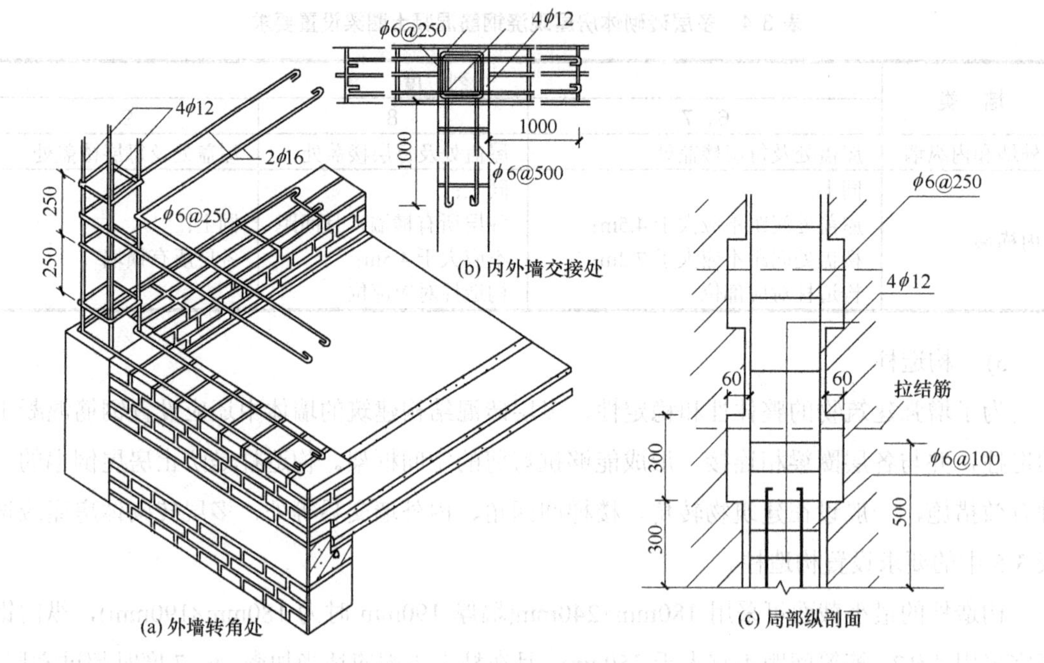

图 3-36　构造柱

3.3.4　隔墙构造

隔墙是分隔内部空间的非承重墙体，隔墙一般布置在楼面梁的上方或直接砌在楼板上，因此最好选用轻质材料，目的是减轻加给楼板的荷载。同时，隔墙应能隔声，同时要特别注意与承重墙的拉结，以保证隔墙的稳定性；厨房、卫生间的隔墙还应满足防火、防水、防潮等要求。

隔墙的类型很多，按其构造方式可分为块材隔墙、板材隔墙、轻骨架隔墙三大类。

1. 块材隔墙

块材隔墙由烧结砖及各种轻质砌块砌筑而成，砌筑方式与砌筑承重墙基本相同。

1)　普通砖隔墙

半砖墙用砖顺砌，1/4 砖墙则用砖侧砌。当半砖墙高度超过 3m、长度超过 5m 时，就应该考虑墙身的稳定而采取加固措施，其做法是每隔 8～10 皮砖，砌入ϕ6 钢筋一根；隔墙上部与楼板相连处，用立砖斜砌，以防止上部结构构件产生挠度使隔墙被压坏；隔墙上设门时，需采用预埋铁件或用带木楔的混凝土预制块，使门框固定在砖墙上(见图 3-37)。1/4 砖隔墙一般用于不设门洞的次要房间，如厨房之间的隔墙。

2)　加气混凝土砌块隔墙

加气混凝土是一种轻质多孔的材料，具有体积质量小、保温效能高、吸声好、尺寸准确和可加工、可切割的特点。在建筑工程中采用加气混凝土制品可降低房屋自重，节约建筑材料，减少运输量，降低造价。

加气混凝土砌块的厚度为 75mm、100mm、125mm、150mm、200mm 等，长度为 500mm。加气混凝土砌块由于吸水性较强，因此在砌筑时，应在砌块下方先砌 3～5 皮砖。砌块隔墙采取的加固措施同砖墙，如图 3-38 所示。

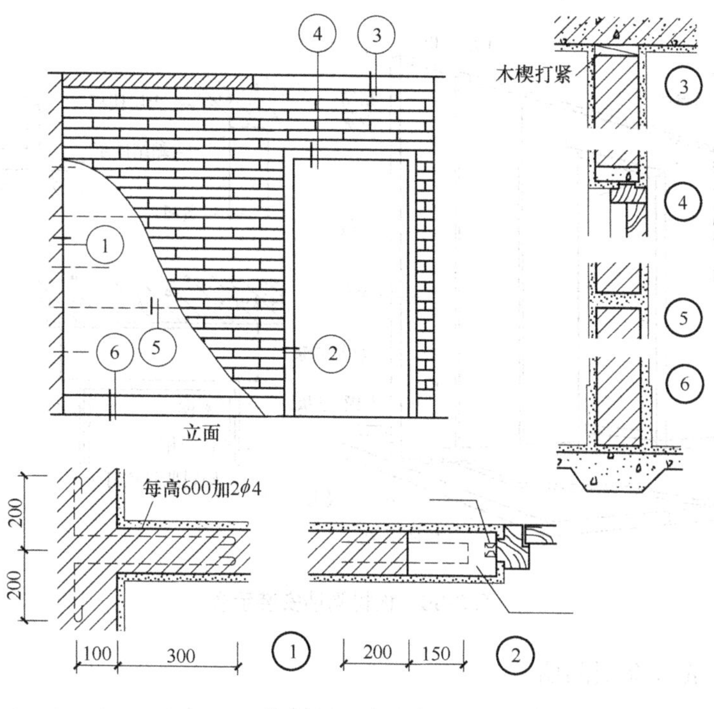

图 3-37　半砖隔墙

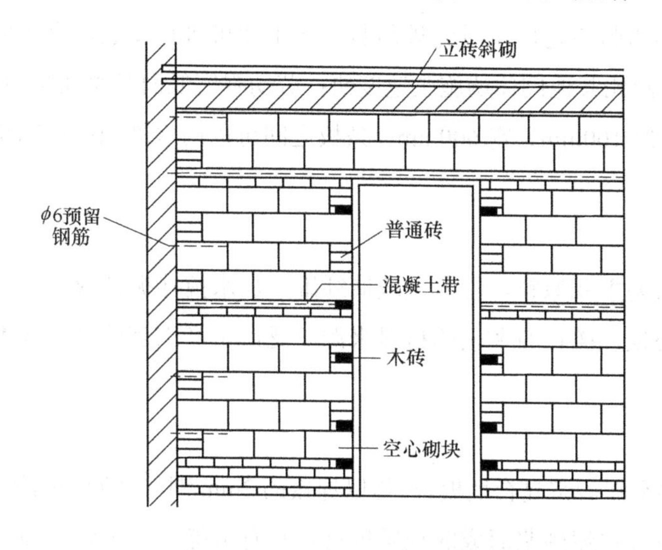

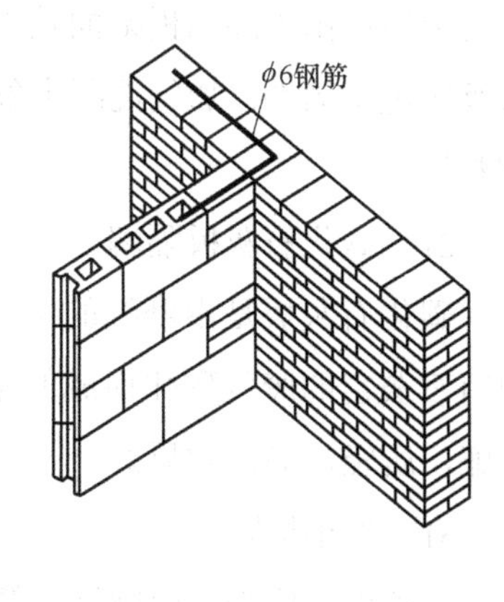

图 3-38　砌块隔墙

2. 板材隔墙

板材隔墙是指不依靠骨架直接装配而成的隔墙，板材高度相当于房间净高度，其主要类型有加气混凝土条板、石膏条板、碳化石灰板、蜂窝纸板和水泥刨花板、泰柏板等。板材隔墙的安装示意图如图 3-39 所示。

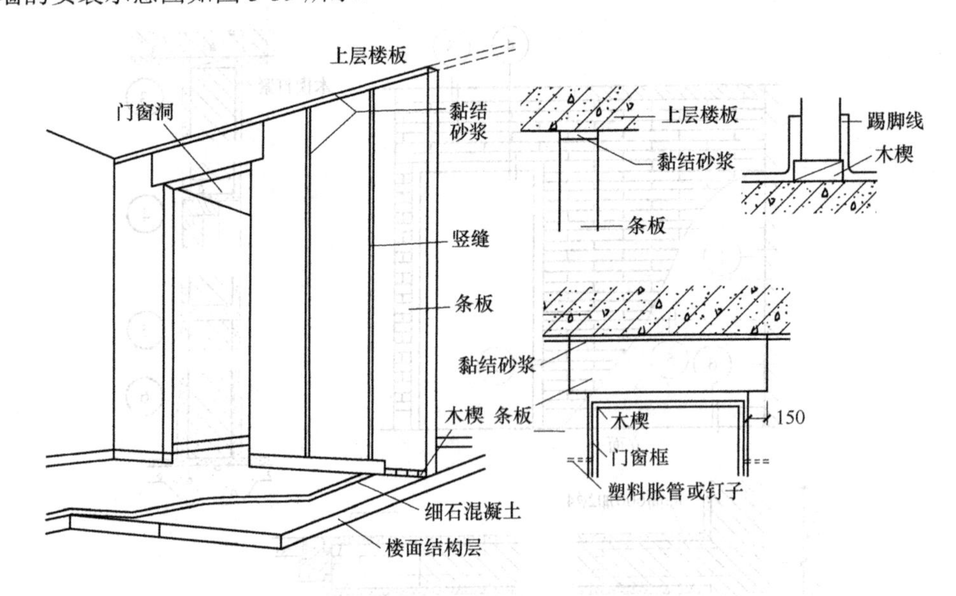

图 3-39　板材隔墙安装示意

1)　加气混凝土条板隔墙

加气混凝土是因具有轻质、保温、隔声、足够的强度和良好的可加工等综合性能，被广泛应用于各种非承重隔墙。其显著特点是施工时无须吊装，人工即可进行安装，且平面布置灵活；由于隔墙板幅面较大，故比其他砌体墙施工速度快；劳动强度低而且墙面平整，可缩短施工周期。加气混凝土条板厚 100mm、宽 600mm，条板之间可以用水玻璃矿渣黏结剂黏结。

2)　碳化石灰板隔墙

碳化石灰板是由磨细的生石灰为主要原料，掺入短玻璃纤维，加水搅拌振动成型，并利用石灰窑的废气碳化而成的空心板。碳化石灰板的材料来源广泛，生产工艺简易，成本低廉，质轻，隔声效果好。

3)　泰柏板隔墙

泰柏板又称为钢丝网泡沫塑料水泥砂浆复合墙板。它是以焊接的 2mm 钢丝网笼为构架，填充泡沫塑料芯层，面层经喷涂或抹水泥砂浆而成的轻质板材，具有节能、重量轻、强度高、防火、抗震、隔热、隔音、抗风化、耐腐蚀等优良性能，并有组合性强、易于搬运、适用面广、施工简便等特点。其产品规格为 2440mm×1220mm×75mm(长×宽×厚)，抹灰后的厚度为 100mm。泰柏板与顶板、底板采用固定夹连接，墙板之间同样采用固定夹连接。

3. 轻骨架隔墙

轻骨架隔墙由轻型骨架和面层两部分组成。

骨架的材料有木骨架、型钢骨架、石棉水泥骨架、浇注石膏骨架、轻钢铝合金属骨架等。轻钢骨架由不同形式规格的薄壁型钢组成，常用 0.8～1mm 厚的槽钢和工字钢，安装时先用螺钉将上槛、下槛固定在楼板上，然后安装钢龙骨，如图 3-40 所示。其优点包括强度大、刚度好、自重轻、整体性强、易于加工和大批量生产、便于装拆。

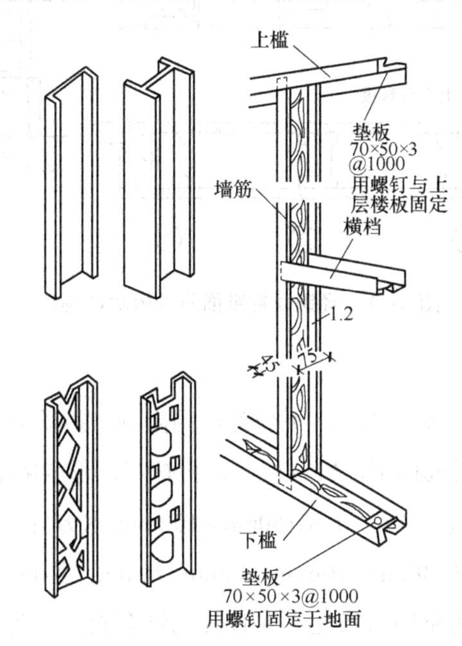

图 3-40　轻钢骨架

面层的材料类型有抹灰面层和人造面层。板条抹灰面层的板条尺寸一般为 10mm×30mm×6mm，板条间留下 8～10mm 空隙，使灰浆能挤到板条缝的背面。人造板材面层有胶合板、纤维板、石膏板等。下面主要介绍纸面石膏板隔墙和木板条隔墙。

1)　纸面石膏板隔墙

纸面石膏板以石膏为主要原料，生产时在板的两面粘贴具有一定抗拉强度的纸，以增加板材搬运时的抗弯能力。纸面石膏板的厚度为 12mm，宽度为 900～1200mm，长度为 2000～3000mm，一般使其长度恰好等于室内净高。纸面石膏板的特点是表观密度小(750～900kg/m^3)、防火性能好、加工性能好(可锯、割、钻孔、钉等)、可以粘贴、表面平整。普通纸面石膏板易吸湿，故不宜用于厨房、厕所等处。

纸面石膏板隔墙的龙骨可以用木材、薄壁型钢等材料制作。龙骨中距一般为 500mm，用黏结剂固定在顶棚和地面之间，纸面石膏板用同样的黏结剂粘贴在龙骨上，如图 3-41 所示。

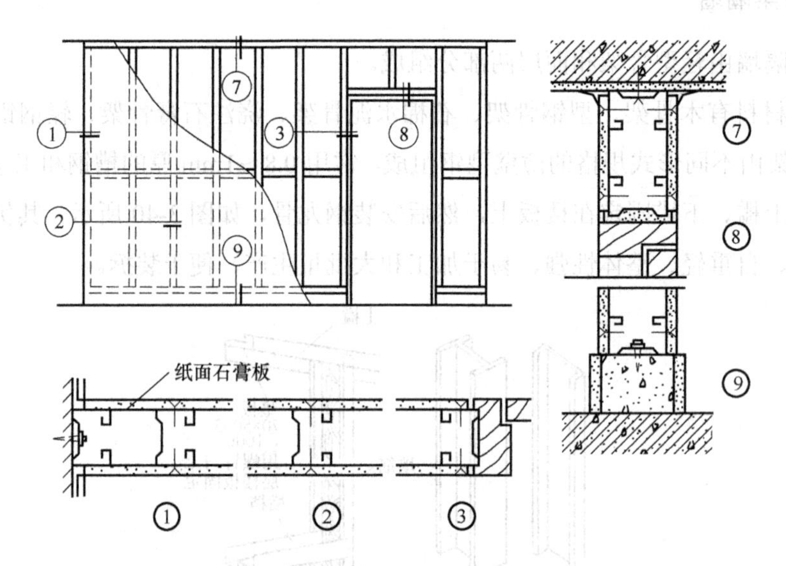

图 3-41 轻钢龙骨纸面石膏板隔墙构造

2) 木板条隔墙

木板条隔墙的特点是质轻、墙薄，不受部位的限制，拆除方便，因而也有较大的灵活性。其构造特点是用方木组成框架，钉以板条，再抹灰，形成隔墙。

方木框架的构造做法是：安上下槛(50mm×100mm 木方)；在上下槛之间每隔 400～600mm 立垂直龙骨，断面为 30mm×70mm～50mm×70mm；然后在龙骨中每隔 1.5m 左右加横撑或斜撑，以增强框架的坚固与稳定。龙骨外侧钉有板条。为了便于抹灰、保证拉结，板条之间应留有 7～8mm 的缝隙。灰浆应以石灰膏加少量麻刀或纸筋为主，外侧喷白浆。

3.3.5 墙面装修

1. 墙面装修的作用

(1) 保护作用：增强墙体抵御各种自然因素和人为因素侵蚀的能力，延长墙体的使用寿命。

(2) 改善墙体的作用：如提高墙体的热工性能等。

(3) 美化作用：装饰美化建筑物，提高建筑的表现力。

2. 墙面装修的类型

(1) 按材料的做法不同，可分为抹灰类、贴面类、涂料类、裱糊类等。

(2) 按所处位置不同，可分为内墙面装修和外墙面装修。

(3) 按要求不同，可分为一般装修和高级装修。

3. 抹灰类墙面装修

抹灰是将水泥、石灰等胶结材料，砂或石碴等细骨料，与水拌和而成的灰浆材料施抹到墙面上的一种传统的墙面装修。抹灰工艺简便、造价低廉；缺点是现场湿作业施工、施工速度慢、劳动强度大。

抹灰一般分三层，即底灰、中灰和面灰。底灰层为紧靠墙体的一层，起黏结和初步找平作用，如遇骨架板条基层时，则采用掺入纸筋、麻刀或其他纤维的石灰砂浆做底灰，加强黏结，防止开裂。中灰层起进一步找平作用。面灰层是最外面的一层，主要起装饰作用。采用分层做法的目的是保证墙面的平整度，防止过厚的抹灰干缩引起开裂和脱落。抹灰的名称通常以面层的材料来命名，例如石灰砂浆抹灰、水泥砂浆抹灰等。抹灰按做法可分为一般抹灰和装饰抹灰。几种常用抹灰类饰面的做法如表 3-6 所示。

表 3-6　墙面常用抹灰做法及选料表

抹灰名称	做法说明	适用范围
水泥砂浆	5 厚 1∶2.5 水泥砂浆找平 9 厚 1∶3 水泥砂浆打底扫毛 刷素水泥浆一道(内掺建筑胶)	用于极易受碰撞或受潮的地方，如盥洗室、厨房、厕所的墙裙、踢脚线等
混合砂浆	5 厚 1∶0.5∶2.5 水泥石灰膏砂浆找平 9 厚 1∶0.5∶2.5 水泥石灰膏砂浆扫毛 刷素水泥浆一道(内掺建筑胶)	砖基层墙面
纸筋石灰	8 厚 1∶2 石灰砂浆加麻刀 15% 2 厚纸筋浆石灰浆加纸筋 6%，喷石灰浆或色浆	居住及公共建筑的砖基层墙面

外墙面抹灰要先对墙面进行分格，以便于施工接茬、控制抹灰层伸缩和今后的维修。内墙面抹灰要求大面平整、均匀、无裂痕。施工时，首先要清理基层，以保证灰浆与基层黏结紧密，然后拉线找平，做灰饼、冲筋以保证抹灰面层平整。由于阳角处易受损，抹灰前应在内墙阳角、门洞转角、柱子四角处用强度较高的水泥砂浆或预埋角钢做护角，然后再做底层或面层抹灰。

4. 铺贴类墙面

铺贴类墙面多用于外墙或潮湿度较大、有特殊要求的内墙。铺贴类墙面包括贴面类墙面(见图 3-42)、天然石材墙面、人造石材墙面、装饰水泥墙面等。

(1) 面砖饰面。面砖多由瓷土或陶土焙烧而成。釉面砖表面光滑、色彩丰富美观、易于清洗、吸水率低，可用于建筑外墙装饰，厨房、卫生间的墙裙贴面。安装面砖时应先将其放入水中浸泡，取出沥干水分，用水泥石灰砂浆或掺有建筑胶的水泥砂浆满刮于背面，贴于水泥砂浆打底的墙上黏牢。外墙面砖之间常留出一定缝隙，以便湿气排除；内墙安装紧密，不留缝隙。

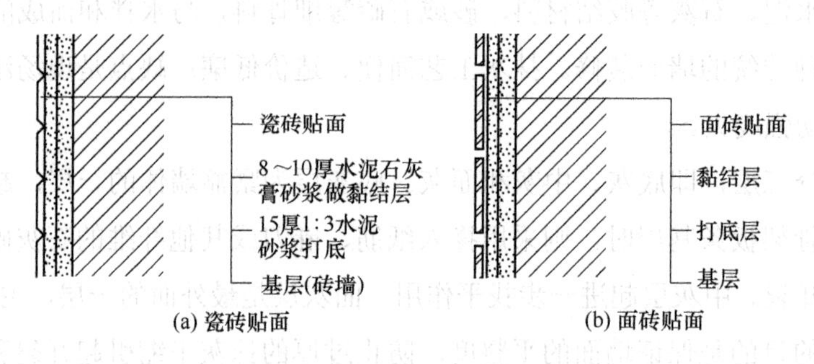

图 3-42 贴面类墙面

(2) 陶瓷(玻璃)锦砖饰面。陶瓷(玻璃)锦砖俗称马赛克(玻璃马赛克)，是高温烧制而成的小块型材。为了便于粘贴，首先将其正面粘贴于一定尺寸的牛皮纸上，施工时，纸面向上，待砂浆半凝，将纸洗去，校正缝隙，修正饰面。此类饰面质地坚硬，耐磨，耐酸碱，不易变形，价格便宜，但较易脱落。

5. 涂料类墙面

涂料类墙面是在基层表面或抹灰墙面上，喷、刷涂料涂层的饰面装修。涂料饰面主要以涂层起保护和装饰作用。按涂料种类不同，饰面可分为抹灰涂料类墙面、油漆类饰面。涂料类饰面施工简单、维修方便。

抹灰涂料类墙面根据其用料、构造做法及装饰效果的不同又可分为弹涂墙面、滚涂墙面、拉毛墙面、扫毛抹灰墙面等。

(1) 弹涂墙面。弹涂是采用一种专用的弹涂工具，将彩色水泥浆弹到饰面基层上的一种做法。弹涂墙面分为基层、面层和罩面层。基层材料根据墙体材料选择，如水泥砂浆、聚合物水泥砂浆、金属板材、石棉板材、纸质板材等。面层为聚合物水泥砂浆。为了保护墙面、防止污染，一般在弹涂墙面的面层上喷涂罩面层。

(2) 滚涂墙面。滚涂墙面是采用橡皮辊，在事先抹好的聚合砂浆上滚出花纹而形成的一种墙面装修做法。滚涂墙面的基层做法应根据墙体材料来选择。墙体的面层为 3～4mm 厚的聚合物水泥砂浆，并用特制的橡皮辊滚出花纹，然后喷涂罩面层。滚涂操作有干滚法与湿滚法两种，干滚不蘸水，湿滚反复蘸水。

(3) 拉毛墙面。拉毛墙面按材料不同，可分为水泥拉毛、油漆拉毛、石膏拉毛三类。按施工所用工具和操作方式的不同，可形成各式各样的表面。拉毛墙面可以应用于砖墙、混凝土墙、加砌混凝土墙等的内外装修，施工简便，价格低廉。

(4) 扫毛抹灰墙面。扫毛抹灰墙面是一种饰面效果仿天然石的装饰性抹灰的做法。这种墙面的面层为混合砂浆，抹在墙面上以后用竹丝扫帚扫出装饰花纹。施工时应注意用木条分块，各块横竖交叉扫毛，富于变化，使之更具天然石材剁斧的纹理。这种墙面易于施工，造价低廉，效果美观大方。

6. 裱糊类墙面

裱糊类墙面多用于内墙面的装修，饰面材料的种类很多，有墙纸、墙布、锦缎、人造革等。下面仅介绍最常用的墙纸与墙布两种形式的施工方法。

墙纸可以分为普通墙纸、发泡墙纸、特种墙纸三大类。它们各有不同的性能：普通墙纸有单色压花和印花压花两种，价格便宜、经济实用；发泡墙纸经过加热发泡，有装饰和吸声双效功能；特种墙纸有耐水、防火等特殊功能，多用于有特殊要求的场所。

常用的墙布有棉纺墙布、无纺贴墙布、化纤墙布。棉纺墙布是将纯棉平布经过前处理、印花、涂层制作而成，用于宾馆、饭店等公共建筑及较高级的民用住宅的装修，可在砂浆、混凝土、石膏板、胶合板、纤维板及石棉水泥板等多种基层上使用。无纺贴墙布是采用棉、麻等天然纤维或涤纶、腈纶等合成纤维，经过无纺成型、加树脂、印花而成的一种新型贴墙材料，适用于各种建筑物的内墙装饰。化纤墙布是以涤纶、腈纶、丙纶等化纤布为基材，经处理后印花而成，适用于各类建筑的室内装修。

糊裱类墙面对墙布的性能要求如下。

(1) 平挺性能。墙布织物需平挺而有一定弹性，无缩率或缩率较小，尺寸稳定性好，织物边缘整齐平直，不弯曲变形，花纹拼接准确不走样。这些织物本身品质性能的优劣会直接影响到裱贴施工的效果。墙布还应具有相当密度与适当厚度，若织物过于稀疏单薄，一些水溶性的黏合剂就可能渗透到织物表面，形成色斑。

(2) 粘贴性能。墙布必须具备较好的粘贴性，粘贴后织物表面平整挺括，拼缝齐整，无翘起剥离现象产生。粘贴性除要求足够的粘敷牢度，使织物与墙面结合平整牢固外，还应具有重新施工时易于剥离的性能。因为墙布使用一段时间后需更换新的花色品种，这就要求旧墙布在剥脱时方便，易于清除。

(3) 耐污、易于除尘。墙布大面积暴露于空气中，极易积聚灰尘，易受霉变、虫蛀等自然污损。因此要求墙布具有较好的防腐耐污性能，能经受空气中细菌、微生物的侵蚀不发霉。纤维有较强的抗污染能力，日常去污除尘需方便易行，一般以软刷子和真空吸尘器应能有效除尘。有些墙布为达到较好的除尘耐污要求，可做拒水、拒油处理，经处理后不易沾尘，也能进行揩擦清洗，但对墙布的保温性能以及织物表面风格有一定影响。

(4) 耐光性。墙布虽然装饰于室内，但也经常受到阳光的照射，为了保持织物的牢度和花纹色彩的鲜艳，要求纤维具有较好的耐光性，不易老化变质。

糊裱类墙面的基层要坚实牢固、表面平整。在裱糊前要先对基层进行处理，首先清扫墙面、满刮腻子、用砂纸打磨光滑。墙纸和墙布在施工前，要做浸水或润水处理，使其充分膨胀；基层涂刷黏结剂后，按先上后下、先高后低的原则，对准基层的垂直准线，用胶辊或刮板将其赶平压实，排除气泡。当饰面无拼花要求时，将两幅材料重叠 20～30mm，用直尺在搭接中部压紧后进行裁切，揭去多余部分，刮平接缝。

3.4 楼 地 层

3.4.1 楼地层的设计要求

楼地层包括楼板层和首层地面(又称地坪层)，其设计要求如下。

1. 强度和刚度要求

楼地层的主要作用是承受自重和不同要求的使用荷载，故楼板和地面均应有足够的强度；同时也应具有一定的刚度，即在荷载作用下，挠度变形不超过规定数值，以保证房屋的适用性。

2. 隔声要求

楼板层和地坪层(当有地下室时)应具有一定的隔声能力。声音的传播包括空气传播和固体传播，建筑中楼地层的隔声构造主要是针对固体声传播而采取的基本措施。

3. 热工及防火要求

一般楼板层和地坪层应有舒适的感觉。在不采暖的建筑中，地面材料应避免采用蓄热系数过小、热稳定性差的材料，以免在冬季传导走人们足部的热量，使人体感到不适。在采暖建筑中，在地板、地下室楼板等处可设置导热系数小和比热容较大的保温、隔热材料，尽量减少热量散失。此外，楼地层还应满足建筑物防火设计的规定，建筑物的耐火等级对楼地层材料的耐火极限和燃烧性能有一定的要求。

4. 防水、防潮要求

对于厨房、卫生间等一些地面潮湿、易积水的房间，应处理好楼地层的防水、防潮问题。

5. 经济要求

一般楼地层约占建筑物总造价的 20%～30%，选用楼板时应考虑就地取材和提高装配化程度。

6. 其他要求

如为便于在楼板层和地坪层中敷设设备管线，应增加相应的附加构造层。

3.4.2　楼板层

1. 楼板层的组成

楼板层通常由面层、结构层、附加层、顶棚等部分组成，如图 3-43 所示。

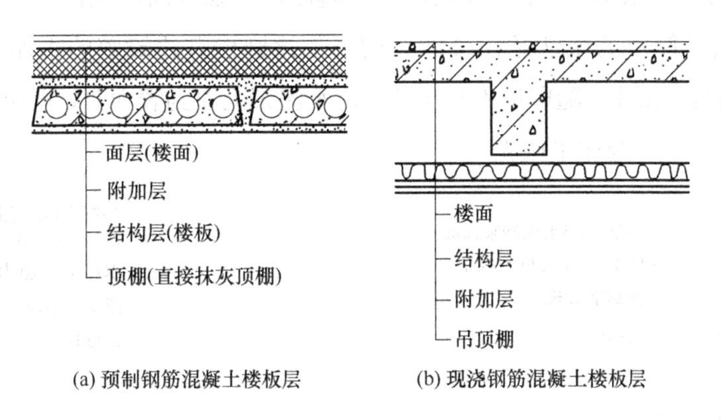

图 3-43　楼板层的组成

(1) 面层：又称楼面，起着保护楼板、承受并传递荷载的作用，同时对室内有很重要的清洁及装饰作用。

(2) 结构层，它是楼板层的承重部分，简称楼板，包括板和梁，主要作用是承受楼板层上的全部荷载，并将这些荷载传给墙或柱。

(3) 附加层：又称功能层，根据楼板层的具体要求而设置，主要作用是隔声、隔热、保温、防水、防潮、防腐蚀、防静电等。根据需要，附加层有时和面层合二为一，有时又和吊顶合为一体。

(4) 顶棚：位于楼板层的最下层，起着保护楼板、安装灯具、装饰室内、敷设管线等作用。

2. 楼板层的基本构造

1) 面层构造

面层由饰面材料和其下的找平层两部分组成。面层按其材料和做法可分为四大类：整体地面、涂料地面、卷材地面和块料地面。设计时应根据不同的要求选择不同的地面做法。

(1) 整体地面。

整体地面包括水泥砂浆地面、细石混凝土地面等现浇地面。大面积整体地面必须设置分格缝，纵、横向间距3～6m。设置分格缝的目的是防止地面形成不规则裂缝。

① 水泥地面(见图3-44)。

水泥地面构造简单、坚固耐用、防潮防水、价格低廉；但蓄热系数大，气温低时人体会感觉不适，易产生凝结水，表面易起尘。

② 细石混凝土地面(见图3-45)。

细石混凝土地面相比砂浆不易开裂，不易起砂，且强度高，整体性好，表面更耐磨。细石混凝土面层最简单的做法是在楼面结构层上涂刷掺有建筑胶的水泥浆一道，再浇筑40mm厚C20细石混凝土，随即用木板拍浆，待水泥浆上浮到表面时，再撒1∶1水泥砂子，待灰面吸水后再进行三遍抹平压光。

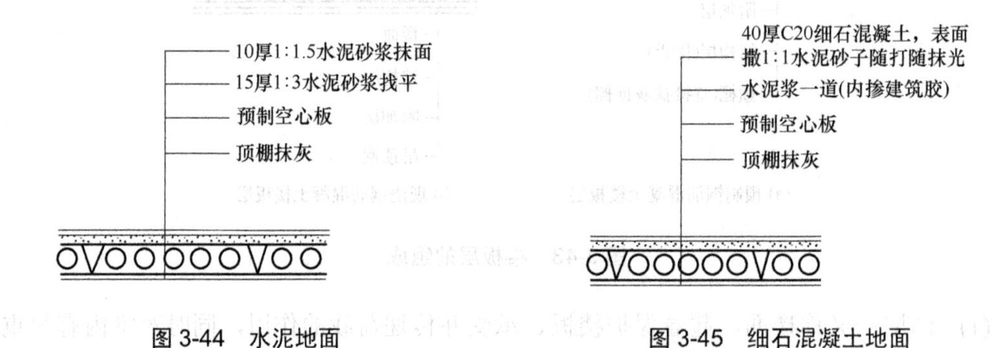

图3-44 水泥地面　　图3-45 细石混凝土地面

(2) 涂料地面。

用于地面的涂料有过氯乙烯地面涂料、苯乙烯地面涂料等。涂料地面施工方便，造价低，能提高地面的耐磨性和不透水性，故多用于民用建筑中；但涂料地面涂层较薄，不适用于人流较多的公共场所。

(3) 卷材地面。

卷材地面主要是粘贴各类卷材、半硬质块材的地面。此类地面施工灵活、维修保养方便、脚感舒适、有弹性、可缓解固体传声、厚度小、自重轻、柔韧、耐磨、外表美观。

① 塑料地面。

塑料地面主要由人造合成树脂(如聚氯乙烯等塑化剂)加入适量填充料、掺入颜料经热压而成，有卷材和块材、软质和半硬质、单层和多层、单色和复色之分。施工时在清理基层后根据房间大小设计图案排料编号，在基层上弹线定位后，由中间向四周铺贴。地面的铺贴方法是，先将板缝切成V形，然后用三角形塑料焊条、电热焊枪焊接，并均匀加压24小时，如图3-46所示。

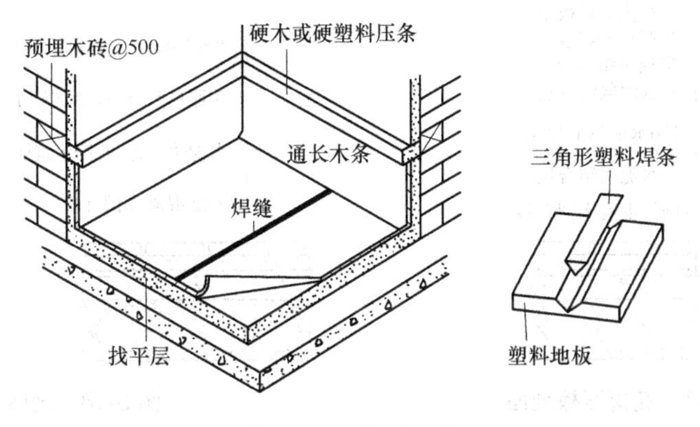

图 3-46　塑料地面

② 橡胶合成板地面。

橡胶合成板是在橡胶中掺入一些填充料制成的。橡胶合成板地面的表面可做成光滑的或带肋的，有单层和双层之分。双层地面的底层如改用海绵橡胶，弹性会更好。橡胶合成板地面有良好的弹性，耐磨、保温、消声性能也很好，行走舒适，适合用在阅览室、实验室等公共建筑中。

(4) 块料地面。

块料地面是指用胶结材料将块状的地面材料铺贴在结构层或找平层上。有些胶结材料既起找平作用又起胶结作用，也有先做找平层再做胶结层的。常见的块料地面如下。

① 陶瓷锦砖地面。

陶瓷锦砖又称马赛克，是优质瓷土烧制的小尺寸瓷砖，按各种图案将正面贴在牛皮纸上，反面有小凹槽，便于施工。

② 石材板地面。

石材板地面是用普通石材铺砌的地面。石材板的品种有大理石板、花岗石板(见图 3-47)、碎拼石板，一般为磨光的板材，板厚 10～20mm。施工时一般应先试铺，将板材平放在铺好的干硬性水泥砂浆找平层上，合适后翻开板块在水泥砂浆上浇一层素水泥浆，然后将板轻轻地对准原位放下，用橡皮锤轻击放于板块上的木垫板使板平实。石材板块之间的接缝要严，缝隙宽度不大于 1mm，或按设计要求。

③ 地砖地面(见图 3-48)。

常用的地砖品种有彩色釉面砖、防滑彩色釉面砖、通体砖、磨光通体砖等。地砖的耐腐蚀、耐磨性较好，使用寿命一般较长。

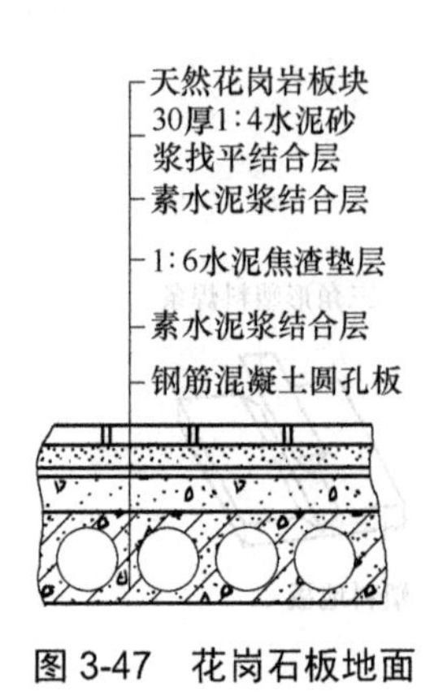

图 3-47　花岗石板地面

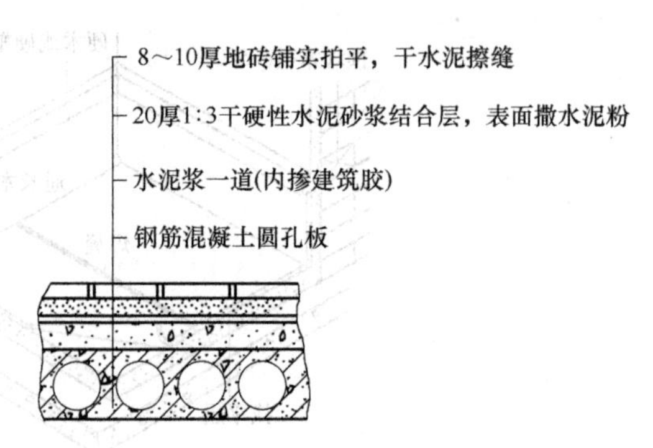

图 3-48　地砖地面

④　木地面。

木地面有较好的弹性、蓄热性和接触感，常用于住宅、体育馆、舞台等建筑中。木地面可采用单层地板或双层地板。为了防止木板的开裂，木板底面应开槽；为了加强板与板之间的连接，板的侧面开有企口。木地板按其施工工艺有实铺木地板和架空木地板两种。

a. 实铺木地板(见图 3-49)。实铺木地板是在钢筋混凝土楼板上先做好找平层，然后用环氧树脂、乳胶等黏结材料直接将木板贴上的木地板形式。它具有结构高度小、经济性好的优点。实铺木地板直接粘贴在找平层上，应注意粘贴质量和基层平整。

b. 架空木地板。架空木地板有单层和双层两种。单层架空木地板(见图 3-50)是在找平层上固定梯形截面的小搁栅，然后在搁栅上钉长条木地板的形式。双层架空木地板是在搁栅上铺设毛板再铺面板的形式，毛板与面板最好成 45°或 90°交叉铺钉，毛板与面板之间可衬一层油纸作为缓冲层。

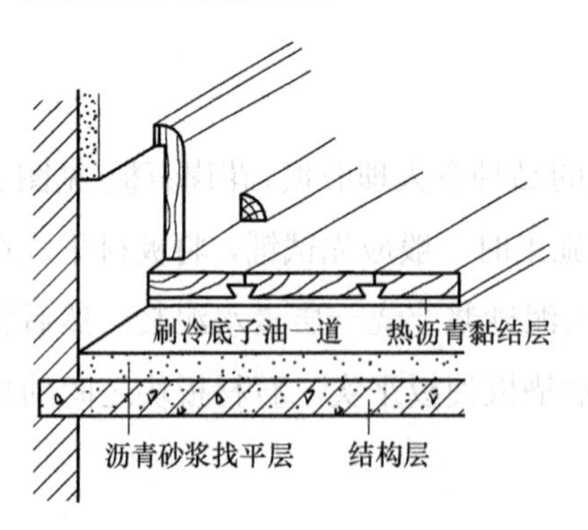

图 3-49　实铺木地板

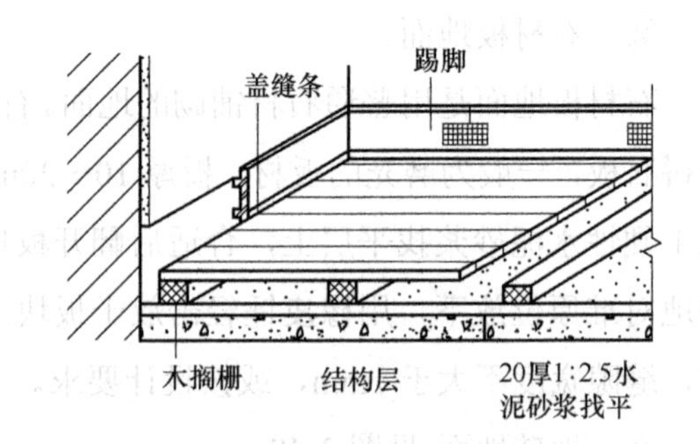

图 3-50　单层架空木地板

2)　结构层构造

楼板层按其结构层所用材料的不同，可分为木楼板、砖拱楼板、钢筋混凝土楼板及压型钢板与混凝土组合楼板等多种形式。

木楼板虽具有自重轻、构造简单、吸热系数小等优点，但其隔声、耐久和耐火性能较

差，耗木材量大，除林区外，现已极少采用。砖拱楼板虽可以节省钢材、木材、水泥，但由于其自重大，承载力及抗震性能较差，且施工较复杂，目前一般也不采用。钢筋混凝土楼板因其承载力能力大、刚度好，且具有良好的耐久、防火和可塑性，是目前我国工业与民用建筑中应用最广的楼板结构材料。按其施工方式的不同，钢筋混凝土楼板又可分为现浇式、预制装配式和装配整体式三种类型。近年来，随着我国钢产量的提高和钢结构在城市建设中的大量应用，出现了以压型钢板为底模的钢衬板复合楼板。

(1) 现浇式钢筋混凝土楼板。

① 板式楼板。

楼板内不设置梁，将板直接搁置在墙上形成的楼板称为板式楼板。板式楼板有单向板与双向板之分，如图 3-51 所示。当板的长边与短边之比大于 2 时，板基本上沿短边方向传递荷载，这种板称为单向板。双向板的长边与短边之比不大于 2，荷载沿双向传递，短边方向内力较大，长边方向内力较小。双向板由于沿板的两个方向都传递荷载，因此受力较单向板均匀，板的厚度也较单向板薄。平面方形或接近方形的钢筋混凝土板多采用双向板。

板式楼板底面平整、美观、施工方便，适用于小跨度房间，如走廊、厨房、卫生间等。

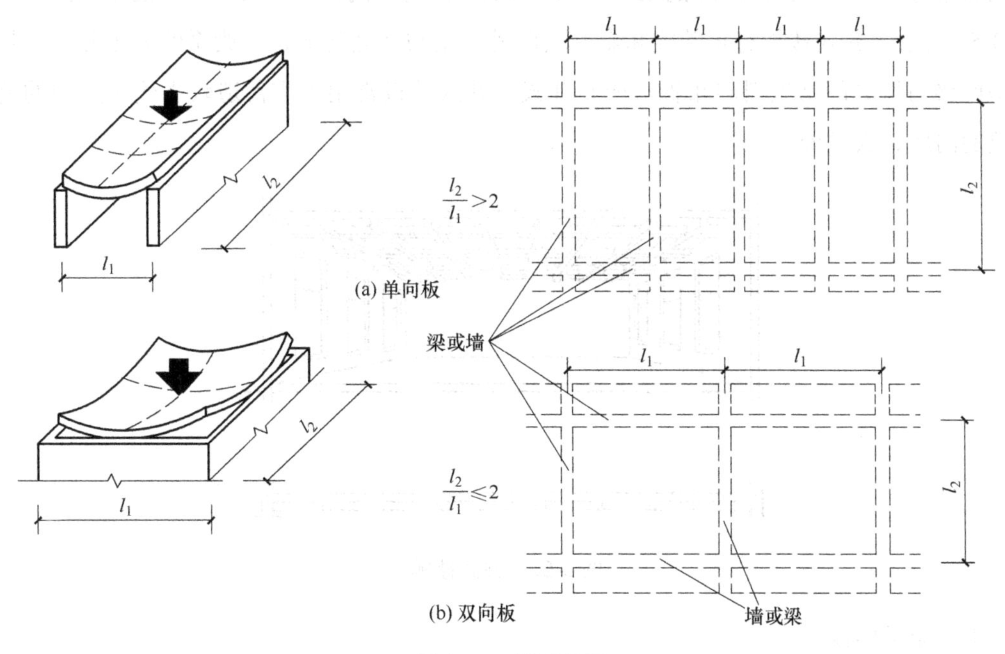

图 3-51　板式楼板

② 肋梁楼板。

肋梁楼板是最常见的楼板形式之一，如图 3-52 所示。当板为单向板时，称为单向板肋梁楼板；当板为双向板时，称为双向板肋梁楼板。梁有主梁、次梁之分，次梁与主梁一般垂直相交，板搁置在次梁上，次梁搁置在主梁上，主梁搁置在墙或柱子上。肋梁楼板的主次梁布置对建筑的使用、造价和美观等有很大影响。根据实践经验，主梁的经济跨度为5～9m，梁的构造高度为跨度的1/8～1/12，其间距为次梁跨度；次梁跨度一般为4～7m，梁高为跨度的1/12～1/16，其间距为板跨度。

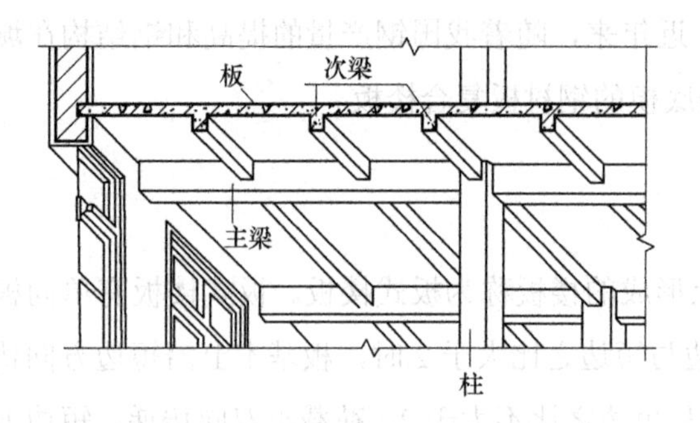

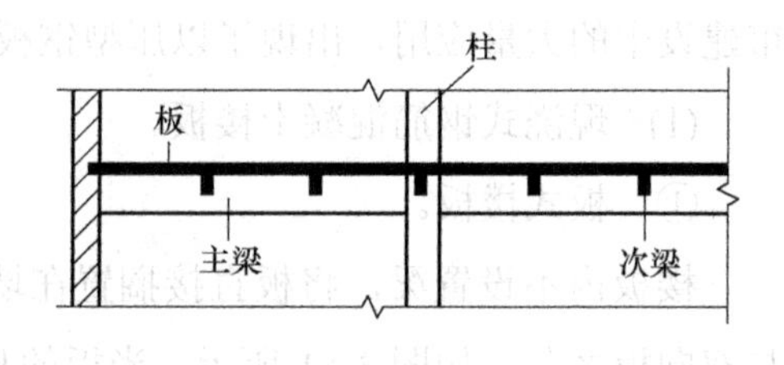

图 3-52　肋梁楼板

③　井式楼板。

井式楼板是肋梁楼板的一种特殊形式。当房间尺寸较大，并接近正方形时，常沿两个方向布置等距离、等截面高度的梁(不分主次梁)，板为双向板，形成井格形的梁板结构，如图3-53所示。井式楼板有正井式和斜井式两种。梁与墙之间成正交梁系的为正井式，长方形房间梁与墙之间常做斜向布置形成斜井式。井式楼板常用于需营造较大建筑空间的公共建筑的门厅、大堂处。

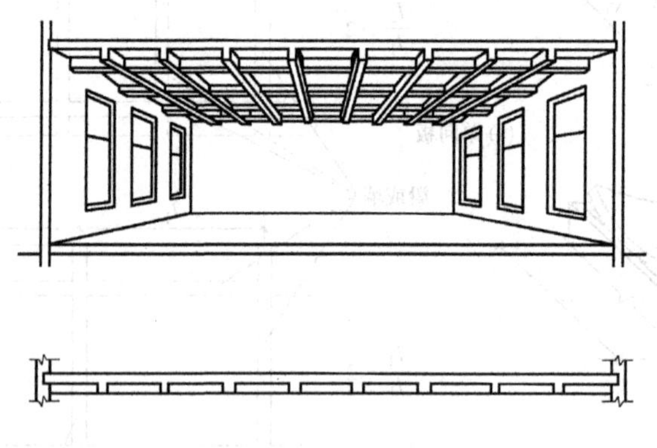

图 3-53　井式楼板

④　无梁楼板。

无梁楼板是将楼板直接支承在柱上，不设主梁和次梁。柱网一般布置为正方形或矩形，如图3-54所示。为减少板跨、改善板的受力条件和加强柱对板的支承作用，一般在柱的顶部设柱帽或柱头。无梁楼板楼层净空较大，顶棚平整，采光通风和卫生条件较好，适宜于荷载较大的商店、仓库和展览馆等建筑。

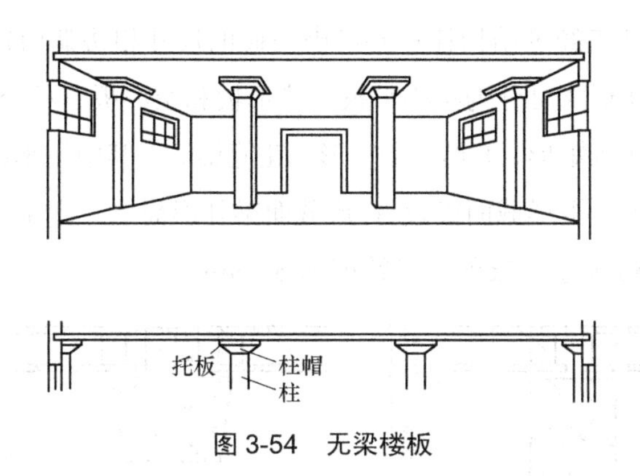

图 3-54　无梁楼板

⑤　压型钢板组合楼板。

利用凹凸相间的压型薄钢板做衬板，与混凝土浇筑在一起，搁置在钢梁上构成的整体式楼板，称为压型钢板组合楼板，也称为压型钢衬板组合楼板，如图 3-55 所示。压型钢板具有单位重量轻、强度高、抗震性能好、施工快等优点。

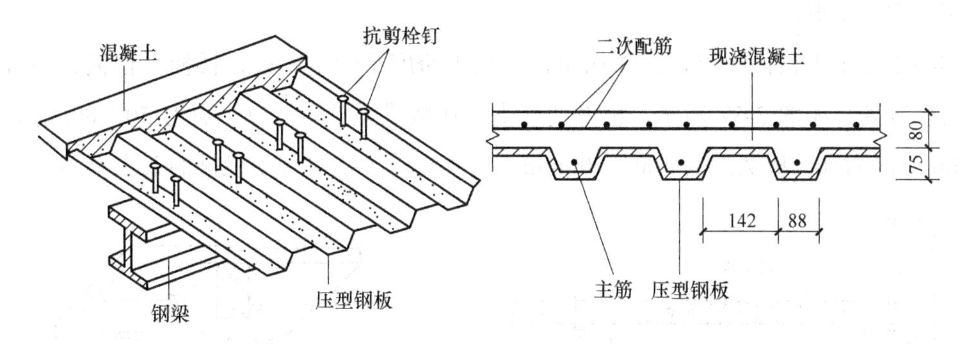

图 3-55　压型钢板组合楼板

根据不同使用功能的要求，压型钢板可压成波形、双曲波形、肋形、V 形、加劲型等。组合板中采用的压型钢板的净厚度不应小于 0.75mm，最好在 1.0mm 以上。为便于浇筑混凝土，压型钢板的平均槽宽不应小于 50mm。当在槽内设置圆柱头焊钉时，压型钢板的总高度(包括压痕在内)不应超过 80mm。组合楼板的总厚度不应小于 90mm，压型钢板翼缘以上的混凝土厚度不应小于 50mm。支撑于混凝土或砌体上时，支撑长度分别为 100mm 和 75mm；支撑于钢梁上的连续板或搭接板的最小支撑长度为 75mm。

在组合楼板中，压型钢板的外表面应有保护层，以防御施工和使用过程中大气的侵蚀。

(2)　预制装配式钢筋混凝土楼板。

预制装配式钢筋混凝土楼板是指用预制厂生产或现场预制的梁、板构件，现场安装拼合而成的楼板。

预制板的长度与房间开间或进深一致，并为 300mm 的倍数，板的宽度一般为 100mm

的倍数，板的截面尺寸需经过结构计算并考虑与砖的尺寸相协调而定。常用的预制钢筋混凝土楼板，根据其截面形式可分为实心平板、槽形板和空心板三种类型。

预制梁的断面形式有矩形、T 形、十字形、花篮梁等。其中矩形截面梁外形简单，制作方便，但空间高度较大。矩形截面梁较 T 形截面梁外形简单，十字形或花篮梁可减少楼板所占的高度，如图 3-56 所示。梁的经济跨度为 5～9m。

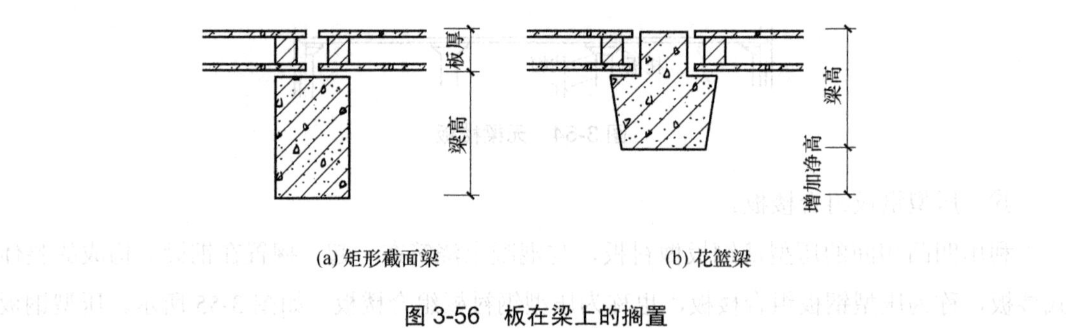

图 3-56　板在梁上的搁置

① 实心平板。

实心平板上下板面平整，制作简单，宜用于跨度小的走廊板、楼梯平台板、阳台板、管沟盖板等处。如图 3-57 所示，板的两端支承在墙或梁上，板厚一般为 50～80mm，跨度在 2.4m 以内为宜，板宽约为 500～900mm。由于构件小，对起吊机械的要求不高。

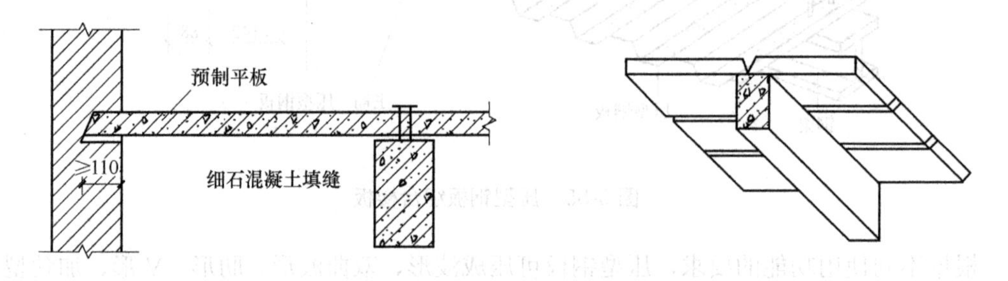

图 3-57　实心平板及装配示意

② 槽形板。

槽形板是一种梁板结合的构件，即在实心板两侧设纵肋，构成槽形截面，如图 3-58 所示。它具有自重轻、省材料、造价低、便于开孔等优点。

③ 空心板。

空心板的孔洞形状有圆形、椭圆形、方形和矩形等，以圆孔板的制作最为方便，应用最广，如图 3-59 所示。空心板的孔数有单孔、双孔、三孔、多孔，板宽有 500mm、600mm、900mm、1200mm 等尺寸，跨度可达到 6.0m、6.6m、7.2m 等，板的厚度约等于板跨的 1/20～1/25。空心板节省材料，隔音、隔热性能好，但板面不能随意打洞。

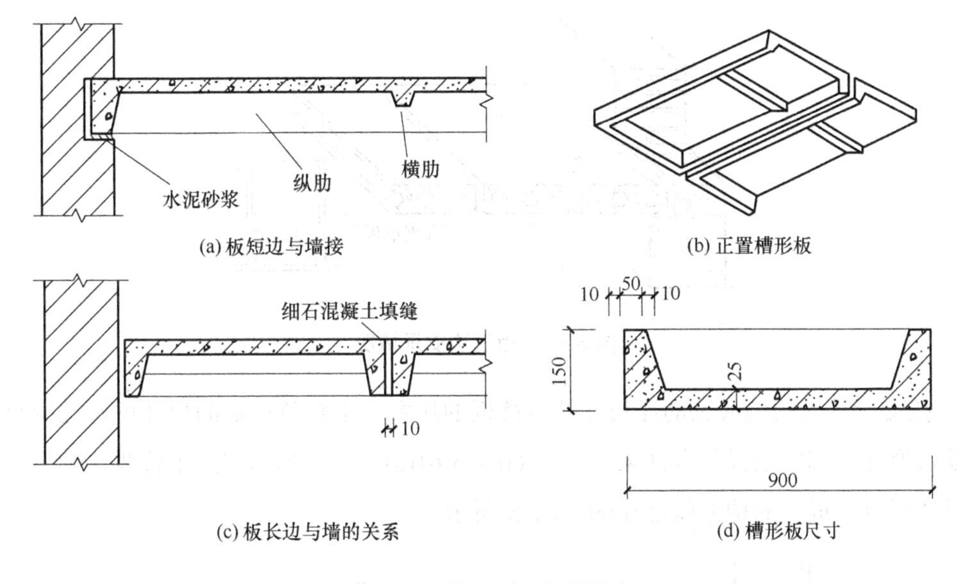

(a) 板短边与墙接　(b) 正置槽形板

(c) 板长边与墙的关系　(d) 槽形板尺寸

图 3-58　槽形板及搁置示意

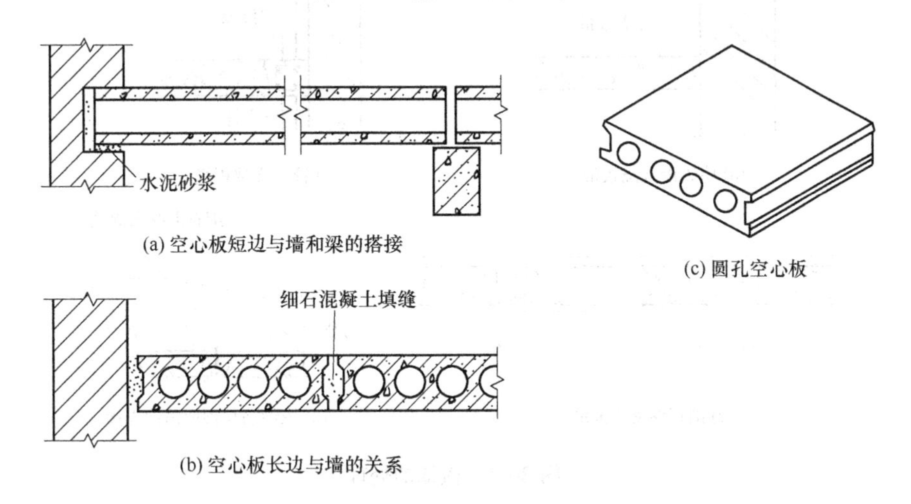

(a) 空心板短边与墙和梁的搭接　(c) 圆孔空心板

(b) 空心板长边与墙的关系

图 3-59　预制空心板

④　预制楼板的结构布置。

在进行楼板结构布置时，应先根据房间开间、进深的尺寸确定构件的支承方式，然后选择板的规格进行合理的安排。在进行结构布置时，应注意以下几点原则。

a. 尽量减少板的规格、类型。板的规格过多，不仅给板的制作增加麻烦，而且施工也较复杂，甚至容易搞错。

b. 为减少板缝的现浇混凝土量，应优先选用宽板，窄板作调剂用。

c. 板的布置应避免出现三面支承情况，即楼板的长边不得搁置在梁或砖墙内，否则，在荷载作用下，板会产生裂缝，如图 3-60 所示。

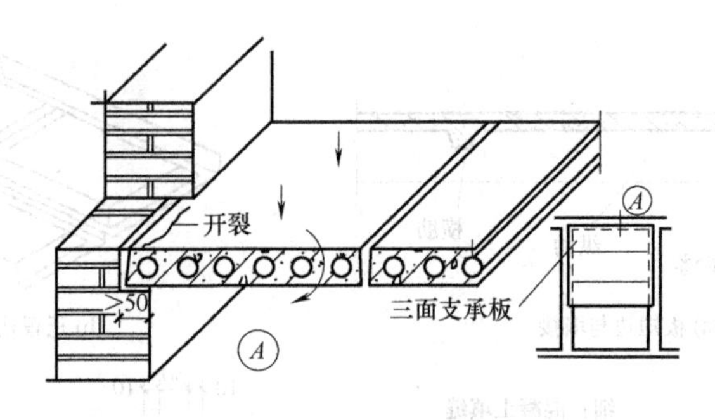

图 3-60　板三边支承情况

d. 按支承楼板的墙或梁的净尺寸计算楼板的块数，不够整块数的尺寸可通过调整板缝或于墙边增加局部现浇板等办法来解决，如图 3-61(a)所示。当遇有上下管线、烟道、通风道穿过楼板时，板缝的构造做法如图 3-61(b)所示。

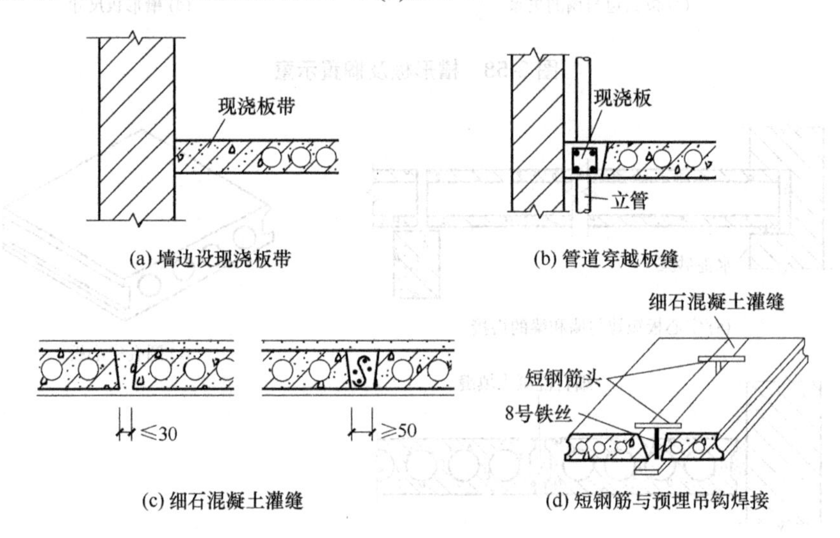

图 3-61　板缝的处理

⑤　预制楼板的连接构造。

a. 板缝构造。安装预制板时，为使板缝灌浆密实，要求板块之间离开一定距离，以便填入细石混凝土。板的下口缝宽一般要求不小于 20mm，缝宽在 20～50mm 之间时，可用 C20 细石混凝土现浇，并在板缝内配筋，如图 3-61(c)所示。板缝的配筋视各地区情况而有所不同。对整体性要求较高的建筑，可在板缝内用短钢筋与预制板吊钩焊接，如图 3-61(d)所示。

b. 板与墙、梁的连接构造。预制板直接搁置在砖墙或梁上时，均应有足够的支承长度。支承于梁上时，其搁置长度不小于 80mm；支承于墙上时，其搁置长度不小于 110mm，并在梁或墙上坐浆，厚度为 20mm，以保证板的平稳和传力均匀。另外，为增加建筑物的整体刚度，板与墙、梁之间或板与板之间常用钢筋拉结，拉结程度随抗震要求和对建筑物整体性要求的不同而异，各地有不同的拉结锚固措施，图 3-62 所示的锚固钢筋的配置可供参考。

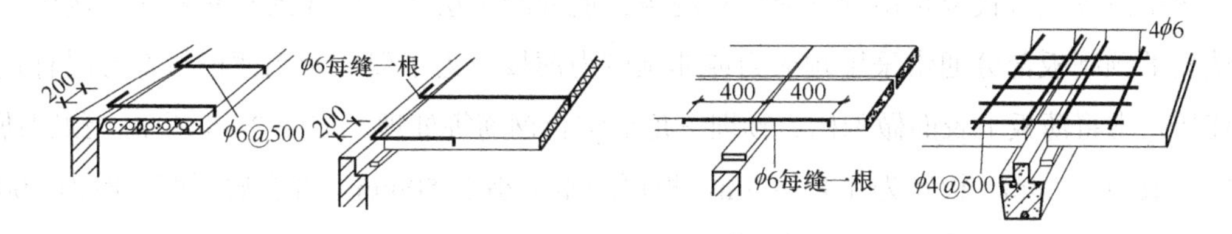

图 3-62　板在墙、梁中的钢筋锚固示意

⑥　楼板上隔墙的处理。

预制钢筋混凝土楼板上设立隔墙时，宜采用轻质隔墙，可搁置在楼板的任何位置。当隔墙自重较大时，如采用砖隔墙、砌块隔墙等，则应避免将隔墙搁置在一块板上，通常将隔墙设置在两块板的接缝处。当采用槽形板或小梁搁板的楼板时，隔墙可直接搁置在板的纵肋或小梁上；当采用空心板时，须在隔墙下的板缝处设现浇板带或梁来支承隔墙，如图 3-63 所示。

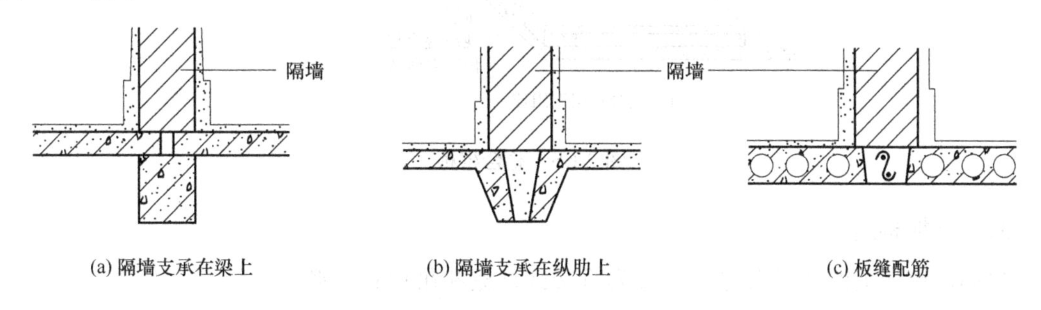

图 3-63　隔墙与楼板的关系

(3)　装配整体式钢筋混凝土楼板。

①　密肋填充块楼板。

密肋填充块楼板的密肋小梁有现浇和预制两种。现浇密肋填充块楼板是以陶土空心砖、矿渣混凝土实心块等作为肋间填充块来现浇密肋和面板而成。预制小梁填充块楼板是在预制小梁之间填充陶土空心砖、矿渣混凝土空心块等，在上面现浇面层而成，如图 3-64 所示。密肋填充块楼板板底平整，有较好的隔声、保温、隔热效果，在施工中空心砖还可起到模板作用，也有利于管道的敷设。此种楼板常用于学校、住宅、医院等建筑中。

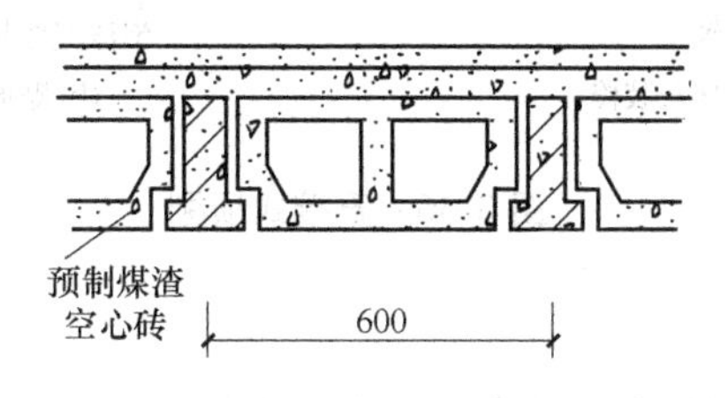

图 3-64　预制小梁填充块楼板

② 预制薄板叠合楼板。

预制薄板叠合楼板是由预制薄板和现浇钢筋混凝土层叠合而成的装配整体式楼板。叠合楼板的预制板部分通常采用预应力或非预应力薄板。为了保证预制薄板与叠合层有较好的连接，常将薄板上表面做刻槽、预埋三角形结合钢筋等处理，如图 3-65 所示。预制薄板跨度一般为 4～6m，板宽为 1.1～1.8m，板厚通常不小于 50mm。叠合层厚度一般为 100～120mm。叠合楼板的总厚度一般为 150～250mm。

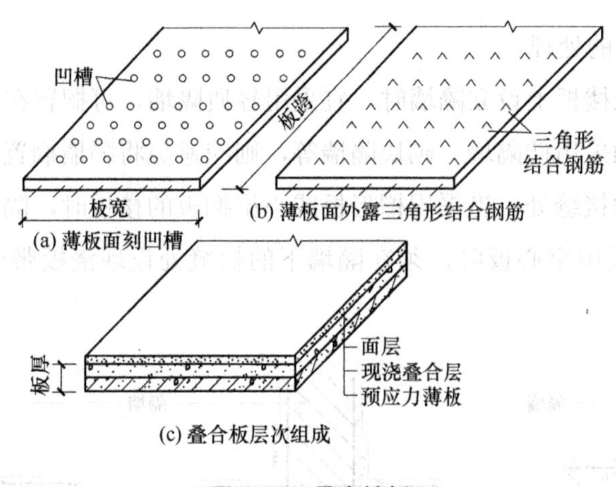

图 3-65　叠合楼板

3)　顶棚构造

顶棚是楼层的组成部分之一，分为直接式顶棚和吊顶式顶棚。

(1)　直接式顶棚。

直接式顶棚是指直接在楼板结构层下喷、刷或粘贴装修材料的一种构造方式，如图 3-66 所示。当室内要求不高或楼板底面平整时，可直接在板底嵌缝后喷(刷)石灰浆或涂料；当板底不够平整或室内要求较高时，则在板底进行抹灰装修，如纸筋石灰浆顶棚、混合砂浆顶棚、水泥砂浆顶棚、麻刀石灰浆顶棚、石膏灰浆顶棚等；当室内要求标准较高时，或有保温吸声要求的房间，可在板底直接粘贴装饰吸声板、石膏板、塑胶板等。

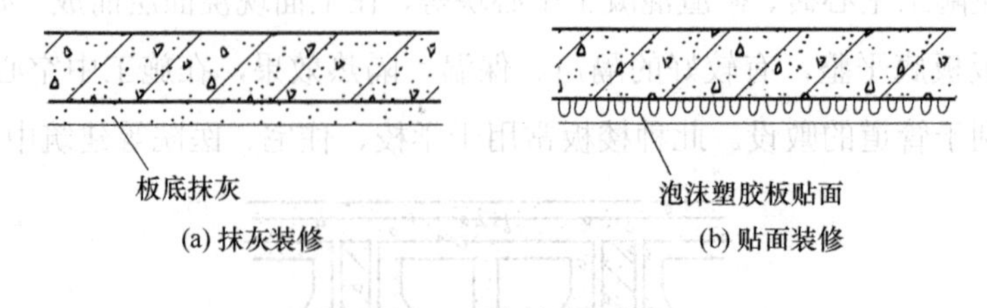

图 3-66　直接式顶棚

(2)　吊顶式顶棚。

吊顶式顶棚简称吊顶，是指顶棚的装修表面与屋面板或楼板之间留有一定距离，这段距离形成的空腔，可以将设备管线和结构隐藏起来，也可使顶棚在这段空间高度上产生变化，形成一定的立体感，增强装饰效果。吊顶一般由吊筋、龙骨、面层三部分组成。做法是在楼板中伸出吊筋，与主龙骨扎牢，然后在主龙骨上固定次龙骨，再在次龙骨上固定面层材料，如图 3-67 所示。

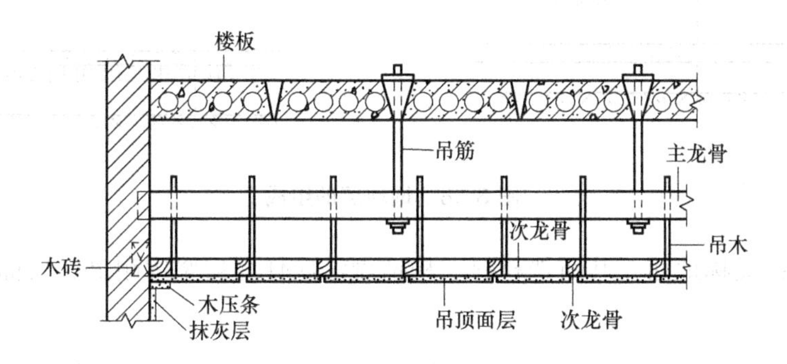

图 3-67　吊顶构造

① 吊筋。吊筋是连接骨架(吊顶基层)与承重结构层(屋面板、楼面大梁等)的承重传力构件。其形式和材料的选择与吊顶的自重及骨架的形式和材料有关，常用ϕ8～ϕ10 的钢筋或 M8 螺栓。吊筋与钢筋混凝土楼板的固定方法有预埋件锚固、预埋筋锚固、膨胀螺栓锚固和射钉锚固等。

② 骨架。骨架主要由主、次龙骨组成，其主要作用是承受顶棚荷载并将荷载由吊筋传递给屋顶或楼板结构层。龙骨按材料分有木龙骨和金属龙骨两类。为节省木材和提高建筑物的耐火等级，应避免选用木龙骨，提倡使用轻钢龙骨和铝合金龙骨。

③ 面层。面层即吊顶的表面层，其作用是装饰室内空间，同时起一些特殊作用，如吸声、反射光等。面层一般分为抹灰面层(板条抹灰、钢板网抹灰等)和板材面层(木制板材、矿物板材、金属板材)两大类。在设计和施工时要结合灯具、风口位置等一起考虑。

3.4.3　地坪层

地坪层也称首层地面，是指建筑物底层与土壤直接相连或接近土壤的那部分水平构件，它承受作用于其上的荷载，并将荷载均匀地传给地基土。

1. 地坪层的组成

地坪层的基本组成部分有面层、垫层和基层三部分，对有特殊要求的地坪，常在面层和垫层之间增设附加层，如图 3-68 所示。

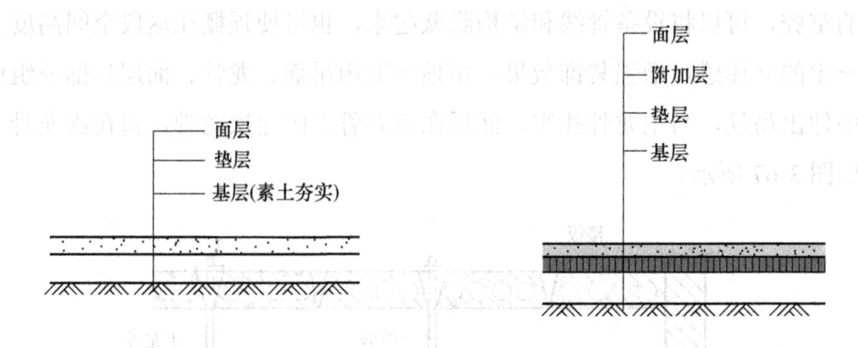

图 3-68　地坪层的组成

(1) 面层：又称地面，其所选材料、构造做法应使面层坚固耐磨、表面平整光洁、易清洁、不起尘。

(2) 垫层：是承受并传递荷载给地基的结构层，垫层有刚性垫层和非刚性垫层之分。

(3) 附加层：其主要作用是防潮、保温、管道敷设等，根据需要而设，有时可与垫层合二为一。

(4) 基层：也称素土夯实，素土即为不含杂质的砂质黏土，经夯实后才能承受垫层传下来的地面荷载。

2. 地坪层的构造

1) 面层构造

面层构造详见 3.2.4 节中的面层构造部分。其构造做法分为实铺地面和架空地面两类，如图 3-69 所示。对于架空地面，通常可在地垄墙上设通风口，以排除潮气，保持地面干燥。

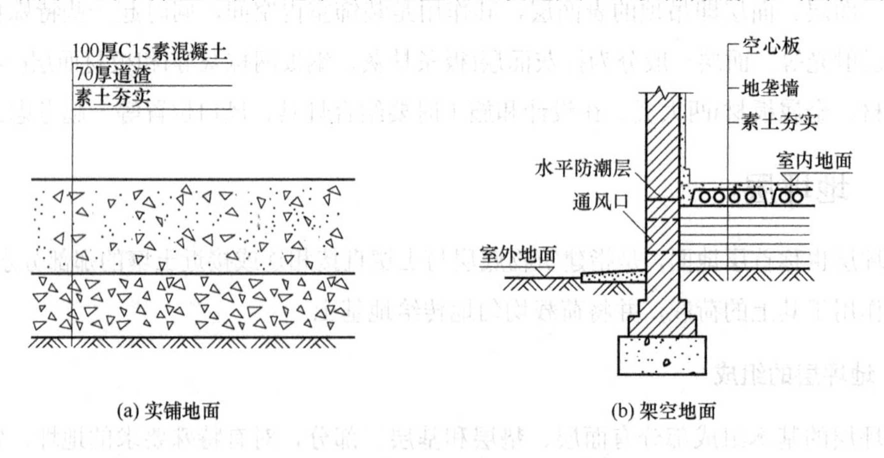

(a) 实铺地面　　(b) 架空地面

图 3-69　两类地面构造做法示意

2) 垫层构造

刚性垫层常用强度等级较低的混凝土，一般采用 C15 混凝土，其厚度为 80～100mm；

非刚性垫层常用砂、碎石灌浆、石灰炉渣、三合土等材料，垫层厚度为 50～120mm。

对面层装修要求较高，或室内荷载大，有保温要求时，也可采用先做非刚性垫层，再做刚性垫层的复式垫层构造。

3)　附加层构造

对于实铺地面，往往需要设置炉渣等附加层来改善整体类地面的返潮现象。

3.4.4　阳台和雨篷

1. 阳台

阳台是楼房建筑中各层房间用以与室外接触的小平台。阳台按其与外墙的相对位置分，有挑阳台、凹阳台、半挑半凹阳台等几种形式。凹阳台实为楼板层的一部分，构造与楼板层相同。而挑阳台的受力构件为悬挑构件，其挑出长度和构造做法必须满足结构抗倾覆的要求。

挑阳台的承重构件大都采用钢筋混凝土结构，按照施工方式有现浇钢筋混凝土挑阳台(见图 3-70)和预制钢筋混凝土挑阳台(见图 3-71)。

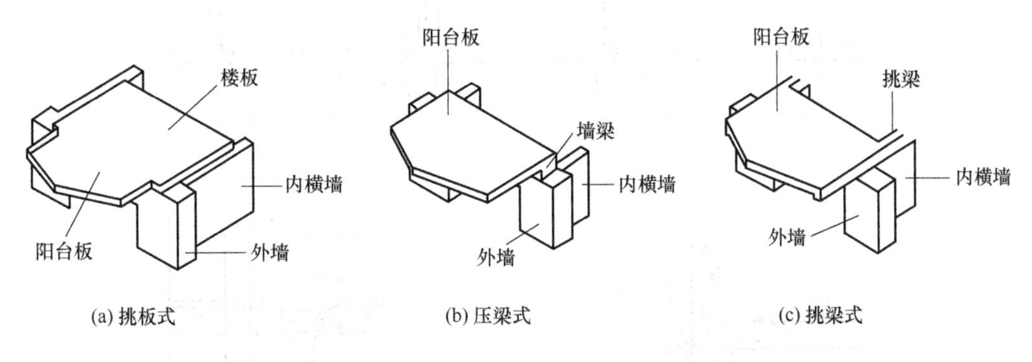

图 3-70　现浇钢筋混凝土挑阳台

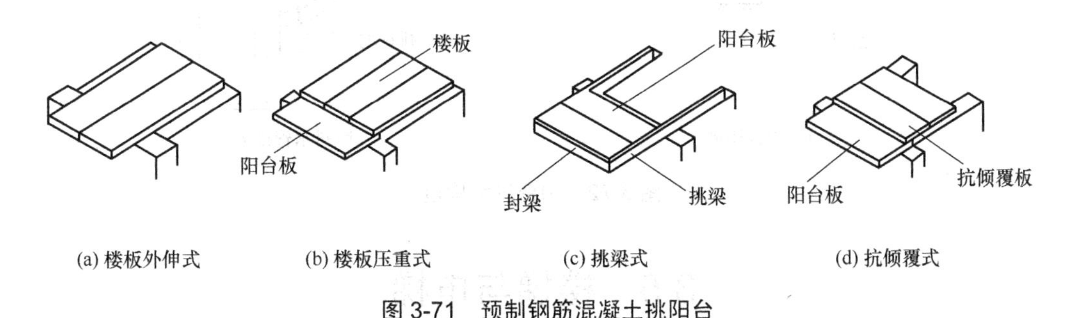

图 3-71　预制钢筋混凝土挑阳台

阳台的栏杆(栏板)是为保证人们在阳台上安全活动而设置的竖向杆件，要求坚固可靠，舒适美观。其净高应高于人体的重心，不应小于 1.05m；当临空高度在 24m 及 24m 以上(包括中高层住宅)时，栏杆高度不应低于 1.10m，但不宜超过 1.20m。栏杆离楼面或屋面 0.10m

高度内不宜留空，栏杆净距不应大于0.11m。中高层、高层及寒冷、严寒地区住宅的阳台宜采用实体栏板。

为排除阳台上的雨水和积水，阳台必须采取一定的排水措施。阳台排水有外排水和内排水两种。阳台外排水适用于低层和多层建筑，具体做法是在阳台一侧或两侧设排水口，阳台地面向排水口做1%～2%的坡，排水口内埋设ϕ40～ϕ50金属管或UPVC管(称水舌)，外挑长度不小于80mm，以防雨水溅到下层阳台。内排水适用于高层建筑和高标准建筑，具体做法是在阳台内设置排水立管和地漏，将雨水直接排到地下管网，保证建筑立面美观。阳台排水构造如图3-72所示。

2. 雨篷

雨篷是建筑入口处和顶层阳台上部用来遮挡雨雪、保护外门免受雨水侵蚀和人们进出时不被滴水淋湿及空中落物砸伤的水平构件。建筑入口处的雨篷还具有标识引导作用，同时也代表着建筑本身的规模、空间文化的理性精神，因此主入口的雨篷设计和施工尤为重要。当代建筑的雨篷形式多样，按材料和结构可分为钢筋混凝土雨篷、钢结构悬挑雨篷、玻璃采光雨篷、软面折叠多用雨篷等。

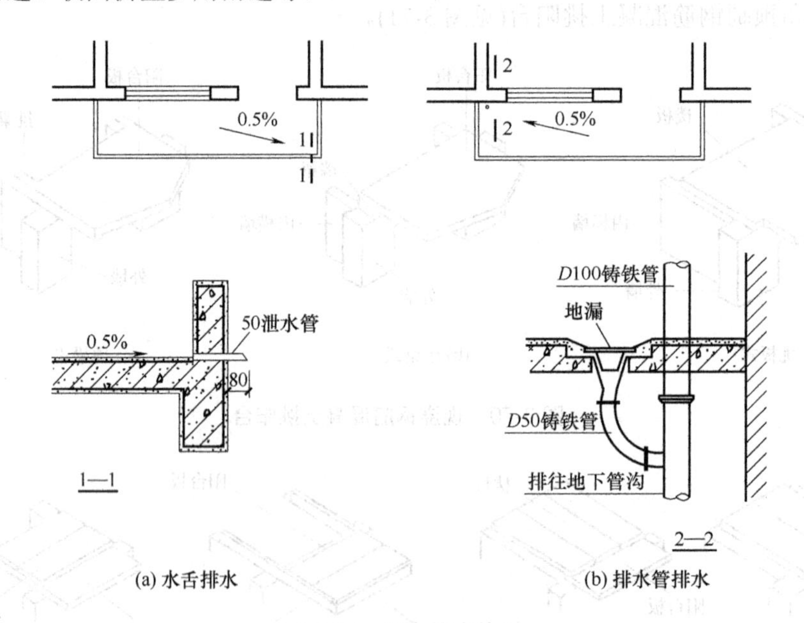

图3-72 阳台排水构造

3.5 楼梯与电梯

在两层以上的建筑物中，楼层间的垂直交通设施有楼梯、电梯、自动扶梯等。电梯多用于高层或有特殊需要的建筑物中，而且即使设有电梯的建筑物，也必须同时设置楼梯，以便在紧急情况时使用。

楼梯作为建筑空间竖向联系的主要部件，除了起到提示、引导人流的作用，还应考虑造型美观、上下通行方便、结构坚固、防火安全等要求。

在建筑物入口处，因室内外地面的高差而设置的踏步段称为台阶。为方便车辆、轮椅通行，也可增设坡道。

3.5.1 楼梯的组成

楼梯主要由梯段、平台及栏杆扶手三部分组成，如图 3-73 所示。

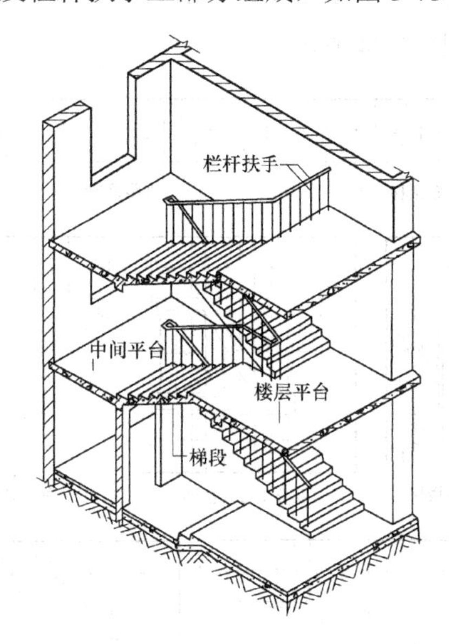

图 3-73 楼梯间的平面组成

1. 梯段

供建筑物楼层之间上下行走的斜向通道称为梯段，由踏步组成。踏步又分为踏面(供行走时踏脚的水平部分)和踢面(形成踏步高差的垂直部分)。每一梯段的踏步数一般不应超过 18 步，也不应少于 3 步。楼梯的坡度大小即由踏步尺寸决定。

2. 平台

楼梯平台按其所处位置，分为中间平台和楼层平台。与楼层地面标高平齐的平台称为楼层平台；两楼层之间的平台称为中间平台。

3. 栏杆扶手

栏杆扶手是设在梯段及平台边缘的安全保护构件。扶手一般附设于栏杆顶部，也可附设于墙上，称为靠墙扶手。

3.5.2　楼梯的类型

楼梯的类型有多种分法。

(1)　按照楼梯的主要材料分，有钢筋混凝土楼梯、钢楼梯、木楼梯等。

(2)　按照楼梯在建筑物中所处的位置分，有室内楼梯和室外楼梯。

(3)　按照楼梯的使用性质分，有主要楼梯、辅助楼梯、疏散楼梯、消防楼梯等。

(4)　按照楼梯的形式分，有直跑楼梯、双跑楼梯、三跑楼梯、交叉楼梯、剪刀式楼梯、弧形楼梯和螺旋楼梯等，如图 3-74 所示。

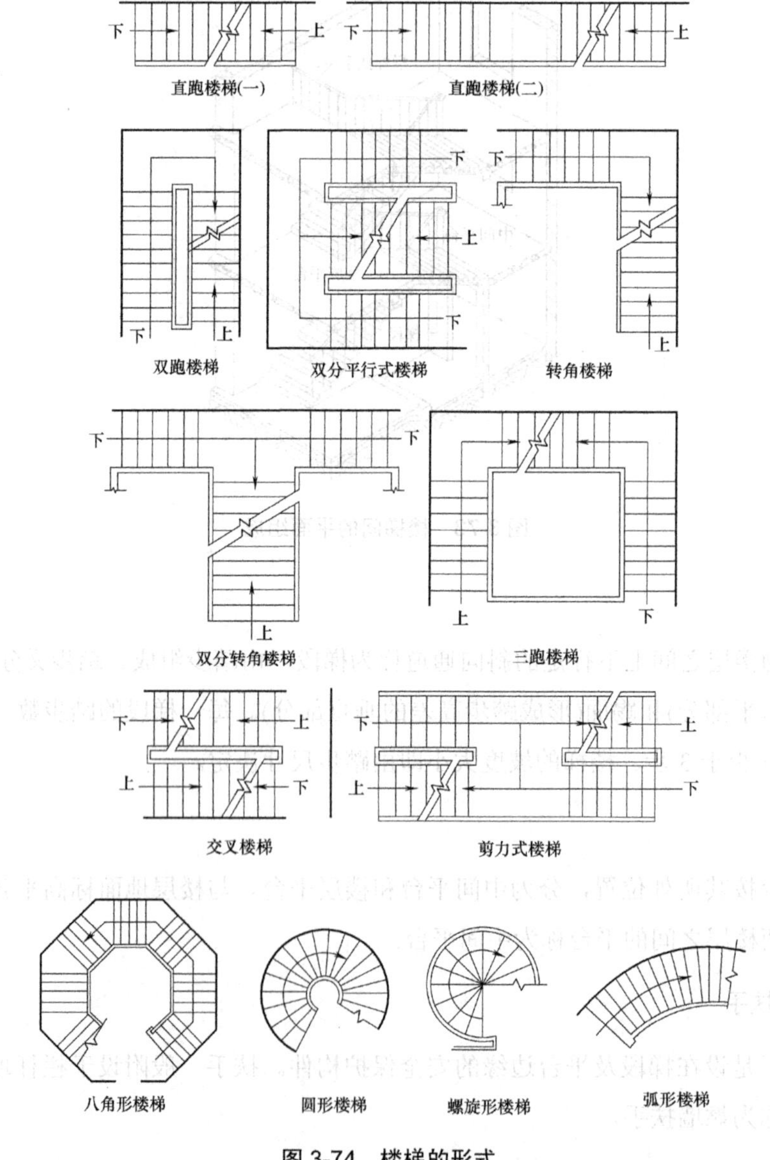

图 3-74　楼梯的形式

(5) 按照楼梯间的平面形式分，有封闭式楼梯、开敞式楼梯、防烟楼梯等，如图3-75所示。

(6) 按施工方法分，有现浇式楼梯和预制装配式楼梯。

(7) 按梯段的支承方式分，有板式楼梯和梁板楼梯。

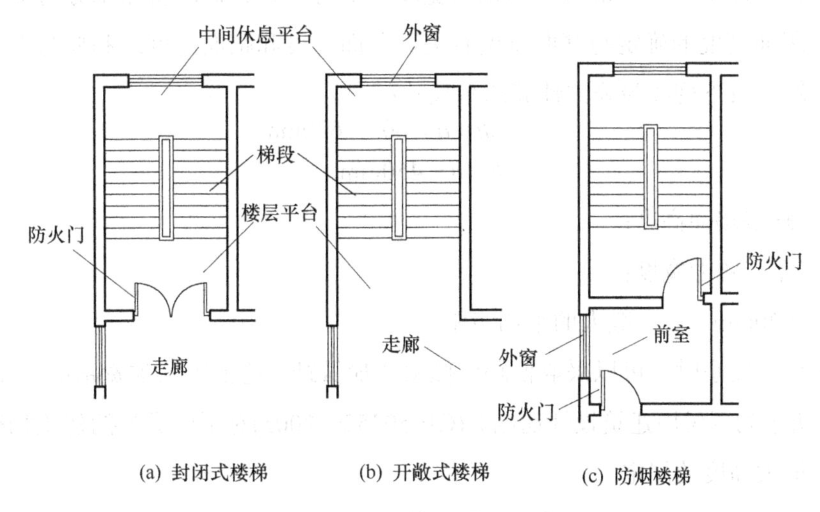

图3-75　楼梯间的平面形式

3.5.3 楼梯的尺度要求

1. 楼梯的坡度

楼梯的坡度是指梯段的坡度。它有两种表示方法：一种是用斜面和水平面所夹角度表示，另一种是用斜面的垂直投影高度与斜面的水平投影长度之比表示。楼梯常见坡度范围为20°～45°，其中30°左右较为通用。坡度小于20°时，应采用坡道形式；坡度大于45°时，则应采用爬梯形式。楼梯、坡道、爬梯的坡度范围如图3-76所示。

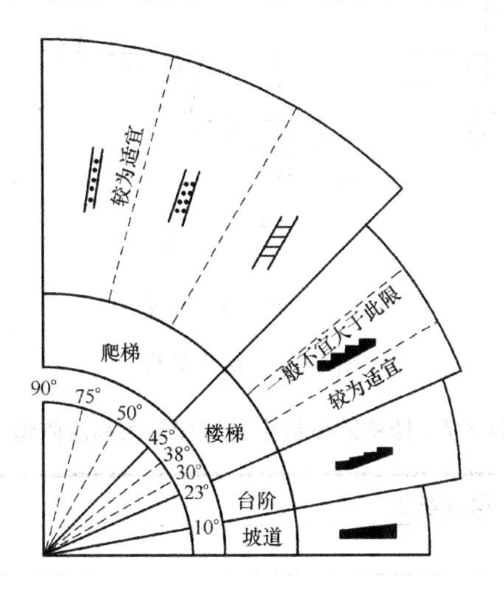

图3-76　楼梯的常用坡度和分类

2. 楼梯踏步尺寸

楼梯梯段是供人通行的，因此踏步尺寸要与人体尺度有关。踏面宽300mm时，人的脚可以完全落在踏面上，行走舒适。当踏面宽度减少时，人行走时脚跟部分可能悬空，行走就不方便。踢面高度的确定与踏面宽度有关，踢面高度和踏面宽度之和要与人的跨步长度相吻合。一般可按下列经验公式计算踏步尺寸：

$$2h + b = 600 \sim 620\text{mm}$$

$$h + b = 450\text{mm}$$

式中：h——踏步踢面高度；

b——踏步踏面宽度；

600～620mm——一般人的平均步距。

当踏步尺寸较小时，可以采取使踢面倾斜或加做踏步檐的方式加宽踏面，如图3-77所示。表3-7所示为《民用建筑设计通则》(GB 50352—2005)对不同类型的建筑物楼梯踏步的最小宽度和最大高度的规定。

3. 栏杆(或栏板)扶手高度

扶手高度是指踏步前缘到扶手顶面的垂直距离，如图3-78所示。扶手高度的确定要考虑人们通行楼梯段时依扶的方便。一般室内扶手高度取900mm；托幼建筑中的楼梯扶手高度应适合儿童身材，扶手高度一般取500～600mm左右，同时应在900mm处仍设扶手，此时楼梯为双道扶手，如图3-79所示。靠梯井一侧水平扶手长度超过0.5m时，其栏杆高度应不小于1.05m。当采用垂直杆件做栏杆时，其杆件净距不应大于0.11m。室外楼梯扶手高度也应适当加高一些，常取1.10m。

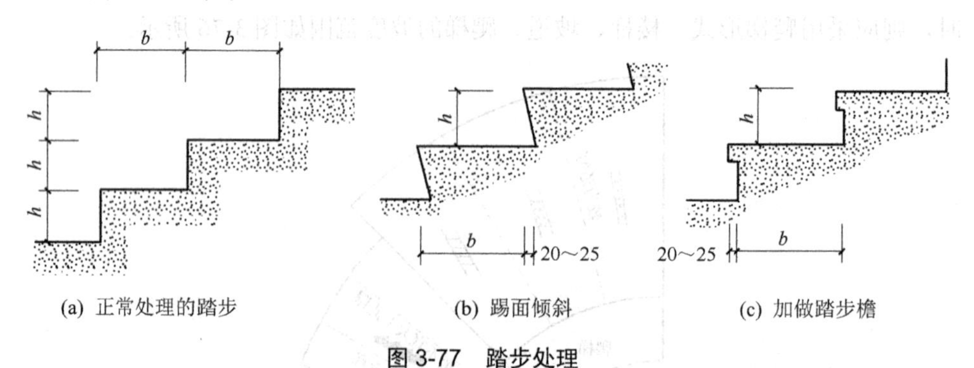

(a) 正常处理的踏步　(b) 踢面倾斜　(c) 加做踏步檐

图3-77　踏步处理

表3-7　楼梯踏步最小宽度和最大高度限值　单位：mm

楼梯类别	最小宽度	最大高度
住宅公用楼梯	260	175
幼儿园、小学校等楼梯	260	150

续表

楼梯类别	最小宽度	最大高度
电影院、剧场、体育馆、商场、医院、旅馆和大中学校等楼梯	280	160
其他建筑楼梯	260	170
专用疏散楼梯	250	180
服务楼梯、住宅室内楼梯	220	200

注：无中柱螺旋楼梯和弧形楼梯离内侧扶手中心 0.25m 处的踏步宽度不应小于 0.22m。

4. 梯段宽度

楼梯梯段宽度是指墙面至扶手中心线或扶手中心线之间的水平距离，应根据楼梯的设计人流股数、防火要求及建筑的使用性质等因素确定。一般建筑物楼梯应至少满足两股人流通行，故梯段的最小宽度应不小于 1100mm。

楼梯两梯段的间隙称为楼梯井，楼梯井的宽度一般取 50～200mm。

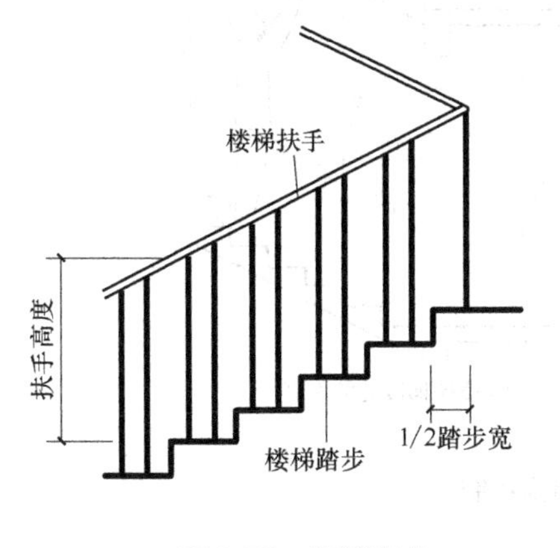

图 3-78　扶手高度

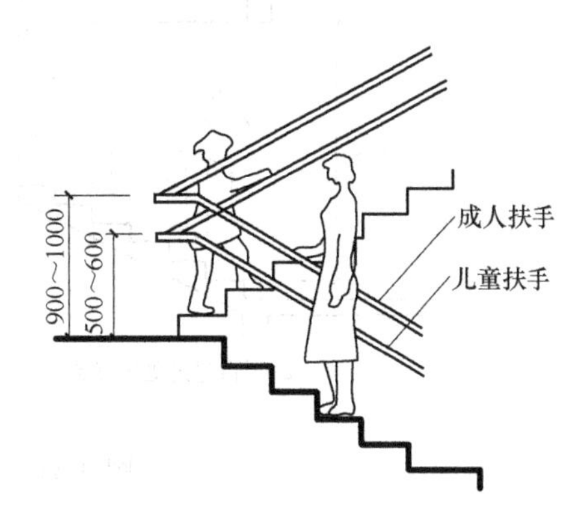

图 3-79　考虑儿童需求的双道扶手

5. 楼梯平台的宽度

楼梯平台是连接楼地面与梯段端部的水平部分，分为中间平台和楼层平台。平台深度不应小于梯段宽度，但直跑楼梯的平台深度以及通向走廊的开敞式楼梯的楼层平台深度可不受限制，如图 3-80 所示。

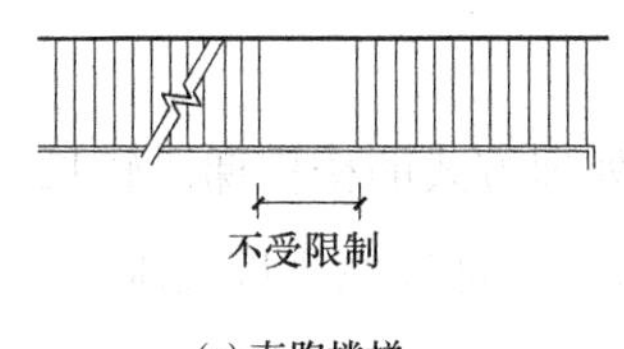

(a) 直跑楼梯

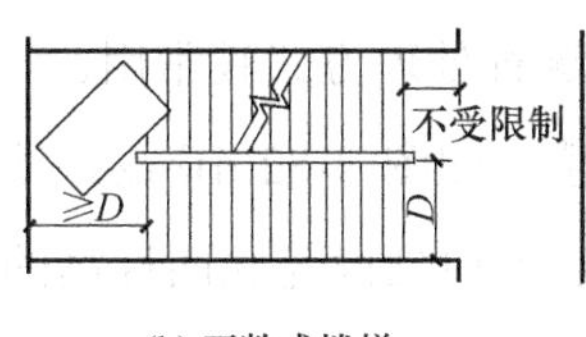

(b) 开敞式楼梯

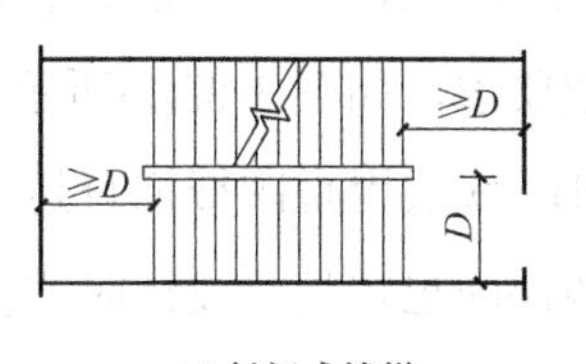

(c) 封闭式楼梯

图 3-80　平台宽度加大情况

当梯段改变方向时，扶手转向端处的平台最小宽度不应小于梯段净宽，并不得小于1.20m，当有搬运大型物件需要时应适量加宽。当平台上设有暖气片、消火栓或有结构构件时，应扣除它们所占的宽度。

6. 楼梯的净空高度

楼梯的净空高度包括平台过道处的净高和楼梯梯段处的净高。平台过道处的净高是指平台梁底至平台梁正下方踏步或楼地面上边缘的垂直距离。楼梯梯段处的净高是指自踏步前缘线(包括最低和最高一级踏步前缘线以外 0.3m 范围内)量至正上方突出物下缘间的垂直距离。为保证在这些部位通行或搬运物件时不受影响，其净空高度在平台过道处应大于 2m，在楼梯梯段处应大于 2.2m，如图 3-81 所示。

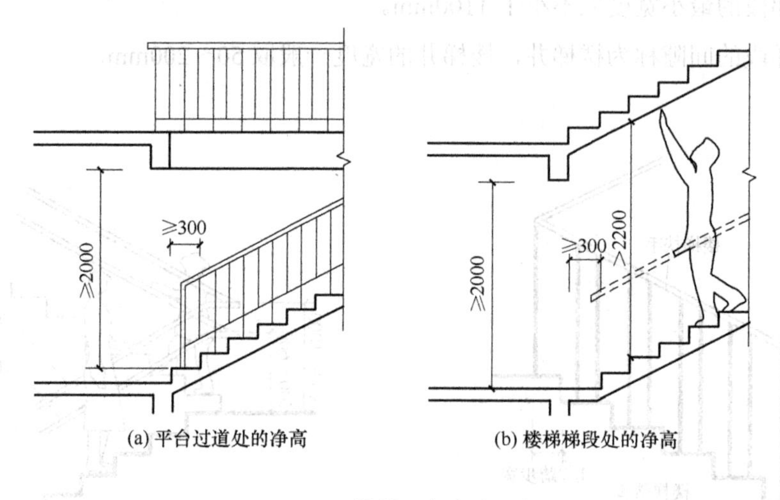

图 3-81　楼梯下部净高控制

当楼梯底层中间平台下作为出入口时，为满足平台净高要求，常采取以下几种处理方式。

(1) 将底层第一梯段增长，形成级数不等的梯段，如图 3-82(a)所示。这种处理方式必须加大进深。

(2) 梯段长度不变，降低梯间底层的室内地面标高，如图 3-82(b)所示。这种处理方式的梯段构件统一，但应使室内地坪高于室外地坪标高，以免雨水内溢。

(3) 将上述两种方法结合，既利用部分室内外高差，又做成不等跑梯段，也可满足楼梯净空要求，如图 3-82(c)所示。这种处理方式较常用。

(4) 底层用直跑楼梯直达二楼，如图 3-82(d)所示。这种处理方式的楼梯梯段较长，需要的楼梯间也较长。设计时需注意入口处雨篷底面标高的位置，保证净空高度要求。

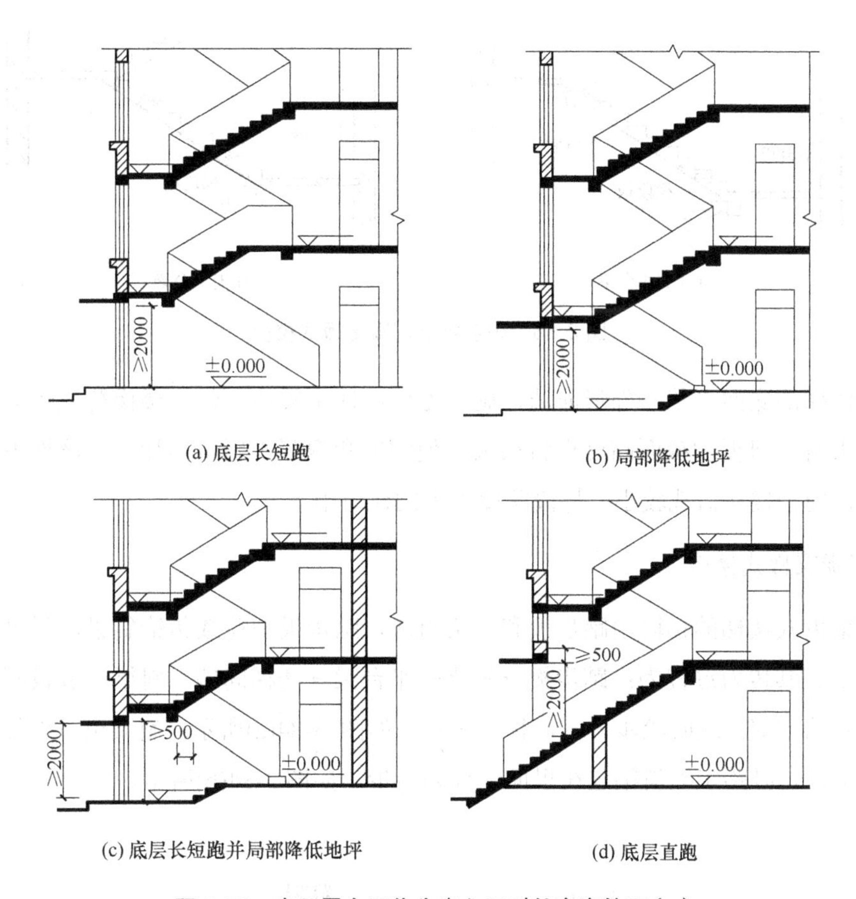

(a) 底层长短跑　(b) 局部降低地坪

(c) 底层长短跑并局部降低地坪　(d) 底层直跑

图 3-82　底层平台下作为出入口时的净高处理方式

3.5.4　现浇式钢筋混凝土楼梯构造

现浇式钢筋混凝土楼梯是指楼梯梯段、平台等整浇在一起的楼梯。它整体性好，刚度大，坚固耐久，抗震较为有利。但是在施工过程中，要经过支模板、绑扎钢筋、浇灌混凝土、振捣、养护、拆模等作业，受外界环境因素影响较大，工人劳动强度大。在拆模之前，不能利用它进行垂直运输。现浇式楼梯较适合抗震设防要求较高的建筑，对于螺旋形楼梯、弧形楼梯等形状复杂的楼梯，也宜采用现浇式楼梯。

1. 现浇板式楼梯

现浇板式楼梯是把楼梯梯段看作一块斜放的板，楼梯板分为有平台梁和无平台梁两种情况。有平台梁的板式楼梯的梯段两端放在平台梁上，平台梁之间的距离即为板的跨度，如图 3-83(a)所示。其传力过程为：梯段→平台梁→楼梯间墙。无平台梁的板式楼梯是将梯段和平台板组合成一块折板，这时板的跨度为梯段的水平投影长度与平台深度之和，如图 3-83(b)所示。这样处理增加了平台下的净空，但增加了板的跨度。

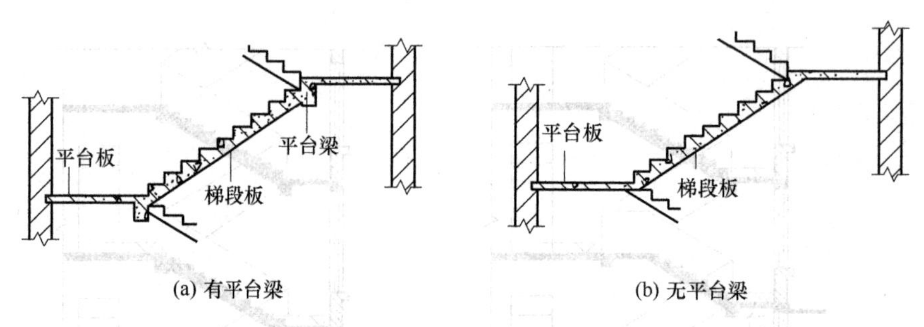

(a) 有平台梁　　(b) 无平台梁

图 3-83　现浇钢筋混凝土板式楼梯

板式楼梯的底面平整，外形简洁，施工方便，便于装修。但当楼梯荷载较大、梯段斜板跨度较大时，斜板的截面高度也将很大，使钢筋和混凝土用量增加，经济性下降。所以板式楼梯常用于楼梯荷载较小、梯段跨度不大的建筑中。

2. 现浇梁板式楼梯

现浇梁板式楼梯的梯段由踏步板和斜梁组成，踏步板把荷载传给斜梁，斜梁两端支承在平台梁上。其传力过程为：踏步板→斜梁→平台梁→楼梯间墙。斜梁一般设两根，位于踏步板两侧的下部，这时踏步外露，称为明步，如图 3-84(a)所示；斜梁也可以位于踏步板两侧的上部，这时踏步被斜梁包在里面，称为暗步，如图 3-84(b)所示。

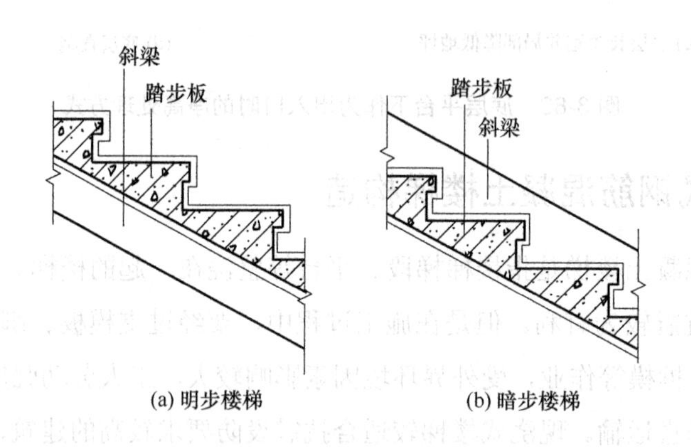

(a) 明步楼梯　　(b) 暗步楼梯

图 3-84　现浇钢筋混凝土梁板式楼梯

斜梁有时只设一根，通常有两种方式：一种是在踏步板的一侧设斜梁，将踏步板的另一侧搁置在楼梯间墙上，如图 3-85(a)所示；另一种是将斜梁布置在踏步板的中间，踏步板向两侧悬挑，如图 3-85(b)所示。单梁式楼梯受力较复杂，但外形轻巧美观，多用于对建筑空间有较高要求的情况。双梁式楼梯是将梯段斜梁布置在踏步的两端，这时踏步板的跨度便是梯段的宽度，也就是梯段斜梁间的距离，如图 3-85(c)所示。

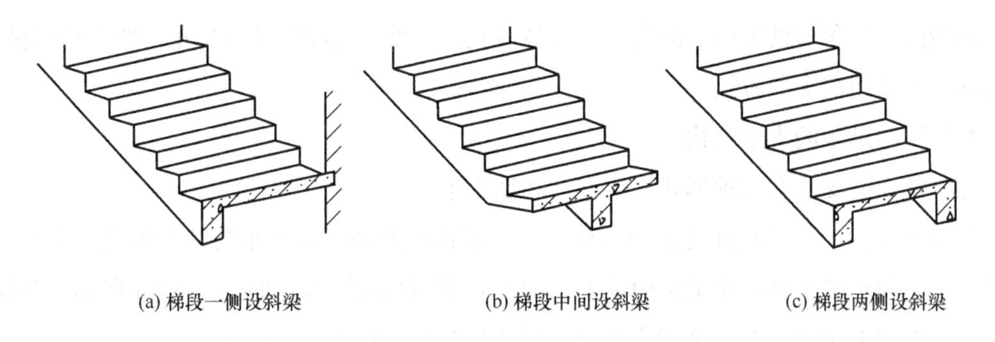

(a) 梯段一侧设斜梁　(b) 梯段中间设斜梁　(c) 梯段两侧设斜梁

图 3-85　梁板式楼梯斜梁位置示意

梁板式楼梯与板式楼梯相比，板的跨度小，故在板厚相同的情况下，梁板式楼梯可以承受较大的荷载。在荷载相同的情况下，梁板式楼梯的板厚可以比板式楼梯的板厚减薄。

3.5.5　预制装配式钢筋混凝土楼梯构造

预制装配式钢筋混凝土楼梯是指在加工厂或现场进行预制，施工时对预制构件进行装配、焊接。采用预制装配式楼梯可较现浇式钢筋混凝土楼梯提高工业化施工水平，节约模板，简化操作程序，较大幅度地缩短工期。但预制装配式钢筋混凝土楼梯的整体性、抗震性、灵活性等均不及现浇式钢筋混凝土楼梯。

1. 小型构件装配式楼梯

1)　预制踏步

钢筋混凝土预制踏步从断面形式分有一字形、正倒 L 形和三角形几种形式，如图 3-86 所示。

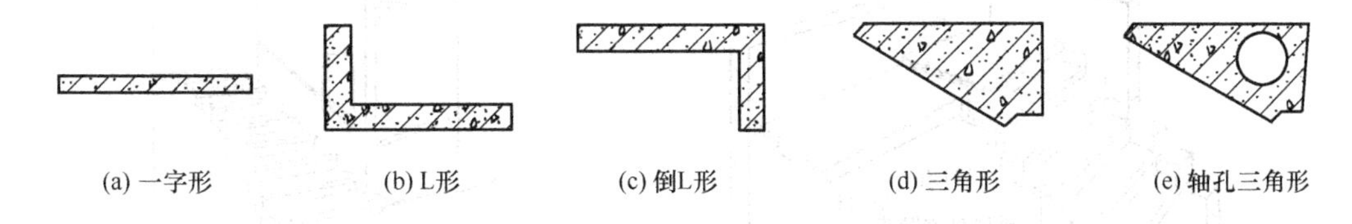

(a) 一字形　(b) L形　(c) 倒L形　(d) 三角形　(e) 轴孔三角形

图 3-86　踏步的主要形式

一字形踏步制作方便，简支和悬挑均可。L 形踏步有正倒两种，即 L 形和倒 L 形。L 形踏步的肋向上，每两个踏步接缝在踢面上、踏面下，踏面板端部可突出于下面踏步的肋边，形成踏口，同时下面的肋可作为上面板的支承。倒 L 形踏步的肋向下，每两个踏步接缝在踢面下、踏面上，踏面和踢面上部的交接处看上去较完整。踏步稍有高差，可在拼缝处调整。此种接缝需处理严密，否则在清扫梯段时污水或灰尘可能下落。影响下面梯段的正常使用。不管是正 L 形还是倒 L 形踏步，均可简支或悬挑，悬挑时须将压入墙的一端做成矩形截面。三角形踏步最大的特点是安装后底面平整。为减轻踏步自重，踏步内可抽孔。预制踏步多采用简支的方式。

2) 预制踏步的支承结构

预制踏步的支承有两种形式：梁支承和墙支承。

梁承式楼梯的支承构件是斜向的梯梁。预制梯梁的外形随支承的踏步形式而变化。当梯梁支承三角形踏步时，梯梁常做成上表面平齐的等截面矩形，如图 3-87(a)所示。当梯梁支承一字形或 L 形踏步时，梯梁上表面须做成锯齿形，如图 3-87(b)所示。

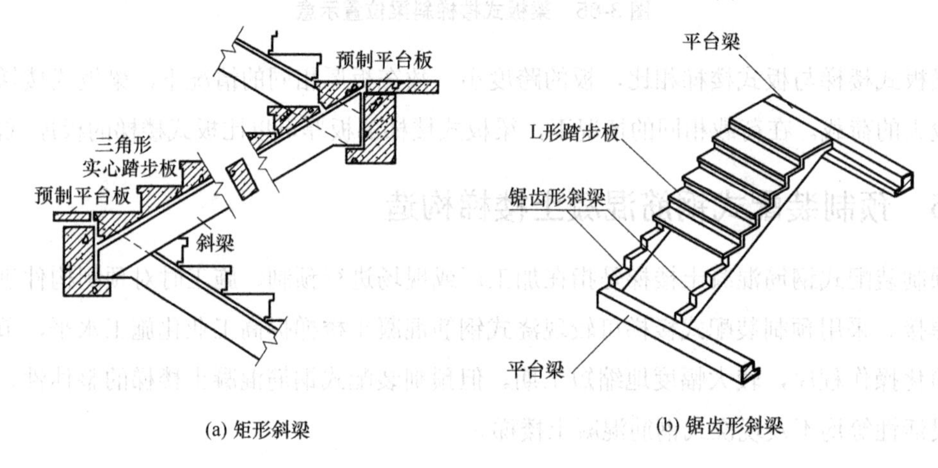

图 3-87 预制梁承式楼梯

墙承式楼梯按其支承方式不同可以分为悬挑踏步式楼梯和双墙支承式楼梯，如图 3-88 所示。

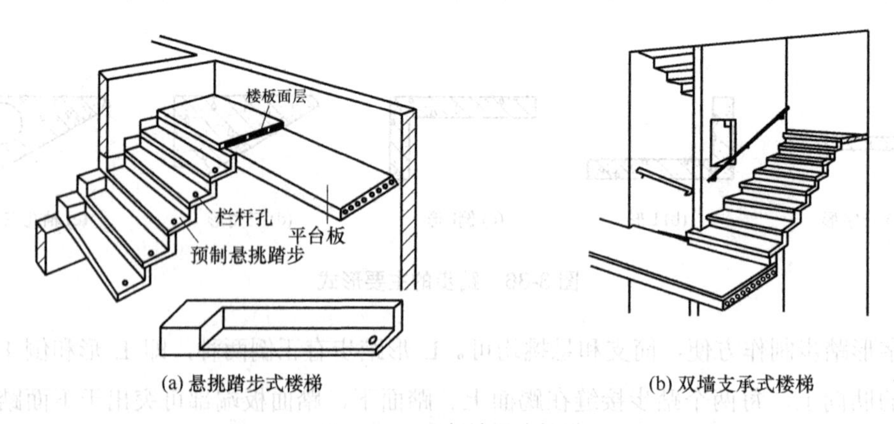

图 3-88 预制墙承式楼梯

2. 中型构件装配式楼梯

中型构件装配式楼梯一般由楼梯梯段和带平台梁的平台板两个构件组成。带梁平台板把平台板和平台梁合并成一个构件。当起重能力有限时，可将平台梁和平台板分开。这种构造做法的平台板可以和小型构件装配式楼梯的平台板一样，将预制钢筋混凝土槽形板或空心板的两端直接支承在楼梯间的横墙上，或将小型预制钢筋混凝土平板直接支承在平台梁和楼梯间的纵墙上。楼梯按梯段结构形式不同，有装配板式楼梯(见图 3-89)和装配梁式楼梯(见图 3-90)两种。为减轻构件的重量，可以采用空心楼梯段。

3. 大型构件装配式楼梯

大型构件装配式楼梯，是把整个梯段和平台预制成一个构件。大型构件装配式楼梯的构件数量少，装配化程度高，施工速度快，但施工时需要大型的起重运输设备，主要用于大型装配式建筑中。

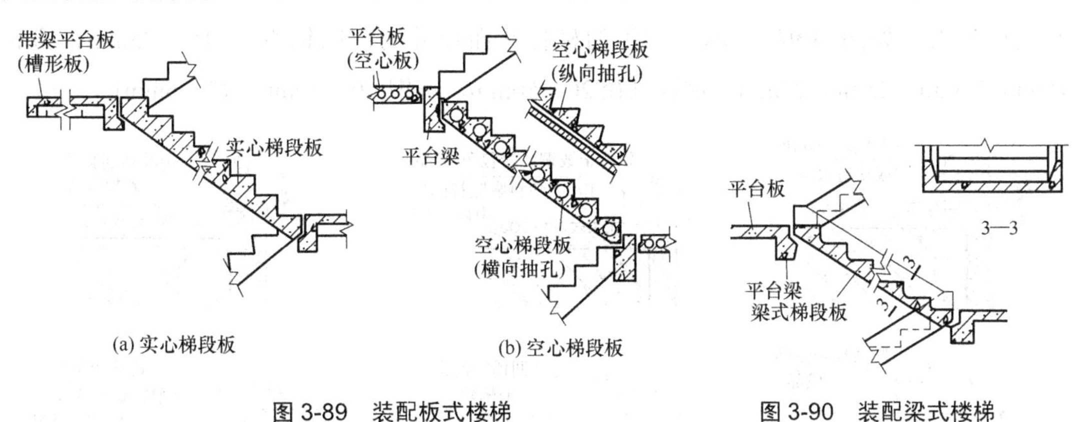

图 3-89　装配板式楼梯　　图 3-90　装配梁式楼梯

3.5.6　楼梯的细部构造

1. 踏步面层及防滑处理

楼梯是供人行走的，楼梯的踏步面层应便于行走，耐磨、防滑，便于清洁，同时注意美观。现浇式楼梯拆模后一般表面粗糙，不仅影响美观，更不利于行走，通常需做面层。踏步面层的材料视装修要求而定，常与门厅或走道的楼地面面层材料一致，常用的有水泥砂浆、水磨石、大理石和缸砖等，如图 3-91 所示。

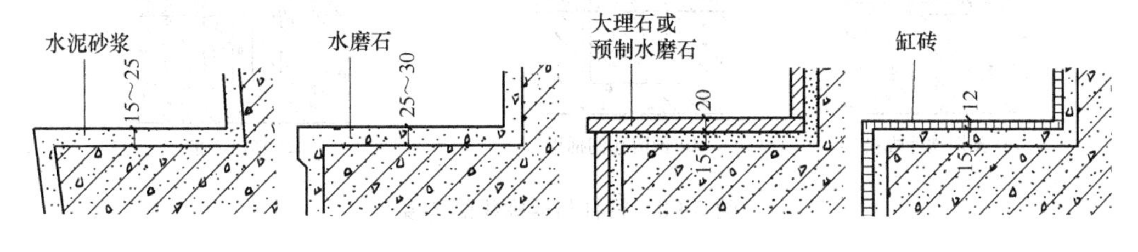

图 3-91　踏步面层材料

人流量大或踏步表面光滑的楼梯，为防止行人在行走时滑跌，踏步表面应采取防滑和耐磨措施，通常是在踏步踏口处做防滑条。防滑材料可采用铁屑水泥、金刚砂、橡胶条、金属条等。最简单的做法是做踏步面层时，留两三道凹槽，但使用中易被灰尘填满，防滑效果不够理想，故可将防滑条凸出踏步面约2mm。

防滑条或防滑凹槽的长度一般为踏步长度每边减去150mm。还可采用耐磨防滑的材料如缸砖、铸铁等做防滑包口，既防滑又起保护作用，如图3-92所示。对于标准较高的建筑，可铺地毯、防滑塑料或橡胶贴面，这种处理走起来有一定的弹性，行走舒适。

2. 栏杆、栏板和扶手构造

1) 栏杆

栏杆多用方钢、圆钢、扁钢等型材焊接或铆接成各种图案，既起防护作用，又有一定的装饰效果，如图3-94所示。常用的栏杆断面尺寸为：圆钢直径16～25mm，方钢15mm×15mm～25mm×25mm，钢管直径20～50mm，扁钢(30～50mm)×(3～6mm)。

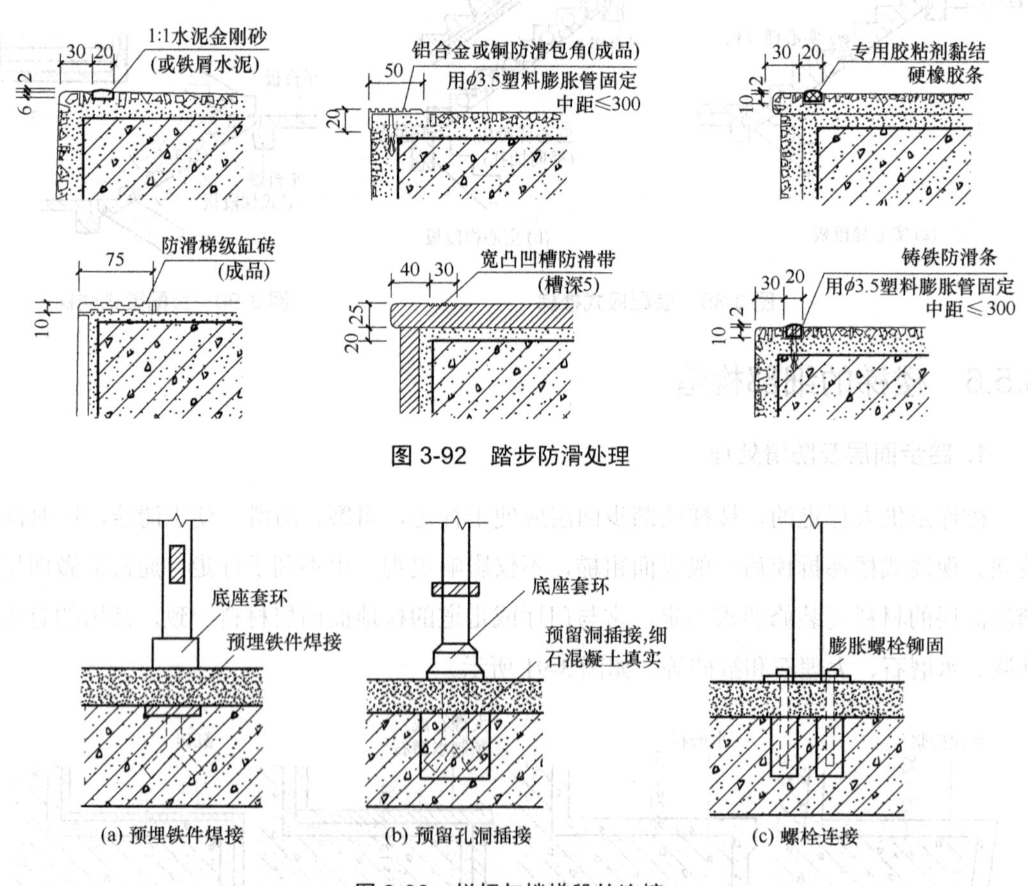

图3-92　踏步防滑处理

图3-93　栏杆与楼梯段的连接

栏杆与楼梯梯段应有可靠的连接，连接方法主要有：预埋铁件焊接，即将栏杆的立杆与梯段中预埋的钢板或套管焊接在一起；预留孔洞插接，即将栏杆的立杆端部做成开脚或倒刺，插入梯段预留的孔洞，用水泥砂浆或细石混凝土填实；螺栓连接等，如图3-93所示。

2)　栏板

用构造实体如钢筋混凝土、钢丝网水泥、有机玻璃、砖等做成的栏板，如图 3-94 所示。

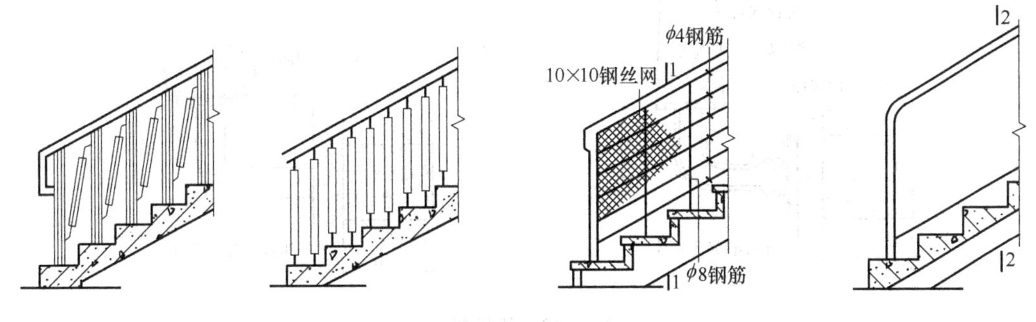

图 3-94　常见栏杆和栏板形式

3)　扶手

扶手一般采用硬木、塑料和金属材料制作。其中，硬木扶手常用于室内楼梯；室外楼梯的扶手则很少采用木料，以避免产生开裂或翘曲变形，金属和塑料是室外楼梯扶手常用的材料。

栏板顶部的扶手可用水泥砂浆或水磨石抹面而成，也可用大理石板、预制水磨石板或木板贴面制成。

楼梯扶手与栏杆应有可靠的连接，连接方法视扶手材料而定。硬木扶手与金属栏杆的连接，通常是在金属栏杆的顶部先焊接一根带小孔的通长扁铁，然后用木螺丝通过扁铁上的预留小孔，将木扶手和栏杆连接成整体；塑料扶手与金属栏杆的连接方法和硬木扶手类似，或塑料扶手通过预留的卡口直接卡在扁铁上；金属扶手与金属栏杆的连接多用焊接，如图 3-95 所示。

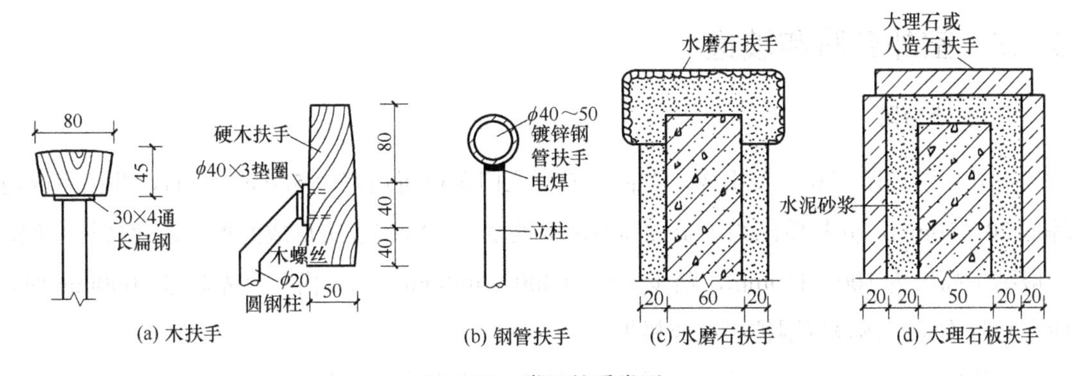

图 3-95　常见扶手类型

楼梯扶手有时必须固定在侧面的砖墙或混凝土柱上，如顶层安全栏杆扶手、休息平台护窗扶手、靠墙扶手等。扶手与砖墙连接时，一般是在砖墙上预留 120mm×120mm×120mm

的预留孔洞，将扶手或扶手铁件伸入洞内，用细石混凝土或水泥砂浆填实固牢，如图 3-96 所示。

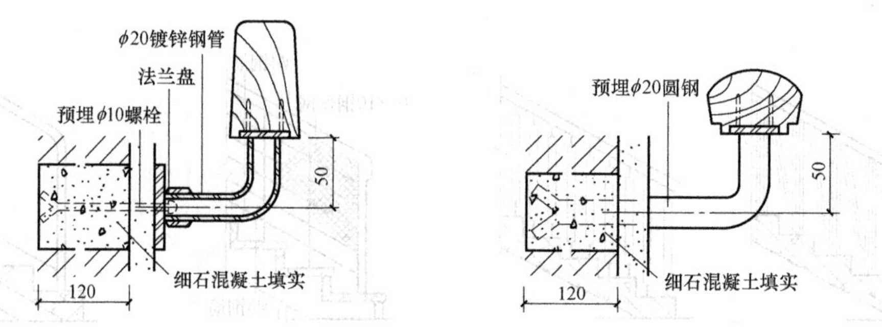

图 3-96　靠墙扶手

双跑楼梯在平台转向处，上行梯段和下行梯段的第一个踏步口常设在一条竖线上。如果平台栏杆紧靠踏步口设置扶手，顶部高度会突然变化，扶手需做成一个较大的弯曲线，即所谓鹤颈扶手，如图 3-97(a)所示。这种处理方法费工费料，使用不便，应尽量避免。常用方法有两种：一是将平台处的栏杆内移至距踏步口约半步的地方，如图 3-97(b)所示；二是将上下行楼梯段错开一步，如图 3-97(c)所示。采用这两种处理方法时，扶手连接都较顺畅。

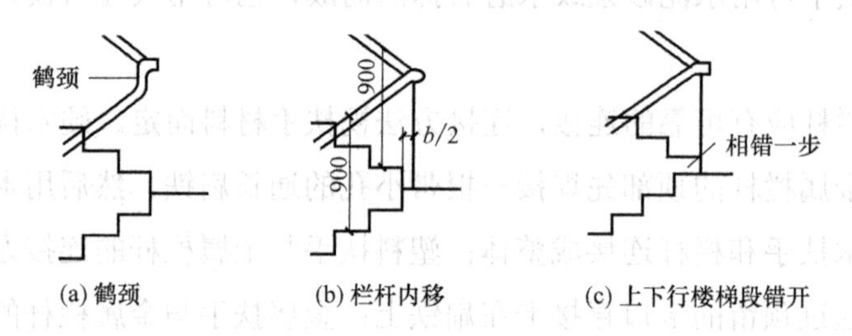

图 3-97　梯段转折处扶手的处理

3.5.7　室外台阶和坡道

1. 室外台阶

室外台阶由踏步和平台组成，平台一般应比门洞口每边宽出 500mm 左右，并比室内地坪低 20～50mm，向外做出约 1%～4%的排水坡度。台阶踏步所形成的坡度应比楼梯平缓，一般踏步高度为 100～150mm，踏步宽度为 300～400mm。当室内外高差超过 1000mm 时，应在台阶临空一侧设置围护栏杆或栏板。

台阶应等建筑物主体工程完工后再进行施工，并与主体结构之间留出约 10mm 的沉降缝。台阶的构造与地面相似，由面层、垫层、基层等组成。面层应采用水泥砂浆、混凝土、天然石材等耐候材料。在北方冰冻地区，室外台阶应考虑抗冻要求，面层选用抗冻、防滑的材料，并在垫层下设置非冻胀层或采用钢筋混凝土架空台阶，如图 3-98 所示。

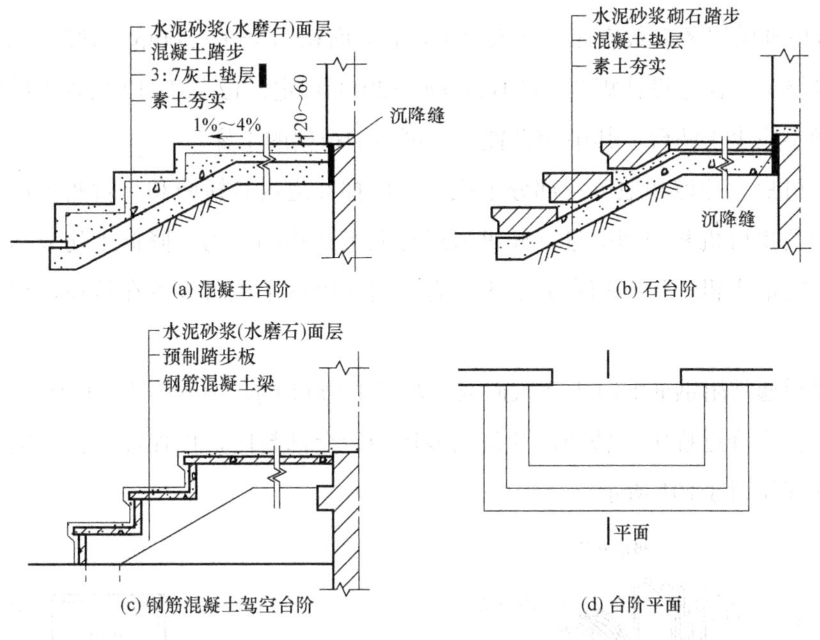

图 3-98　台阶构造

2. 坡道

室外门前为便于车辆进入及出于无障碍设计的考虑，常做坡道，也有台阶与坡道同时应用的。坡道既要便于车辆使用，又要便于行人，坡度过大会使行人不便，过小则占地过大，一般取 1∶6～1∶12，大于 1∶8 者须做防滑措施，一般做成锯齿形或加防滑条，如图 3-99 所示。无障碍设计的坡道坡度不应大于 1∶12。

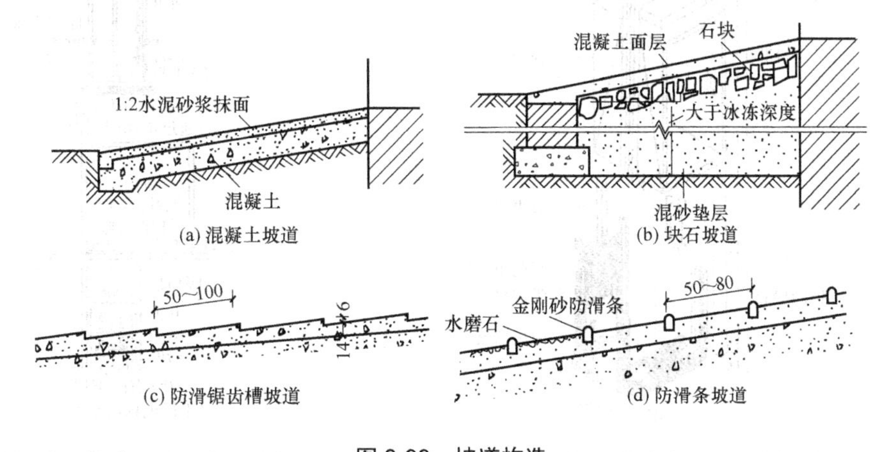

图 3-99　坡道构造

3.5.8　电梯

电梯是解决垂直交通的另一种措施，它运行速度快，可以节省时间和人力。大型宾馆、医院、商店、办公楼等公共建筑中常设置电梯。电梯的数量应该根据层数、人数和面积来确定。一台电梯的服务人数应在 400 人以上，服务面积为 450～500m²，建筑层数在 10 层以上则比较经济。《住宅设计规范》(GB 50096—2011)规定：12 层及 12 层以上的住宅，每栋楼设置电梯不应少于两台，其中应设置一台可容纳担架的电梯。

电梯由机房、井道和地坑三部分组成。在电梯井道内有轿厢和与轿厢相连的平衡锤，通过机房内的曳引机和控制屏进行操纵来运行人员和货物。为了降低土建成本，可采用无机房电梯，它的主机、控制箱在井道里。有机房的电梯主机可设置在楼顶，也有设置在底层的。

电梯井道通常用钢筋混凝土浇筑而成，如图 3-100 所示。在每层楼面应留出门洞，并设置专用门。在升降过程中，轿厢门和每层专用门应全部封闭，以保证安全。电梯机房的隔振、隔声处理如图 3-101 所示。

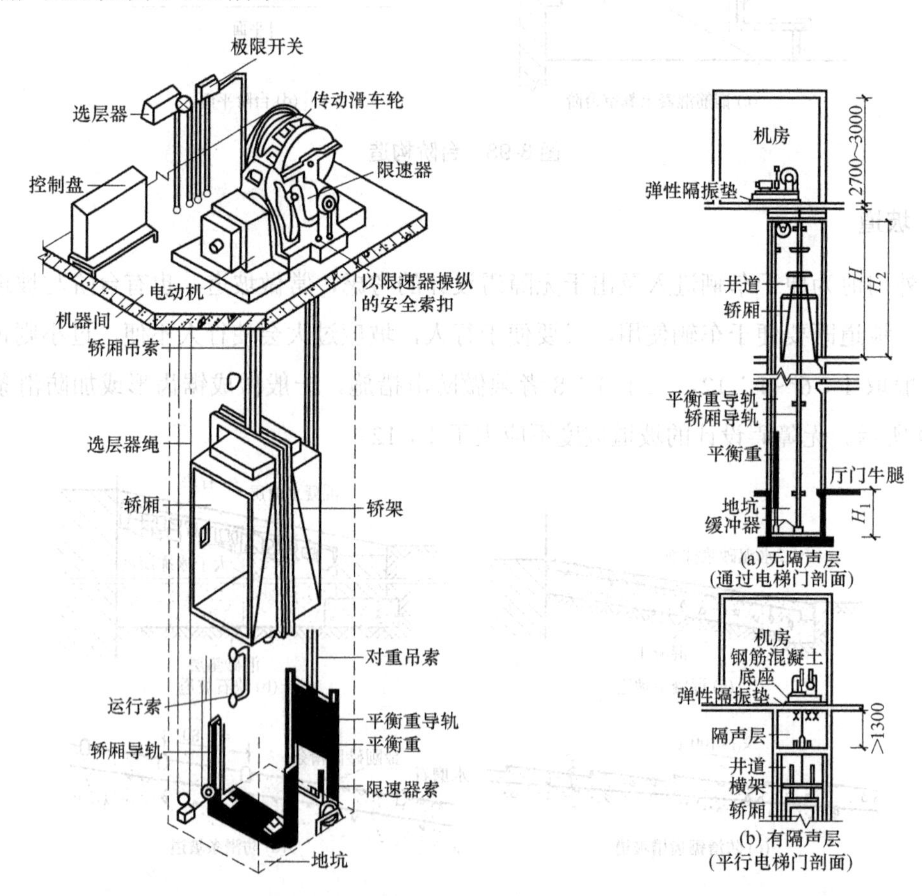

图 3-100　电梯井道内部透视图　　图 3-101　电梯机房隔振、隔声处理

3.6　屋　　面

3.6.1　屋面的设计要求

屋面是建筑最上层的承重和围护结构，针对屋面的使用功能，它应满足以下基本要求。

1. 具有良好的排水功能和阻止雨水侵入建筑物内的作用

排水是指利用水向下流的特性，不使水在防水层上积滞，尽快排除。防水是指利用防水材料的致密性、憎水性构成一道封闭的防线，隔绝水的渗透。因此，屋面排水可以减轻防水的压力，屋面防水又为排水提供了充裕的排除时间，防水与排水是相辅相成的。

2. 冬季保温，减少建筑物的热损失和防止结露

按我国建筑热工设计分区的设计要求，严寒地区必须满足冬季保温要求，寒冷地区应满足冬季保温要求，夏热冬冷地区应适当兼顾冬季保温要求。屋面应采用轻质、高效、吸水率低、性能稳定的保温材料，提高构造层的热阻；同时，屋面传热系数必须满足本地区建筑节能设计标准的要求，以减少建筑物的热损失。屋面大多数采用外保温构造，造成屋面的内表面大面积结露的可能性不大，结露主要出现在檐口、女儿墙与屋顶的连接处，因此对热桥部位应采取保温措施。

3. 夏季隔热，降低建筑物对太阳能辐射热的吸收

按我国建筑热工设计分区的设计要求，夏热冬冷地区必须满足夏季防热要求，夏热冬暖地区必须充分满足夏季防热要求。屋面应利用隔热、遮阳、通风、绿化等方法来降低夏季室内温度，也可采用适当的围护结构减少传入室内的太阳辐射。屋面若采用含有轻质、高效保温材料的复合结构，就比较容易达到所需的传热系数，而要达到较大的热惰性指标则很困难，因此屋面的结构形式和隔热性能亟待改善。屋面传热系数和热惰性指标必须满足本地区建筑节能设计标准的要求，在保证室内热环境的前提下，使夏季空调能耗得到控制。

4. 适应主体结构的受力变形和温差变形

屋面结构设计一般应考虑自重、雪荷载、风荷载、施工或使用荷载，结构层应保证屋面有足够的承载力和刚度；由于受到地基变形和温差变形的影响，建筑物除应设置变形缝外，屋面构造层必须采取有效措施。有关资料表明，导致防水功能失效的主要症结，是防水工程在结构荷载和变形荷载的作用下引起的变形，当变形受到约束时，就会引起防水主体的开裂。因此，屋面工程一要有抵抗外荷载和变形的能力，二要减少约束、适当变形，采取“抗”与“放”的结合尤为重要。

5. 承受风、雪荷载的作用不产生破坏

屋面系统在正常荷载引起的联合应力作用下，应能保持稳定；对金属屋面、采光顶来说，承受风、雪荷载必须符合现行国家标准《建筑结构荷载规范》(GB 50009)的有关规定，特别是屋面系统应具有足够的力学性能，使其能够抵抗由风力造成的压力、吸力和振动，而且应有足够的安全系数。

6. 具有阻止火势蔓延的功能

对屋面系统的防火要求，应依据法律、法规制定有关实施细则。在火灾情况下的安全性方面，屋面系统所用材料的燃烧性能和耐火极限必须符合现行国家标准《建筑设计防火规范》(GB 50016)的有关规定，屋面工程应采取必要的防火构造措施，保证防火安全。

7. 满足建筑外形美观和使用要求

建筑应具有物质和艺术的两重性，既要满足人们的物质需求，又要满足人们的审美要求。现代城市的建筑由于跨度大、功能多、形状复杂、技术要求高，传统的屋面技术已很难适应。随着人们对屋面功能要求的提高及新型建筑材料的发展，屋面工程设计突破了过去千篇一律的屋面形式。通过建筑造型所表达的艺术性，不应刻意表现烦琐、豪华的装饰，而应重视功能适用、结构安全、形式美观。

3.6.2 屋面的类型

屋面的类型很多，大体可以分为平屋面、坡屋面和其他形式的屋面，如图 3-102 所示。各种形式的屋面，其主要区别在于屋面坡度的大小。而屋面坡度又与屋面材料、屋面形式、地理气候条件、结构选型、构造方法、经济条件等多种因素有关。

1. 平屋面

坡度在 2%～5%范围内的屋面称为平屋面。最常用的是坡度为 2%～3%的屋面，这是目前应用最广泛的一种屋面形式。

2. 坡屋面

坡屋面通常是指屋面坡度在 10%以上的屋面。坡屋面是我国传统的屋面建筑形式，有着悠久的历史，常见形式有单坡顶、硬山及悬山顶、庑殿及歇山顶、卷棚顶、圆形或多角形攒尖顶等。

3. 其他形式的屋面

这类屋面坡度变化大，大多应用于有特殊要求的建筑中。例如人数众多且集中使用的

体育场馆、展览馆等需要大跨度开敞空间的公共建筑，如仍采用梁式结构和框架式结构的屋面形式，屋面梁的截面尺寸会随着跨度而增大，从而增加材料用量和屋面自重，经济上很不合理。这时就应考虑采用其他形式的屋面，如拱屋顶、折板屋顶、薄壳屋顶、悬索屋顶、网架屋顶、膜结构屋顶等。

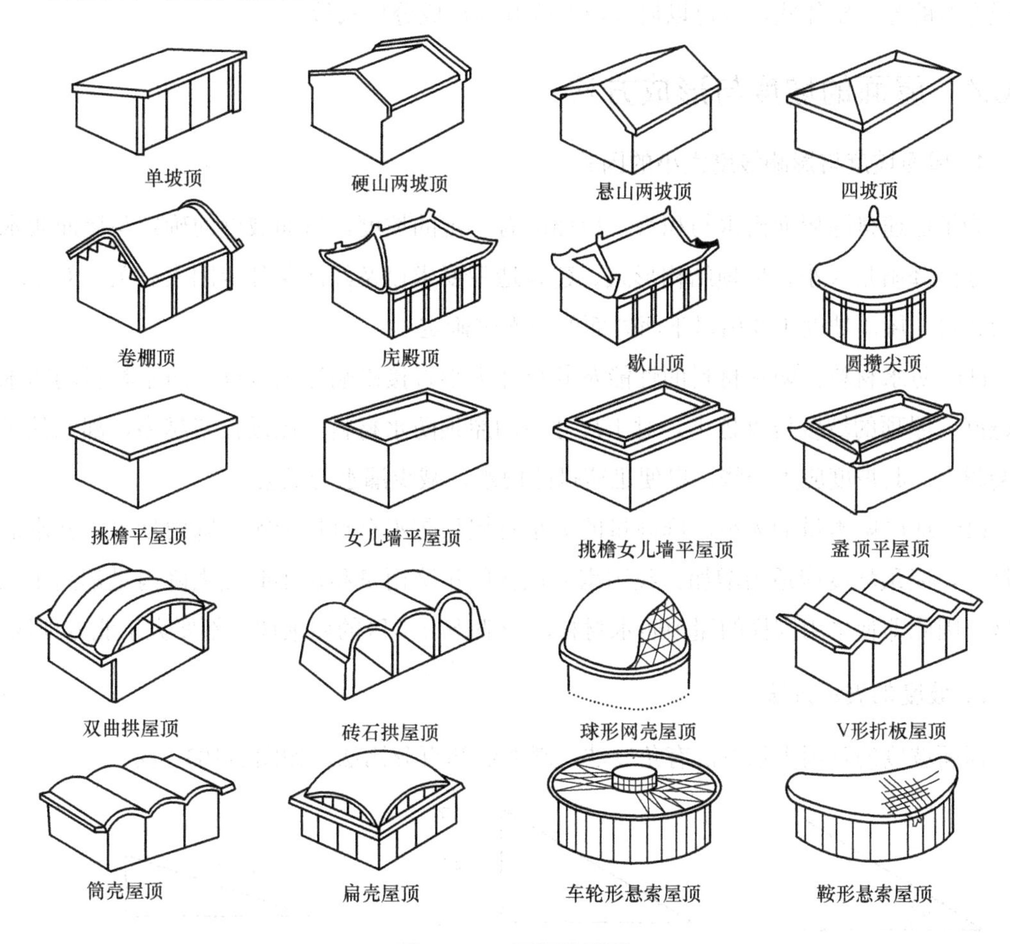

图 3-102　屋面的类型

3.6.3　屋面的构造层次

屋面的基本构造层次包括屋面层、承重结构及顶棚。

1. 屋面层

坡屋面的屋面层包括瓦、挂瓦条、卷材等部分，平屋面的屋面层则包括防水层、保温层或钢筋混凝土面层、防水砂浆面层等。

2. 承重结构

坡屋面的承重结构包括屋架、檩条、椽条等部分，平屋面的承重结构可采用钢筋混凝土屋面板、加气混凝土屋面板等。

3. 顶棚层

顶棚是将饰面层喷、刷、粘贴或悬吊在楼板结构上而形成的。顶棚的饰面层可形成平直或弯曲的连续整体式，也可以局部降低或升高形成分层式等。

3.6.4 屋面的坡度与形成方法

1. 屋面坡度与影响坡度大小的因素

为了迅速排除屋面雨水与积雪，屋面应有一定的坡度。屋面坡度的确定与屋面防水材料、地区降雨量大小、屋顶结构形式、建筑造型要求以及经济条件等因素有关。对于一般民用建筑，屋面坡度主要由以下两方面的因素来确定。

(1) 防水材料。防水材料的性能及其尺寸大小直接影响屋顶坡度。防水材料的防水性能越好，屋顶的坡度可以越小。对于尺寸小的屋顶防水材料，屋顶接缝越多，漏水的可能性会越大，其坡度应大一些，以便迅速排除雨水，减少漏水的机会。

(2) 地区降雨量的大小。降雨量的大小对屋顶防水有直接影响，降雨量大，漏水的可能性大，屋顶坡度应适当增加。我国南方地区的年降雨量和每小时最大降雨量都高于北方地区，因此即使采用同样的屋顶防水材料，一般南方地区的屋顶坡度都要大于北方地区。

2. 坡度的表示方法

屋面坡度的常用表示方法有角度法、斜率法和百分比法，如图 3-103 所示。

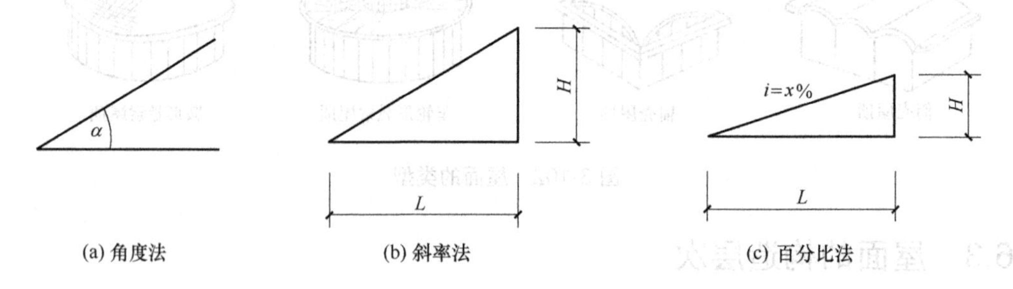

(a) 角度法　　(b) 斜率法　　(c) 百分比法

图 3-103　屋面坡度的表示方法

角度法是以倾斜屋面与水平面的夹角表示，如α=30°，多用于有较大坡度的坡屋面，目前在工程中较少采用；斜率法是以屋面高度与坡面的水平投影长度之比表示，如 H/L=1/4，可用于坡屋面；百分比法是以屋面高度与坡面的水平投影长度的百分比表示，如 i=5%，多用于平屋面。

3. 形成屋面坡度的方法

形成屋面排水坡度的常用方法有材料找坡和结构找坡，如图 3-104 所示。

(1) 材料找坡，又称垫置坡度或填坡，是指将屋面板水平搁置，然后在屋面板上采用轻质材料铺垫而形成屋面坡度的一种做法。常用的找坡材料有水泥炉渣、石灰炉渣等；找坡坡度宜为 2%左右，找坡材料最薄处一般应不小于 30mm。材料找坡的优点是可以获得水平的室内顶棚面，空间完整，便于直接利用；缺点是找坡材料增加了屋面自重。如果屋面有保温要求，可利用屋面保温层兼作找坡层。目前这种做法被广泛采用。

(2) 结构找坡，又称搁置坡度或撑坡，是指将屋面板倾斜地搁置在下部的承重墙或屋面梁及屋架上而形成屋面坡度的一种做法。这种做法不需另加找坡层，屋面荷载小，施工简便，造价经济，但室内顶棚是倾斜的，故常用于室内设有吊顶棚或对室内美观要求不高的建筑中。

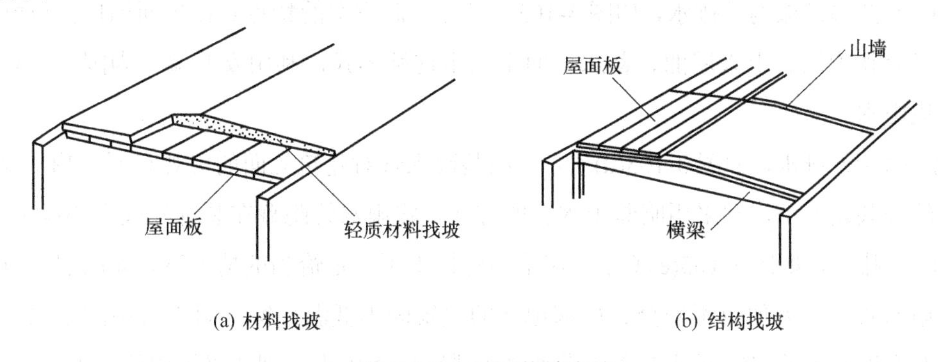

图 3-104　屋面找坡方法

3.6.5　平屋面构造设计

1. 平屋面的排水设计

除了选择合理的屋面坡度外，恰当的排水方案和周密的排水设计才能保证将屋面雨水迅速地进行排除。屋面排水方式分为无组织排水和有组织排水两大类。

1)　无组织排水

无组织排水又称自由落水，是指屋面雨水从屋脊排至檐口，自由落下到室外地面的一种排水方式。这种做法具有构造简单、造价低廉的优点，但屋面雨水自由落下会溅湿墙面，外墙墙脚常被飞溅的雨水侵蚀，影响外墙的坚固耐久。因此这种做法主要适用于少雨地区或一般低层建筑，不宜用于临街建筑和高度较高的建筑。

2)　有组织排水

有组织排水是指屋面雨水通过排水系统的天沟、集水口、雨水管等，有组织地将雨水排至地面或地下管沟的一种排水方式。有组织排水又分为外排水和内排水两种。一般情况下多采用外排水方式，但对于寒冷地区、高层建筑、多跨房屋的中间跨及积水面积较大的屋面，则宜采用内排水方式。

有组织排水虽然构造复杂，造价相对较高，但是减少了雨水对建筑物的不利影响，因而在屋面工程中应用广泛。下面介绍几种具体的有组织排水方案。

(1) 挑檐沟外排水，如图 3-105(a)所示。屋面雨水汇集到悬挑在墙外的檐沟内，再由雨水管排下。当建筑物出现高低屋面时，可先将高处屋面的雨水排至低处屋面，然后从低处屋面的挑檐沟引入地下。采用挑檐沟外排水方案时，水流路线的水平距离不应超过 24m，以免造成屋面渗漏。

(2) 女儿墙外排水，如图 3-105(b)所示。当建筑造型不希望出现挑檐时，通常将外墙升起封住屋面，高于屋面的这部分外墙称为女儿墙。此方案的特点是屋面雨水在屋面汇集，需穿过女儿墙流入室外的雨水管。

(3) 女儿墙挑檐沟外排水，如图 3-105(c)所示。此方案的特点是在屋面檐口部位既有女儿墙，又有挑檐沟。上人屋面、蓄水屋面常采用这种形式，利用女儿墙作为围护，利用挑檐沟汇集雨水。

(4) 暗管外排水，如图 3-105(d)所示。明装雨水管对建筑立面的美观有所影响，故在一些重要的公共建筑中，常采用暗装雨水管的方式，将雨水管隐藏在装饰柱或空心墙中。

(5) 内排水，如图 3-105(e)所示。在采用外排水不一定恰当的情况下，如高层建筑因维修室外雨水管既不方便也不安全、严寒地区的建筑因为低温使室外雨水管中的雨水冻结、某些屋面宽度较大的建筑无法完全依靠外排水排除屋面雨水，则要采用内排水方案。

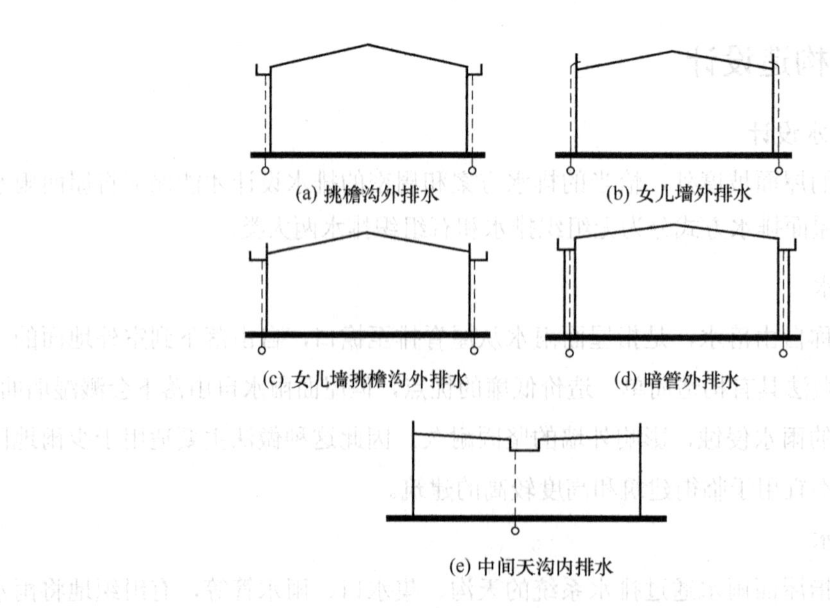

图 3-105　有组织排水方案

3)　屋面排水组织设计

屋面排水组织设计就是把屋面划分成若干个排水区，将各区的雨水分别引向各雨水管，使排水线路短捷，雨水管负荷均匀，排水顺畅，因此屋面须有适当的排水坡度，设置必要的天沟、雨水管和雨水口，并合理地确定这些排水装置的规格、数量和位置，最后将它们标绘在屋顶平面图上。屋面排水组织设计的具体步骤如下。

(1)　划分排水区域。

划分排水区域的目的是便于均匀地布置雨水管。排水区域的大小一般按一个雨水口负担 200m^2 屋面面积的雨水考虑，屋面面积按水平投影面积计算。

(2)　确定排水坡面的数目。

一般情况下，当平屋面的屋面深度小于 12m 时，可采用单坡排水，或临街建筑常采用单坡排水；进深较大时，为了不使水流的路线过长，宜采用双坡排水。坡屋面则应结合造型要求选择单坡、双坡或四坡排水。

(3)　确定天沟断面大小和天沟纵坡的坡度值。

天沟即屋面上的排水沟，位于外檐边的天沟又称檐沟。天沟的功能是汇集和迅速排除屋面雨水，故其断面大小应恰当，其净断面尺寸应根据降雨量和汇水面积的大小来确定。一般建筑的天沟净宽不应小于 200mm，天沟上口至分水线的距离不应小于 120mm。天沟底沿长度方向应设纵向排水坡，简称天沟纵坡。天沟纵坡的坡度通常为 0.5%～1%。

(4)　确定雨水管所用材料、大小及间距。

传统的雨水管所用材料有铸铁、镀锌铁皮、石棉水泥和陶土等几种，由于耐久性和安装等原因，已经逐渐被塑料管所替代。塑料雨水管的管径有 50mm、75mm、100mm、125mm、150mm、200mm 等规格。一般民用建筑常用管径 75～100mm 的雨水管，面积小于 25m^2 的露台和阳台可选用管径 50mm 的雨水管。

雨水管应尽量均匀布置，充分发挥其排水能力。两个雨水口(雨水管)之间的距离，一般不宜大于表 3-8 中的规定。

表 3-8　两个雨水口(即雨水管)的间距　　单位：m

外 排 水		内 排 水	
有外檐天沟	无外檐天沟	明装雨水管	暗装雨水管
24	5	15	15

(5)　绘制屋顶平面图。

屋顶平面图中应标明排水分区、排水坡度、雨水管位置、穿出屋顶的突出物的位置等，如图 3-106 所示。

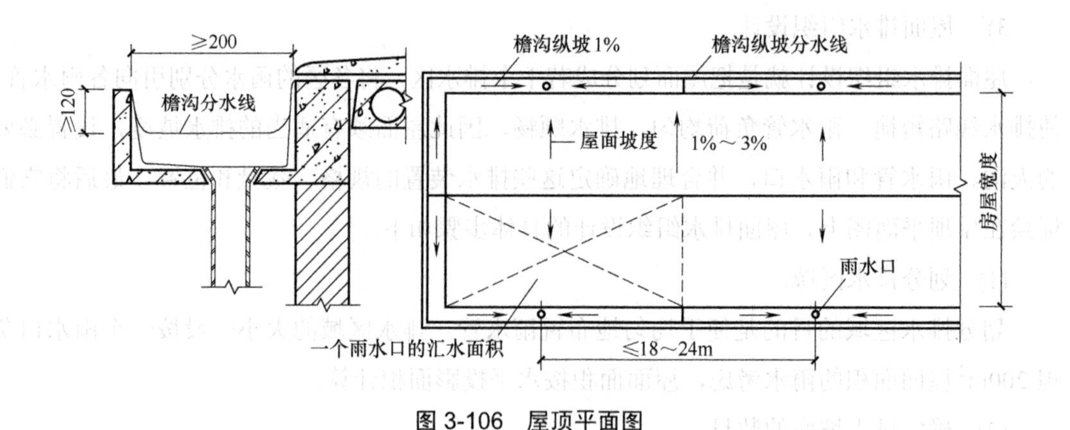

图 3-106　屋顶平面图

2. 平屋面的防水设计

屋面在处理防水问题时，应兼顾“导”和“堵”两个方面。所谓“导”，就是按照屋面防水材料的不同要求，设置合理的排水坡度，使得降于屋面的雨水因势利导地排离屋面，以达到防水的目的。所谓“堵”，就是要采用屋面防水材料上下左右相互搭接，形成一个封闭的防水覆盖层，以达到防水的目的。在屋面防水的构造设计中，“导”和“堵”总是相辅相成和相互关联的。

屋面防水工程应根据建筑物的类别、重要程度、使用功能要求确定防水等级，并应按相应等级进行防水设防；对防水有特殊要求的建筑屋面，应进行专项防水设计。按照现行《屋面工程技术规范》(GB 50345—2012)的规定，屋面防水等级和设防要求应符合表 3-9 的规定。

表 3-9　屋面防水等级和设防要求

防水等级	建筑类别	设防要求
Ⅰ级	重要建筑和高层建筑	两道防水设防
Ⅱ级	一般建筑	一道防水设防

根据防水材料的不同，防水屋面分为卷材防水屋面、涂膜防水屋面等。原规范《屋面工程技术规范》(GB 50345—2004)中提出的刚性防水屋面由于在大量工程实践中渗漏率相对较高，所以现已不能作为屋面的一道防水层。

1)　卷材防水屋面

卷材防水屋面是利用防水卷材与黏结剂结合，形成连续致密的构造层来防水的一种屋面。由于屋面防水层具有一定的延伸性和适应变形的能力，因此被称为柔性防水屋面。卷材防水屋面较能适应温度、振动、不均匀沉陷等因素的变化作用，整体性好，不易渗漏，但施工操作较为复杂，技术要求较高。

(1) 卷材防水屋面的材料。

① 高聚物改性沥青类防水卷材。高聚物改性沥青类防水卷材是以高分子聚合物改性沥青为涂盖层，纤维织物或纤维毡为胎体，粉状、粒状、片状或薄膜材料为覆面材料制成的可卷曲片状防水材料，如 APP 改性沥青防水卷材、自粘聚合物改性沥青防水卷材(聚酯胎)。

② 合成高分子类防水卷材。凡以各种合成橡胶、合成树脂或两者的混合物为主要原料，加入适量化学辅助剂和填充料加工制成的弹性或弹塑性卷材，均称为高分子防水卷材。常见的有三元乙丙橡胶防水卷材、氯化聚乙烯橡胶共混防水卷材、聚氯乙烯防水卷材等。高分子防水卷材具有重量轻、适用温度范围宽(−20～80℃)、耐候性好、抗拉强度高(2～18.2MPa)、延伸率大(＞45%)等优点，近年来已越来越多地用于各种防水工程中。

每道卷材防水层的最小厚度应符合表 3-10 的规定。

表 3-10　卷材防水层最小厚度要求　　单位：mm

防水等级	合成高分子类防水卷材	高聚物改性沥青类防水卷材		
		聚酯胎、玻纤胎、聚乙烯胎	自粘聚酯胎	自粘无胎
Ⅰ级	1.2	3.0	2.0	1.5
Ⅱ级	1.5	4.0	3.0	2.0

(2) 卷材防水屋面的构造层次。

卷材防水屋面的基本构造层次按其作用划分，有结构层、找坡层、找平层、结合层、防水层、保护层等。

① 结构层。柔性防水屋面的结构层通常为预制或现浇的钢筋混凝土屋面板。对于结构层的要求是必须有足够的强度和刚度。

② 找坡层。这一层只有当屋面采用材料找坡时才设。通常的做法是在结构层上铺垫 1∶(6～8)的水泥焦渣或水泥膨胀蛭石等轻质材料来形成屋面坡度。

③ 找平层。防水卷材应铺贴在平整的基层上，否则卷材会发生凹陷或断裂，所以在结构层或找坡层上必须先做找平层。找平层可选用水泥砂浆、细石混凝土等，厚度视防水卷材的种类和基层情况而定。找平层宜设分格缝，分格缝也叫分仓缝，是为了防止屋面不规则裂缝以适应屋面变形而设置的人工缝。分格缝的缝宽一般为 20mm，且缝内应嵌填密封材料。分格缝应留在板端缝处，采用水泥砂浆或细石混凝土时，其纵横缝的最大间距不宜大于 6m。

④ 结合层。为了避免卷材层内部残留空气或湿气，在太阳的辐射下膨胀而形成鼓泡，导致卷材皱折或破裂，应在卷材防水层与基层之间设置蒸汽扩散的通道，故在工程实际操作中，通常将卷材黏结剂涂成点状(俗称花油法，见图 3-107(a))或条状(见图 3-107(b))，然后铺贴首层卷材。

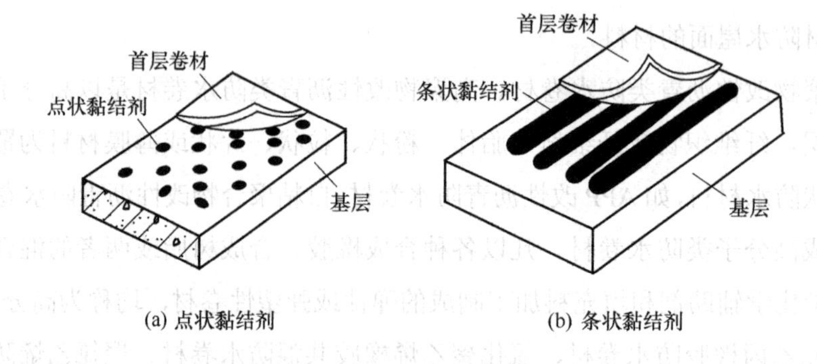

图 3-107 结合层示意

⑤ 防水层。卷材防水层施工时，应先进行细部构造处理，然后由屋面最低标高向上铺贴。檐沟、天沟卷材施工时，宜沿檐沟、天沟方向铺贴，搭接缝应顺水流方向。卷材宜平行于屋脊铺贴，上下层卷材不得相互垂直铺贴。防水卷材接缝应采用搭接缝，搭接宽度应符合表 3-11 中的规定。

表 3-11 防水卷材搭接宽度

单位：mm

卷材类别		搭接宽度
合成高分子类防水卷材	胶粘剂	80
	胶粘带	50
	单焊缝	60，有效焊接宽度不小于 25
	双焊缝	80，有效焊接宽度=10×2+空腔宽
高聚物改性沥青类防水卷材	胶粘剂	100
	自粘	80

⑥ 保护层。上人屋面保护层可采用块体材料、细石混凝土等材料，不上人屋面保护层可采用浅色涂料、铝箔、矿物粒料、水泥砂浆等材料。保护层材料的适用范围和技术要求见表 3-12 中的规定。

表 3-12 保护层材料的适用范围和技术要求

保护层材料	适用范围	技术要求
浅色涂料	不上人屋面	丙烯酸系反射涂料
铝箔	不上人屋面	0.05mm 厚铝箔反射膜
矿物粒料	不上人屋面	不透明的矿物粒料
水泥砂浆	不上人屋面	20mm 厚 1：2.5 或 M15 水泥砂浆
块体材料	上人屋面	地砖或 30mm 厚 C20 细石混凝土预制块
细石混凝土	上人屋面	40mm 厚 C20 细石混凝土或 50mm 厚 C20 细石混凝土内配$\phi 4$@100 双向钢筋网片

(3) 卷材防水屋面的细部构造。

细部构造是指为保证卷材防水屋面的防水性能，对可能造成的防水薄弱环节所采取的加强措施，主要包括屋面上的泛水、天沟、水落口、檐口、变形缝等处的细部构造。

① 泛水构造。泛水指屋顶上沿所有垂直面所设的防水构造。突出于屋面之上的女儿墙、烟囱、楼梯间、变形缝、检修孔、立管等的壁面与屋面的交接处是最容易漏水的地方，必须将屋面防水层延伸到这些垂直面上，形成垂直铺设的防水层，称为泛水，如图 3-108 所示。

在屋面与垂直面交接处的水泥砂浆找平层应抹成直径不小于 150mm 的圆弧形或 45°斜面，上刷卷材黏结剂。屋面的卷材防水层继续铺至垂直面上，在弧线处使卷材铺贴牢实，以免卷材架空或折断，直至泛水高度不小于 250mm 处形成卷材泛水，其上再加铺一层附加卷材。做好泛水上口的卷材收头固定，防止卷材在垂直墙面上下滑动渗水。可在垂直墙中预留凹槽或凿出通长凹槽，将卷材的收头压入槽内，用防水压条钉压后再用密封材料嵌填封严，外抹水泥砂浆保护。凹槽上部的墙体则用防水砂浆抹面。

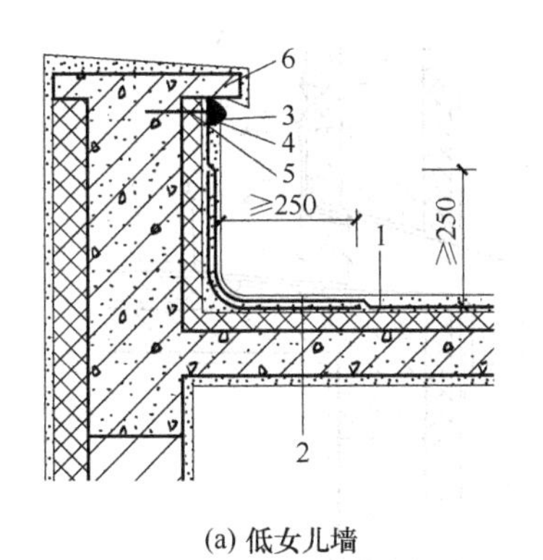

(a) 低女儿墙

1— 防水层；2— 附加层；3— 密封材料；
4— 金属压条；5— 水泥钉；6— 压顶

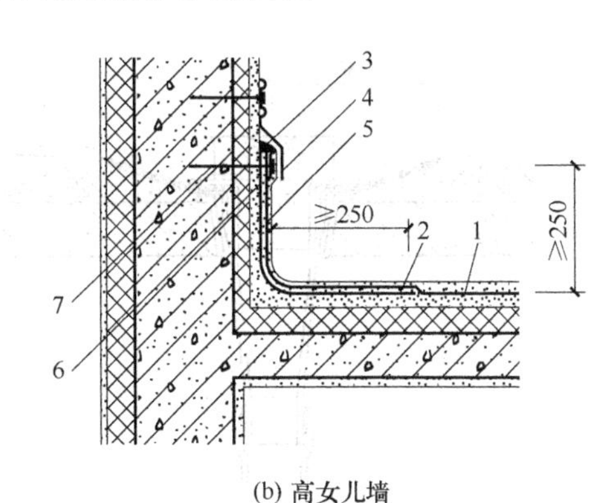

(b) 高女儿墙

1— 防水层；2— 附加层；3— 密封材料；
4— 金属盖板；5— 保护层；6— 金属压条；7— 水泥钉

图 3-108　泛水构造

② 挑檐口构造。挑檐口构造分为无组织排水和有组织排水两种做法，如图 3-109 所示。无组织排水的檐口卷材收头应固定密封，在距檐口卷材收头 800mm 范围内，卷材应采取满粘法。有组织排水在檐沟与屋面交接处应增铺附加层，且附加层宜空铺，空铺宽度应为 200mm，卷材收头应密封固定，同时檐口饰面要做好滴水。有女儿墙时，女儿墙顶部通常应做混凝土压顶，并设有坡度坡向屋面。

③ 水落口构造。水落口有直式水落口和横式水落口两种，如图 3-110 所示。直式水落口用于外檐沟排水或内排水。横式水落口用于女儿墙外排水。重力式排水的水落口可采用塑料或金属制品，水落口的金属配件均应做防锈处理；水落口杯应牢固地固定在承重结构上，其埋设标高应根据附加层的厚度及排水坡度加大的尺寸确定；水落口周围直径 500mm 范围内的坡度不应小于 5%，防水层下应增设涂膜附加层；防水层和附加层伸入水落口杯内

不应小于 50mm，并应黏结牢固。

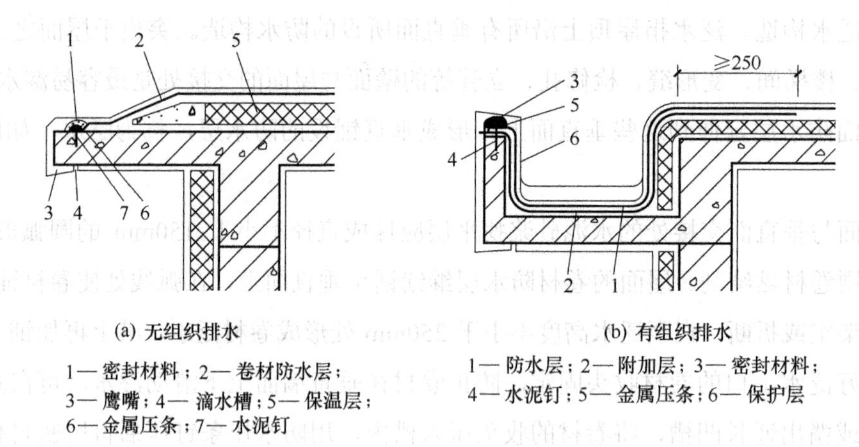

(a) 无组织排水

1— 密封材料；2— 卷材防水层；
3— 鹰嘴；4— 滴水槽；5— 保温层；
6— 金属压条；7— 水泥钉

(b) 有组织排水

1— 防水层；2— 附加层；3— 密封材料；
4— 水泥钉；5— 金属压条；6— 保护层

图 3-109　挑檐口构造

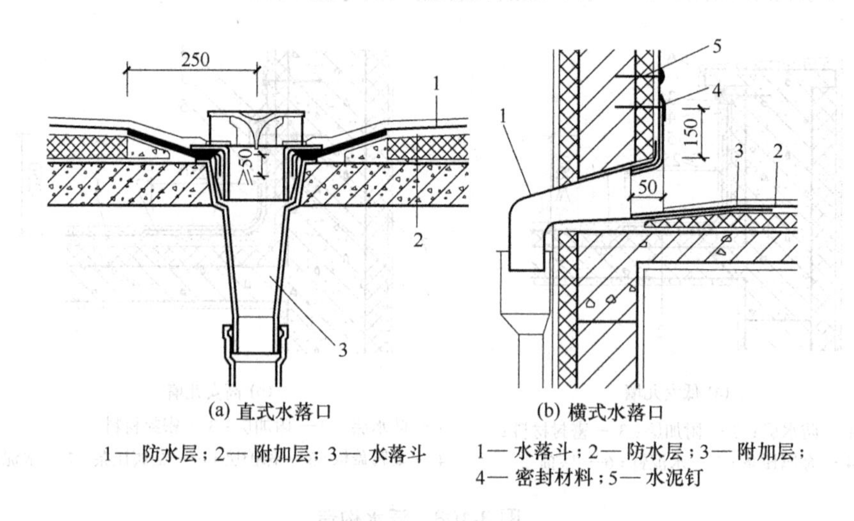

(a) 直式水落口

1— 防水层；2— 附加层；3— 水落斗

(b) 横式水落口

1— 水落斗；2— 防水层；3— 附加层；
4— 密封材料；5— 水泥钉

图 3-110　水落口防水构造

④　屋面检修孔、屋面出入口构造，如图 3-111 所示。不上人屋面须设屋面检修孔。检修孔四周的孔壁可用砖立砌，在现浇屋面板时可用混凝土上翻制成，其高度一般为 300mm，壁外侧的防水层应做成泛水并将卷材用镀锌铁皮盖缝钉压牢固。直达屋面的楼梯间，室内应高于屋面，若不满足时应设门槛，屋面与门槛交接处的构造可参考泛水构造。

2)　涂膜防水屋面

涂膜防水屋面是采用可塑性和黏结力较强的高分子防水涂料，直接涂刷在屋面上，形成一层满铺的不透水薄膜层，以达到屋面防水的目的。涂膜防水屋面具有防水、抗渗、黏结力强、耐腐蚀、耐老化、延伸率大、弹性好、不延燃、无毒、施工方便等优点，已广泛应用于建筑各部位的防水工程中。

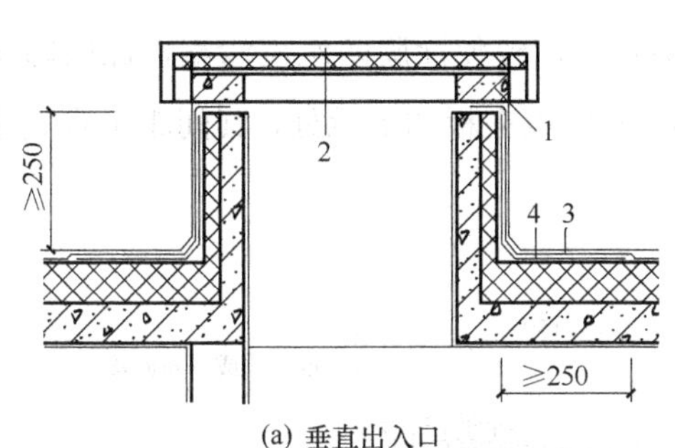

(a) 垂直出入口

1—混凝土压顶圈；2—上人孔盖；3—防水层；4—附加层

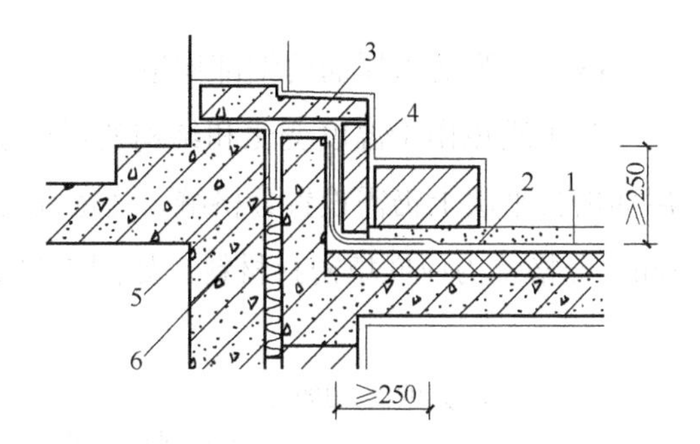

(b) 水平出入口

1—防水层；2—附加层；3—踏步；4—护墙；
5—防水卷材封盖；6—不燃保温材料

图 3-111　屋面出入口构造

(1) 涂膜防水屋面的材料。

应用于涂膜防水屋面的材料主要有各种涂料和胎体增强材料两大类。

① 涂料。防水涂料的种类很多，根据其溶剂或稀释剂的类型可分为溶剂型、水溶型、乳液型等。涂料的硬化机理可分为两类：一类是将涂料用水或溶剂溶解后在基层上涂刷，通过水或溶剂蒸发使涂料干燥硬化；另一类是通过材料的化学反应使涂料硬化。

② 胎体增强材料。某些防水涂料(如氯丁胶乳沥青涂料)需要与胎体增强材料(即所谓的布)配合，以增强涂层的贴附覆盖能力和抗变形能力。目前使用较多的胎体增强材料为玻璃纤维网格布或中碱玻璃布、聚酯无纺布。

(2) 涂膜防水屋面的构造层次。

① 结构层和找坡层。在涂膜防水屋面中，结构层和找坡层的做法均与卷材防水屋面相同。

② 找平层和结合层。为使防水层的基层具有足够的强度和平整度，找平层通常为25mm 厚 1∶2.5 水泥砂浆，并且为保证防水层与基层黏结牢固，结合层应选用与防水涂料相同的材料，经稀释后满刷在找平层上。

③ 防水层。涂膜防水屋面防水层的涂刷应分多次进行。对于乳剂型防水材料，应采用网状织布层如玻璃布等，可使涂膜均匀，一般手涂三遍可做成 1.2mm 的厚度；对于溶剂型防水材料，手涂一次可涂 0.2～0.3mm，干后重复涂 4～5 次，可做成 1.2mm 以上的厚度。

④ 保护层。涂膜的表面一般应撒细砂作为保护层。为防太阳辐射影响及色泽需要，可适量加入银粉或颜料，起着色和加强保护的作用。上人屋面一般要在防水层上涂抹一层5～10mm 厚且黏结性好的聚合物水泥砂浆，干燥后再抹水泥砂浆面层。

(3) 涂膜防水屋面的细部构造。

为了避免由于温度变化和结构变形而引起基层开裂，致使涂膜防水层渗漏，涂膜防水屋面的找平层上仍需设置分格缝，缝宽宜为20mm，并留设在板的支承处，其间距不宜大于6m，分格缝内应嵌填密封材料，如图3-112所示。

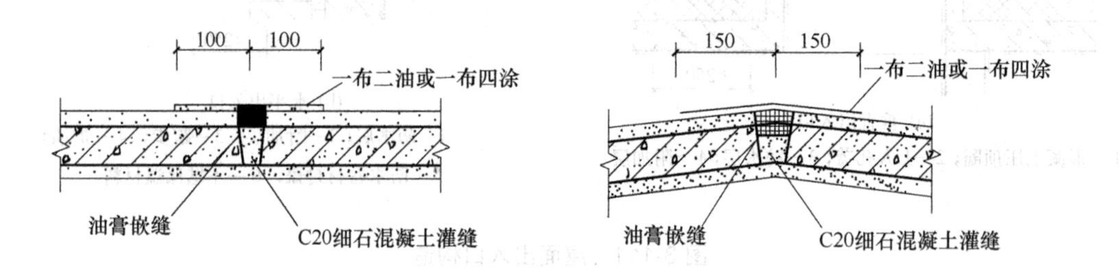

图3-112　涂膜防水分格缝

3. 平屋面的保温与隔热设计

1) 屋面保温

在北方寒冷地区或装有空调设备的建筑中，冬季室内采暖时，室内温度高于室外，热量会通过围护结构向外散失。为了防止室内热量过多、过快地散失，需在围护结构中设置保温层以提高屋面的热阻，使室内有一个舒适的环境。保温层的材料和构造方案是根据使用要求、气候条件、屋顶的结构形式、防水处理方法、材料种类、施工条件、整体造价等因素，经综合考虑后确定的。

(1) 屋面保温材料的类型。

保温层应根据屋面所需传热系数或热阻选择吸水率低、密度和导热系数小，并有一定强度的保温材料，保温层及其保温材料应符合表3-13的规定。

表3-13　保温层及其保温材料

保 温 层	保温材料
板状保温材料层	聚苯乙烯泡沫塑料，硬质聚氨酯泡沫塑料，膨胀珍珠岩制品，泡沫玻璃制品，加气混凝土砌块，泡沫混凝土砌块
纤维材料保温层	玻璃棉制品，矿棉、矿渣棉制品
整体材料保温层	喷涂硬泡聚氨酯，现浇泡沫混凝土

(2) 屋面保温层的位置。

① 保温层设在防水层的下面。保温层设在防水层的下面称为“正铺法”，如图3-113(a)所示。这是目前广泛采用的一种形式。

② 保温层设在防水层的上面。保温层设在防水层的上面称“倒铺法”，如图3-113(b)

所示。其优点是防水层受到保温层的保护，不受阳光和室外气候以及自然界的各种因素的直接影响，耐久性增强。由于保温层设在防水层之上，因而对保温层有一定的要求，应选用吸湿性小和耐气候性强的材料，如聚苯乙烯泡沫塑料板、聚氨酯泡沫塑料板等。加气混凝土板和泡沫混凝土板由于吸湿性强，故不宜选用。保温层需加强保护，应选择有一定荷载的大粒径石子或混凝土作为保护层，保证保温层不因下雨而“漂浮”。

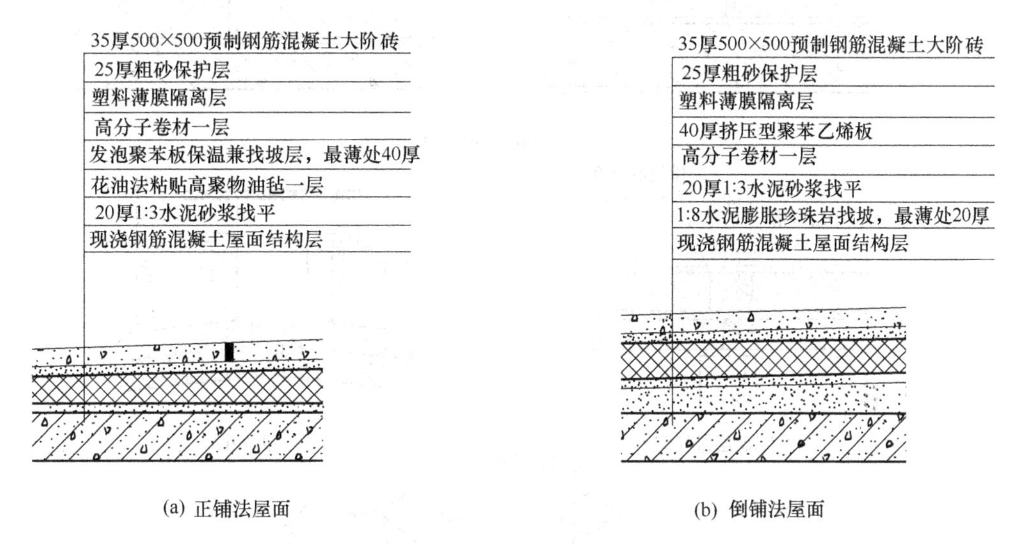

(a) 正铺法屋面　　(b) 倒铺法屋面

图 3-113　屋面保温层的位置

(3)　屋面保温的细部构造。

正铺法保温卷材屋面中，常常由于室内水蒸气会上升而进入保温层，致使保温材料受潮，降低保温效果，为避免蒸汽渗入保温层引起保温层的破坏，可采取以下措施：设置隔气层和排气道，如图 3-114 所示。

2)　屋面隔热

南方炎热地区，在夏季太阳辐射和室外气温的综合作用下，将从屋面传入室内大量热量，影响室内热环境。屋面隔热降温的基本原理是设法减少太阳辐射热对屋面的热作用，有效降低屋面内表面温度。屋面隔热层设计应根据地域、气候、屋面形式、建筑环境、使用功能等条件，采取种植、架空和蓄水等隔热措施。

(1)　种植隔热屋面。

种植隔热屋面是在屋顶上种植植物，利用植物的蒸腾和光合作用吸收太阳辐射热，从而达到降温隔热的目的，如图 3-115 所示。

种植隔热屋面的设计要点如下。

①　种植隔热屋面的构造层次应包括植被层、种植土层、过滤层和排水层等。

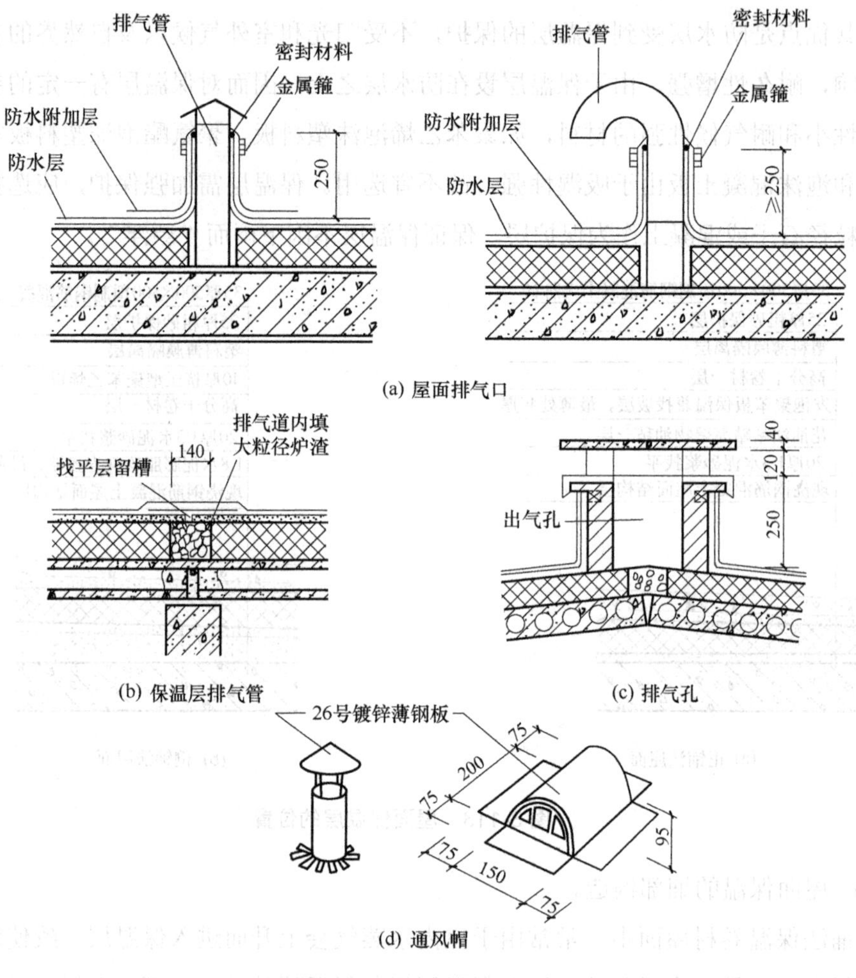

图 3-114 排气道构造

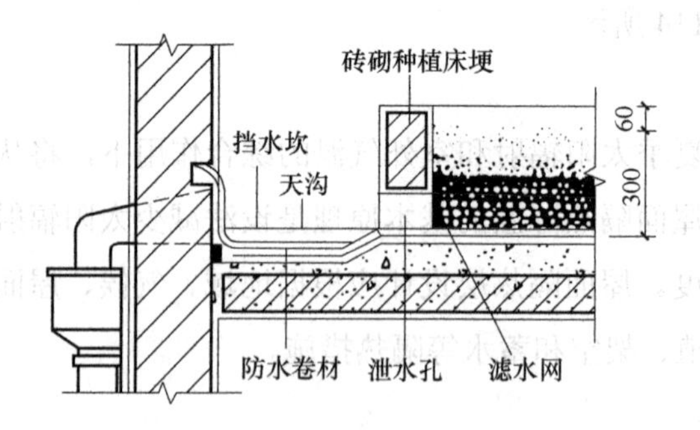

图 3-115 种植隔热屋面构造

② 排水层应根据屋面功能及环境、经济条件等进行选择；过滤层宜采用 200～400g/m^2 的土工布，过滤层应沿种植土周边向上铺设至种植土高度。

③ 种植土四周应设挡墙，挡墙下部应设泄水孔，并应与排水口连通。

④ 种植隔热层的屋面坡度大于 20%时，其排水层、种植土应采取防滑措施。

(2) 架空隔热屋面。

这种隔热屋面是将通风层设在结构层的上面，一般做法是将预制板块架空搁置在防水层上，这样它对结构层和防水层都能起到保护作用，如图 3-116 所示。

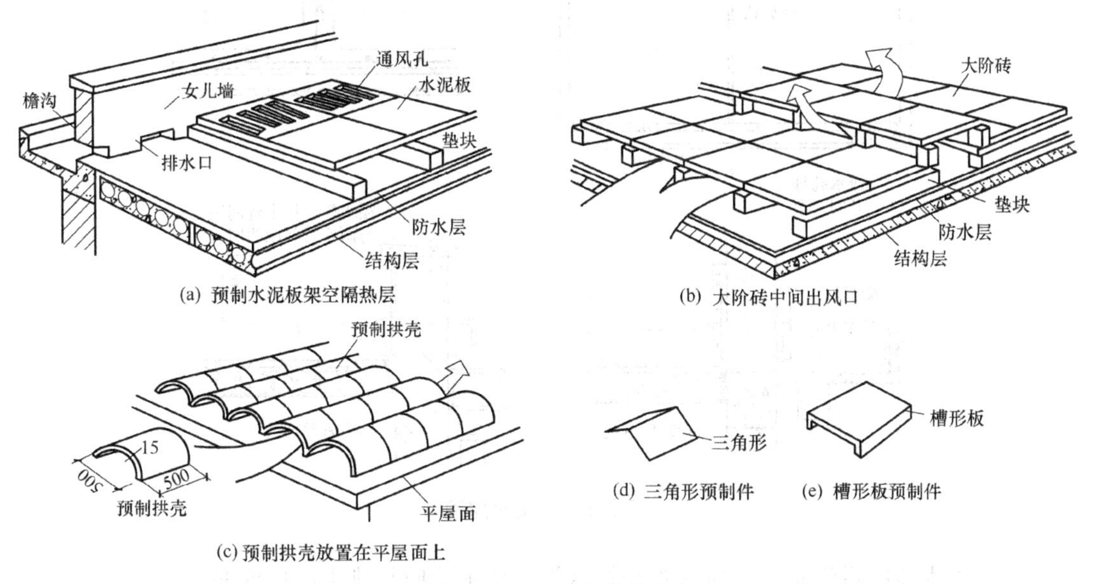

图 3-116　架空隔热屋面

架空隔热屋面的设计要点如下。

① 架空隔热层宜在屋顶有良好通风的建筑上采用，不宜在寒冷地区采用。

② 当采用混凝土板架空隔热层时，屋面坡度不宜大于 5%。

③ 架空隔热层的高度宜为 180～300mm，架空板与女儿墙的距离不应小于 250mm。

④ 当屋面宽度大于 10m 时，架空隔热层中部应设置通风屋脊。

⑤ 架空隔热层的进风口宜设置在当地炎热季节最大频率风向的正压区，出风口宜设置在负压区。

(3) 蓄水隔热屋面。

蓄水隔热屋面是指在屋面蓄积一层水，利用水蒸发时需要大量的汽化热，从而大量消耗晒到屋面的太阳辐射热，以减少屋面吸收的热能达到降温隔热的目的，如图 3-117 所示。

蓄水隔热屋面的设计要点如下。

① 蓄水隔热层不宜在寒冷地区、地震设防区和振动较大的建筑物上采用。

② 蓄水隔热层的蓄水层应采用强度等级不低于 C25、抗渗等级不低于 P6 的现浇混凝土，蓄水层内宜采用 20mm 厚防水砂浆抹面。

③ 蓄水隔热层的排水坡度不宜大于 0.5%。

④ 蓄水隔热层应划分为若干蓄水区，每区的边长不宜大于 10m，在变形缝两侧应分为两个互不连通的蓄水区。长度超过 40m 的蓄水隔热层应分仓设置，分仓隔墙可采用钢筋

混凝土或砌体。

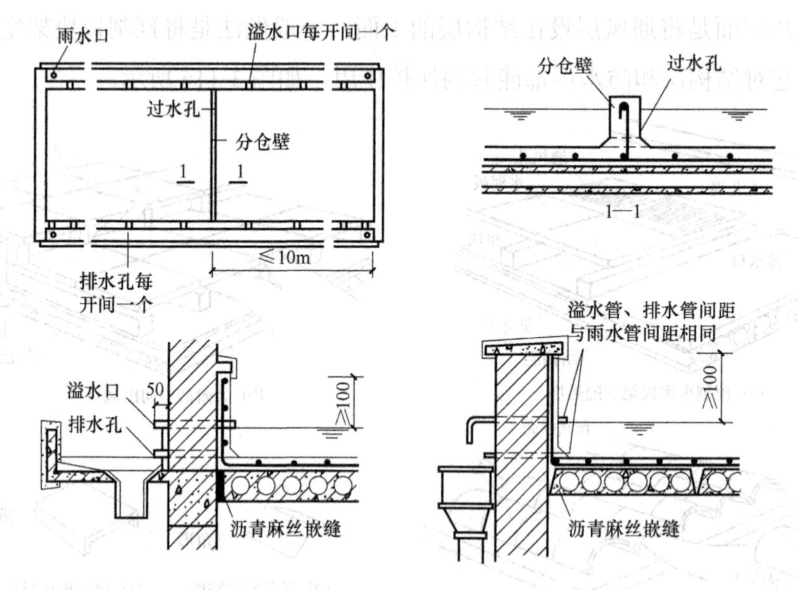

图 3-117 蓄水屋面

⑤ 蓄水池应设溢水口、排水管和给水管，排水管应与排水出口连通。

⑥ 蓄水池的蓄水深度宜为 150～200mm。

⑦ 蓄水池溢水口距分仓墙顶面的高度不得小于 100mm。

⑧ 蓄水池应设置人行通道。

3.6.6 坡屋面

1. 坡屋面的承重结构体系

1) 坡屋面的承重结构类型

(1) 横墙承重，如图 3-118(a)所示。这种承重方式是将横墙顶部按屋面坡度大小砌成三角形，在墙上直接搁置檩条或钢筋混凝土屋面板支承屋面传来的荷载，这种方式又叫硬山搁檩。横墙承重具有构造简单，施工方便，节约钢材和木材，有利于防火和隔声等优点，但房间开间尺寸受限制，适用于住宅、旅馆等开间较小的建筑。

(2) 屋架承重，如图 3-118(b)所示。这是利用建筑物的外纵墙或柱支承屋架，然后在屋架上搁置檩条来承受屋面荷载的一种承重方式。这种承重方式多用于要求有较大空间的建筑，如食堂、教学楼等。

(3) 梁架承重，如图 3-118(c)所示。这种承重方式是我国传统的结构形式，即用柱和梁形成梁架支承檩条，然后每隔两根或三根檩条立一柱，利用檩条和连系梁(枋)把房屋组成一个整体的骨架，在这里墙只起围护和分隔作用。这种承重方式的主要优点是结构牢固，抗震性好。

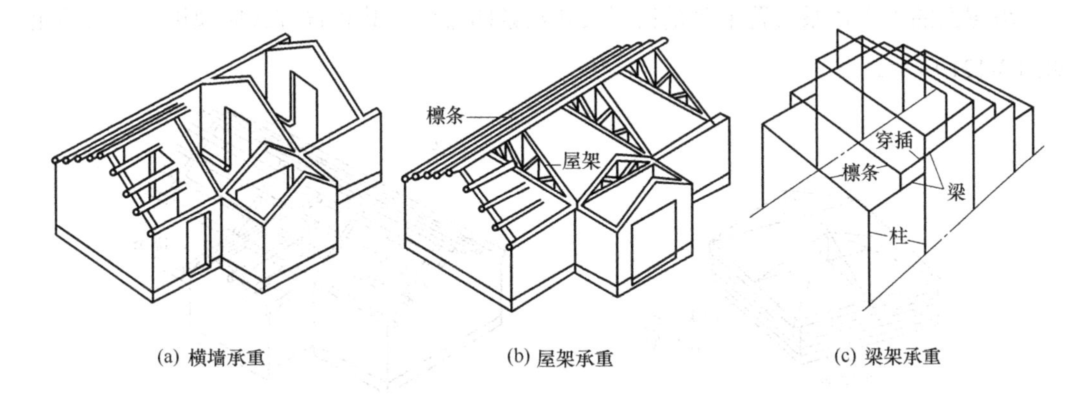

图 3-118　坡屋面的承重结构类型

2)　坡屋面的承重构件

(1)　檩条。檩条是沿房屋纵向搁置在屋架或山墙上的屋面支承梁。檩条所用材料应与屋架材料相同，一般有木檩条、钢檩条及钢筋混凝土檩条等，如图 3-119 所示。

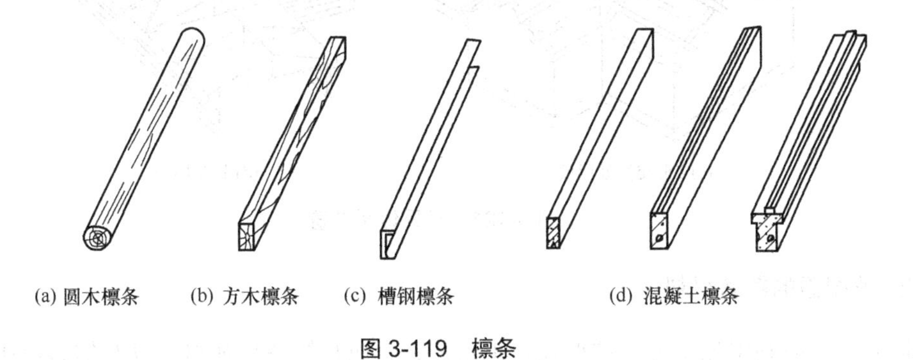

图 3-119　檩条

(2)　屋架。屋架的形式通常为三角形，由上弦、下弦和腹杆组成，所用材料有木材、钢材及钢筋混凝土等，如图 3-120 所示。

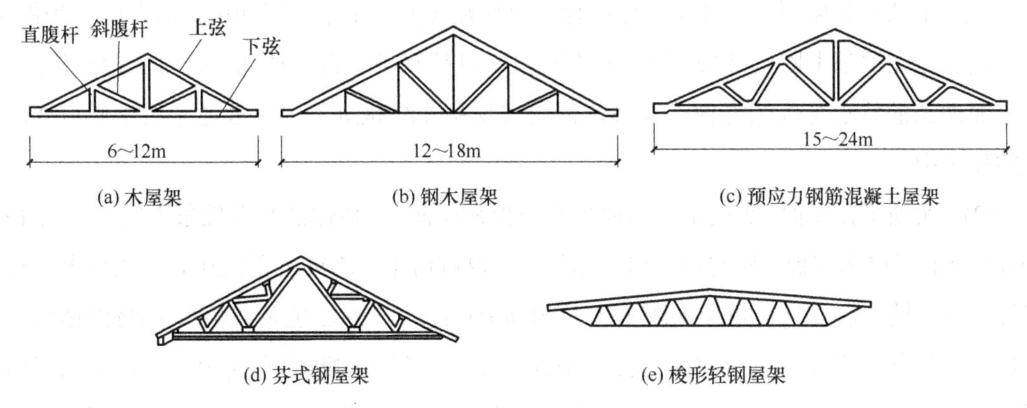

图 3-120　屋架

3) 坡屋面的承重体系布置

坡屋面的承重体系布置主要是指屋架和檩条的布置，其布置方式应视屋面形式而定，如图 3-121 所示。

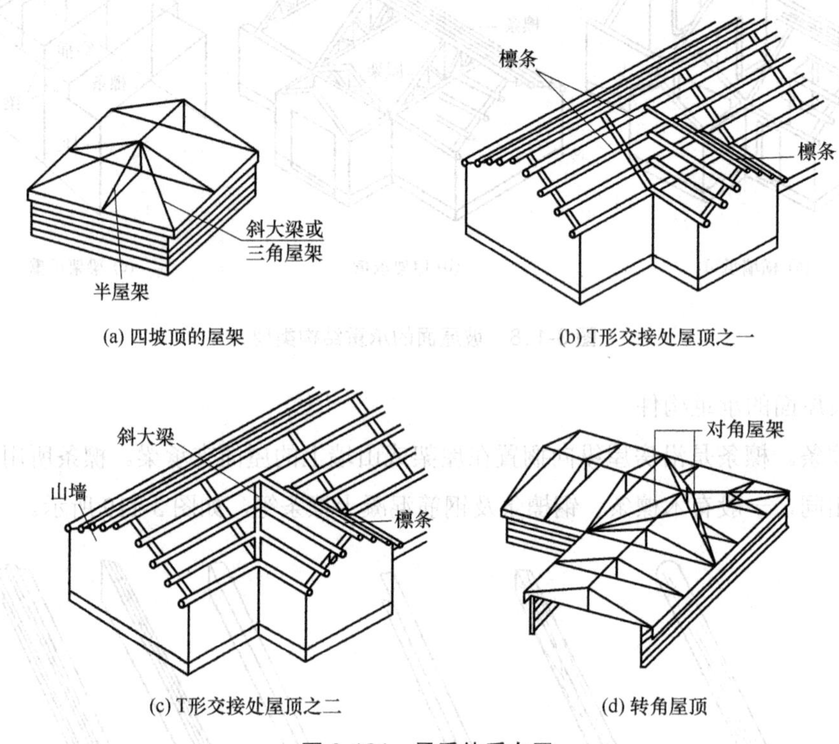

图 3-121 承重体系布置

2. 坡屋面的覆盖材料

坡屋面一般利用如平瓦、波形瓦、小青瓦、金属瓦等各种瓦材，以及如彩色压型钢板、小型钢筋混凝土异形屋面板、复合金属夹芯板等板材作为屋面覆盖材料。

1) 平瓦屋面

(1) 空铺平瓦屋面。空铺平瓦屋面也叫冷摊瓦屋面，是平瓦屋面中最简单的一种做法。具体做法是在檩条上固定椽条，然后再在椽条上钉挂瓦条并直接挂瓦，如图 3-122 所示。这种屋面做法的特点是施工方便、经济，但雨雪易从瓦缝飘进室内，故通常用于质量要求不高的建筑中。

(2) 实铺平瓦屋面。实铺平瓦屋面也叫望板瓦屋面，具体做法是在檩条上铺钉一层 15～20mm 厚的平口木望板，板与板间可不留缝隙，也可留 10～20mm 的缝隙，木望板上平行于屋脊方向干铺一层卷材，再用间距不大于 500mm 的板条(称压毡条或顺水条)将油毡钉牢，最后在压毡条上平行于屋脊方向钉挂瓦条并挂瓦，挂瓦条的断面和间距与空铺平瓦屋面相同，如图 3-123 所示。这样，挂瓦条与卷材之间因夹有顺水条而有了空隙，便于把飘入瓦缝的雨水排出，所以这种屋面的防水能力较空铺平瓦屋面有了很大的提高，同时也提高了屋面的保温、隔热性能；但它的缺点是耗用木材较多，造价相对较高，故多用于对质量要求较高的建筑中。

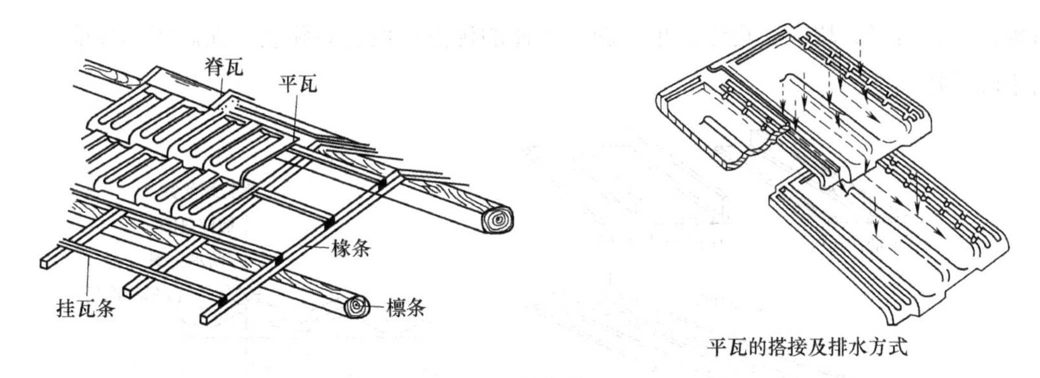

图 3-122　空铺平瓦屋面

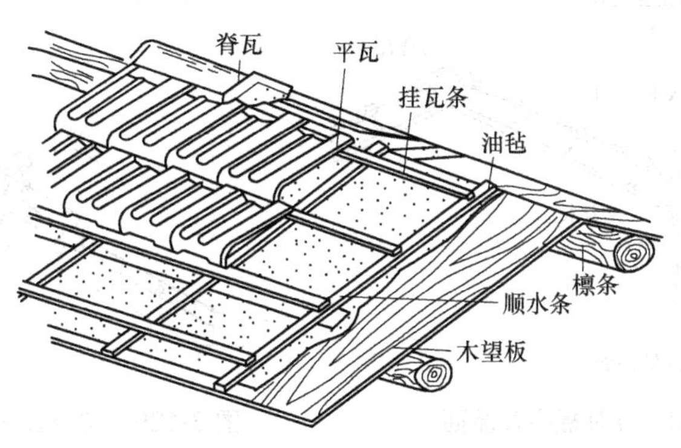

图 3-123　实铺平瓦屋面

(3)　钢筋混凝土挂瓦板平瓦屋面。这种屋面是将预应力或非预应力的钢筋混凝土挂瓦板直接搁置在横墙或屋架上，代替实铺平瓦屋面中的檩条、屋面板和挂瓦条，成为三合一的构件，如图 3-124 所示。挂瓦板的屋面坡度不宜小于 1∶2.5，挂瓦板与砖墙或屋架固定时，可将挂瓦板两端挂在预埋在砖墙或屋架中的钢筋头上，再用 1∶3 的水泥砂浆填实。挂瓦板的细部尺寸应与平瓦的尺寸相符，断面形式有Π形、T 形、F 形三种，并在板筋根部留有泄水孔，以排除由瓦面渗下的雨水。这种屋面的优点是构造简单，节约木材且防水可靠；但在施工时应严格控制构件的几何尺寸，切实保证施工质量，避免因瓦材搭接不密实而造成雨水渗漏。

2)　波形瓦屋面

波形瓦可用石棉水泥、塑料、玻璃钢和金属等材料制成，其中最常用的是石棉水泥瓦。

石棉水泥瓦可分为大波瓦、中波瓦和小波瓦三种规格。它一般具有一定的刚度，可以直接铺钉在檩条上，檩距应根据瓦长而定，每张瓦至少有三个支点。瓦与檩条的固定应考虑温度变化而引起的变形，故钉孔的直径应比钉大 2～3mm，并应加防水垫圈，且钉孔应设在波峰上。石棉瓦的上下搭接长度不小于 100mm，左右两张瓦之间的搭接只能靠搭压，不宜一钉两瓦，大波瓦和中波瓦至少搭接半个波，小波瓦至少搭接一个波，如图 3-125 所示。石棉瓦具有质轻、块大、构造简单、施工方便的优点；但它易脆裂，保温隔热性能差，多用于临时建筑中。

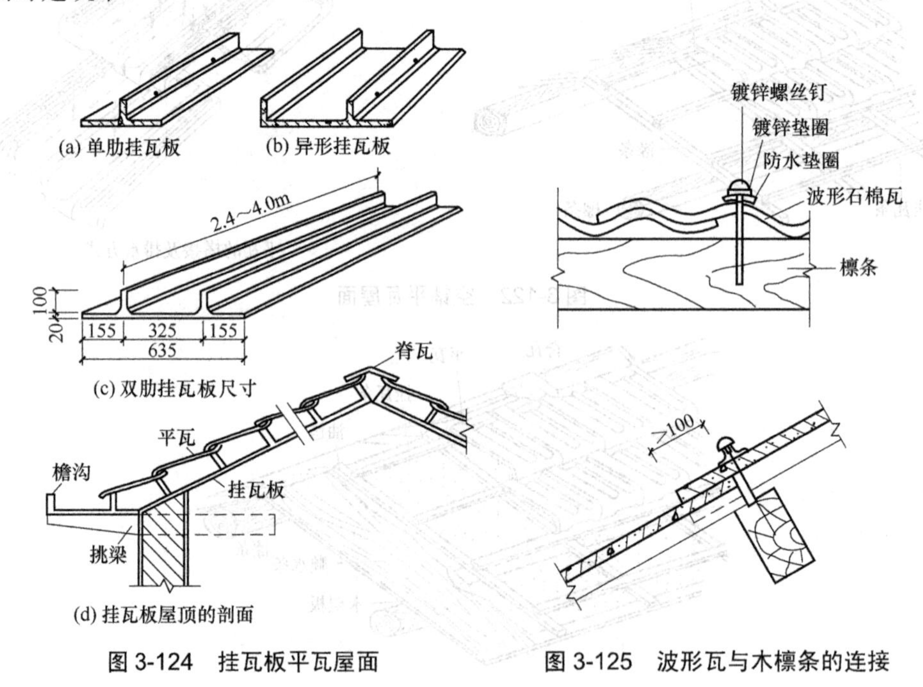

图 3-124 挂瓦板平瓦屋面

图 3-125 波形瓦与木檩条的连接

3) 金属瓦屋面

金属瓦屋面是用镀锌铁皮、金属加芯板等做防水层的一种屋面，如图 3-126 所示。金属瓦屋面的特点是自重轻、防水性好、使用年限长，主要应用于大跨度建筑屋面。

3. 坡屋面的细部构造

坡屋面的细部构造包括檐口、天沟、屋脊等部位的细部处理。

1) 檐口构造

(1) 纵墙檐口。纵墙檐口根据建筑的造型要求可做成挑檐和封檐两种。

① 砖挑檐。在檐口处将砖逐皮外挑，每皮挑出 1/4 砖，挑出总长度不大于墙厚的 1/2，如图 3-127(a)所示。

② 屋面板挑檐。椽条直接外挑，如图 3-127(b)所示，适用于较小的出挑长度。

③ 挑檐木挑檐。当需要出挑长度大时，应采用挑檐木挑檐。挑檐木可置于屋架下，如图 3-127(c)所示；也可置于承重横墙中，如图 3-127(d)所示。

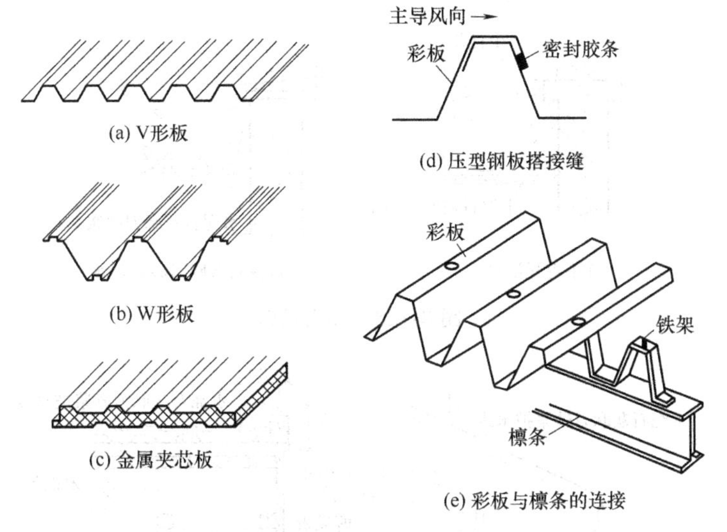

图 3-126　压型钢板瓦屋面构造

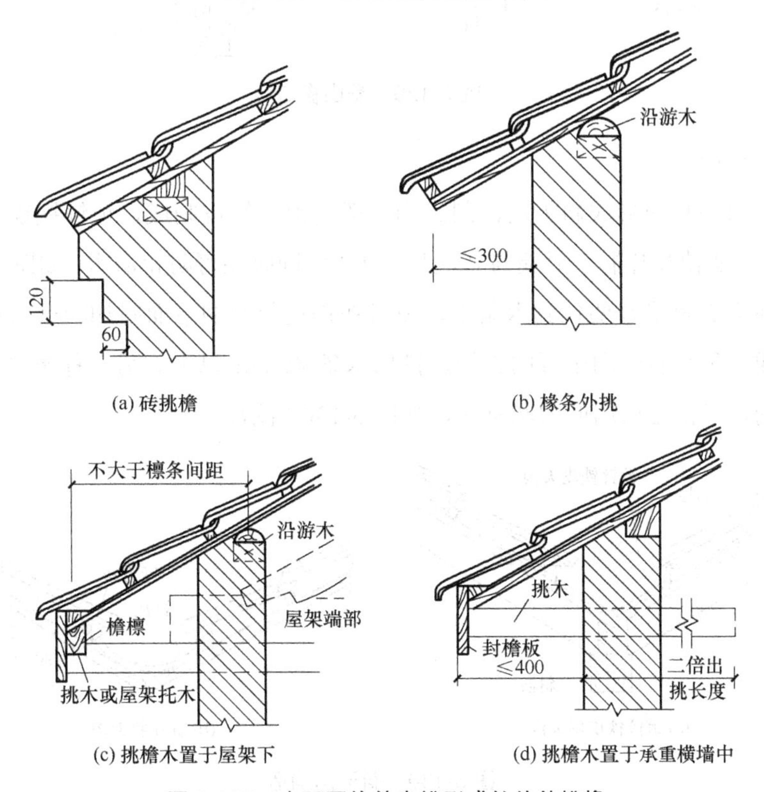

图 3-127　由不同构件出挑形成的外伸挑檐

(2) 山墙檐口。山墙檐口按屋面形式有硬山和悬山两种做法。硬山檐口是指山墙高出屋面的构造做法，在山墙与屋面交接处应做好泛水处理，如图 3-128 所示。悬山檐口是指屋面挑出山墙的构造做法，其构造一般是将檩条挑出山墙，再用木封檐板(也称博风板)封住檩条端部，如图 3-129 所示。

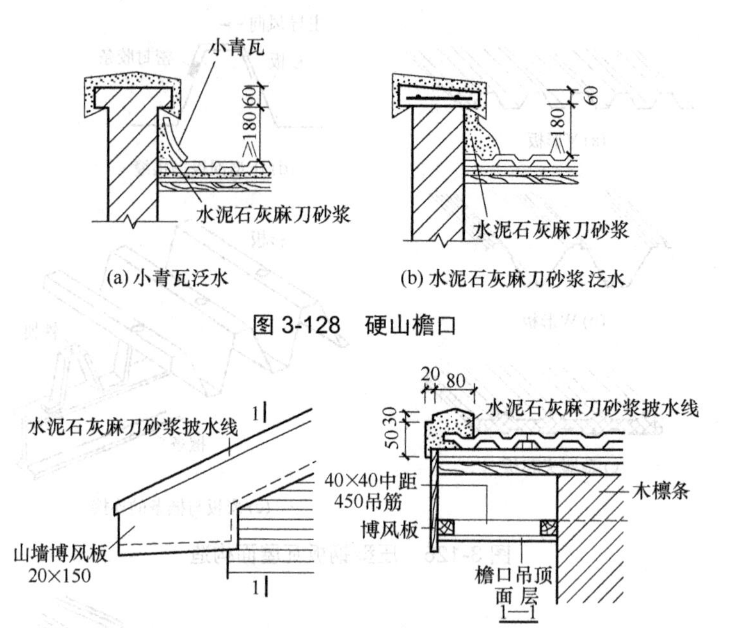

图 3-128　硬山檐口

图 3-129　悬山檐口

2)　天沟构造

坡屋面两斜面相交形成斜天沟，斜天沟一般用镀锌铁皮制成，镀锌铁皮两边包钉在木条上，木条高度要使瓦片搁上后能与其他瓦片平行，同时还可防止溢水，如图 3-130(a)所示。天沟两侧的屋面卷材最好要包到木条上，或者在铁皮斜向的下面附加一层卷材。斜沟两侧的瓦片要锯成一条与斜天沟平行的直线，挑出木条 40mm 以上。另一种做法是用弧形瓦或缸瓦作斜天沟，搭接处要用麻刀灰窝实，如图 3-130 所示。

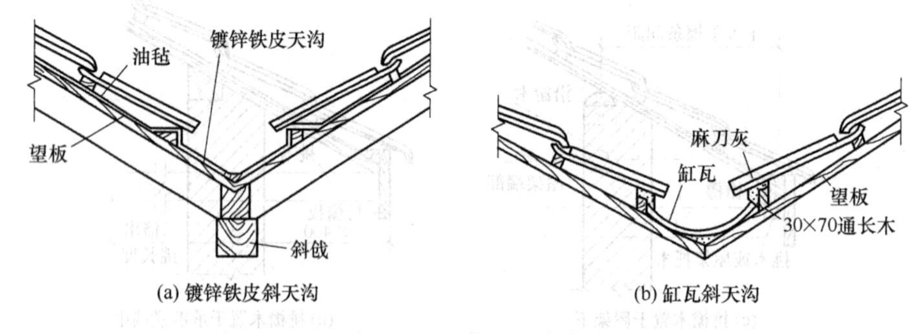

图 3-130　斜天沟构造

3)　坡屋面的保温与隔热构造

(1)　坡屋面的保温。坡屋面的保温有屋面层保温和顶棚层保温两种做法。当采用屋面层保温时，其保温层可设置在瓦材下面或檩条之间。当采用顶棚层保温时，通常需在吊顶龙骨上铺板，板上设保温层，可以收到保温和隔热的双重效果。坡屋面的保温材料可根据工程的具体要求，选用散料类、整体类或板块类材料。图 3-131 所示为倒置式坡屋面保温构造的示意图。

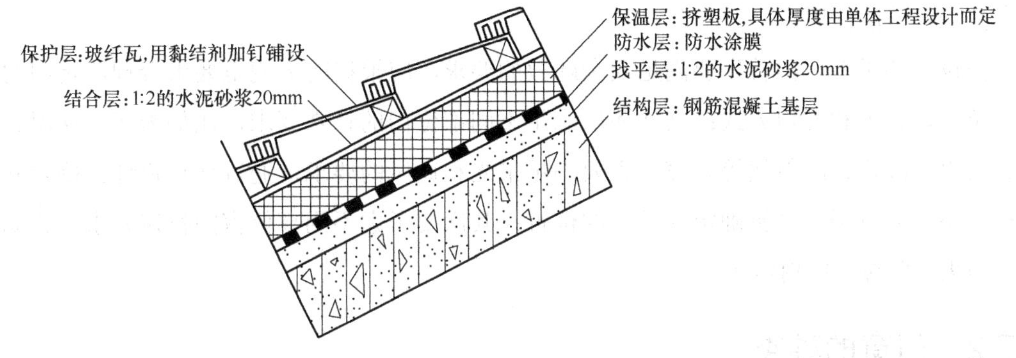

图 3-131　倒置式坡屋面保温构造示意图

(2) 坡屋面的隔热。处于炎热地区的坡屋面应采取一定的构造处理来满足隔热的要求，一般是在坡屋面中设进风口和出气口，利用屋面内外的热压差和迎风面的风压差组织空气对流，形成屋面内的自然通风，以减少由屋面传入室内的辐射热，从而达到隔热降温的目的。进风口一般设在檐墙上、屋檐上或室内顶棚上，出气口最好设在屋脊处，以增大高差，加速空气流通。图 3-132 所示为几种通风屋面的示意图。

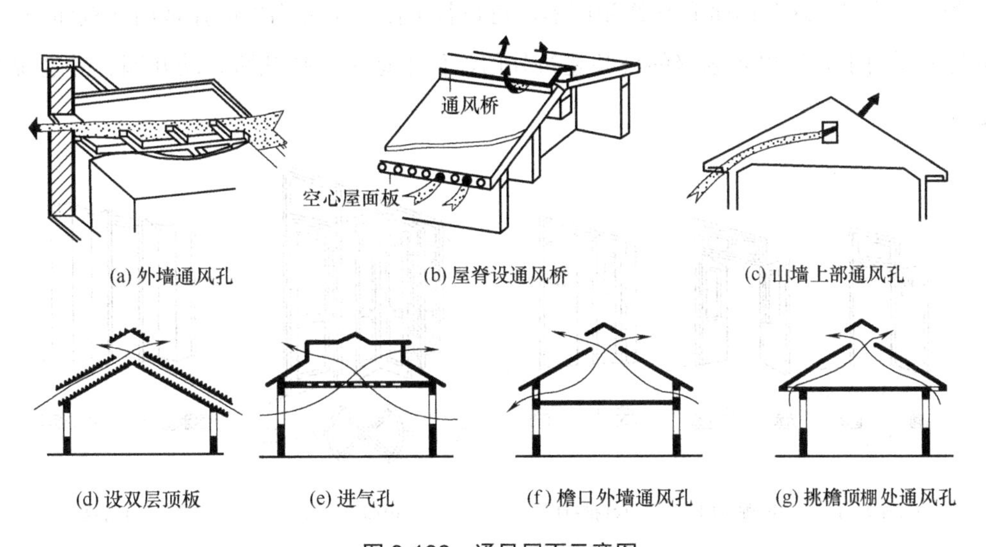

图 3-132　通风屋面示意图

3.7　门　和　窗

3.7.1　门窗的作用与设计要求

门窗在建筑中属于围护构件。门的主要作用是通行与疏散，是重要的交通联系构件；窗的主要作用是采光和通风。外墙上的门窗还起到遮挡风雨和保温隔热的作用。此外，门窗也是建筑里重要的装饰构件，门窗的材料、色彩和造型变化丰富，可以起到丰富建筑立面、美化建筑的作用。

在设计要求上，门首先要满足安全疏散的要求，应根据防火规范要求合理确定门的数量、位置、宽度和开启方式；其次还应满足不同部位门的特殊要求，比如密闭、保温、隔热、防火、隔声、防射线等。窗首先要满足采光和通风的要求，通过计算窗地比确定开窗面积大小，通过平面分析确定窗所在的位置；其次要考虑不同部位窗的特殊要求，比如隔热、防火、防爆、防射线等。

3.7.2 门窗的种类

1. 门的种类

门有平开门、弹簧门、推拉门、旋转门、折叠门等种类，如图 3-133 所示。

(1) 平开门。这是使用最广泛的一类门，门扇可以内开或外开。一般情况下内门向内开启，外门向外开启。特殊部位的门如防火门应开向疏散方向。平开门使用方便，开启关闭容易，且具有很好的密封性能，大量用于建筑的外门和内门。

(2) 弹簧门。这类门带有弹簧闭门器，可自行关闭，又分为单面弹簧门和双面弹簧门。弹簧门主要用于人流出入频繁的公共建筑外门，但不适用于托儿所、幼儿园、养老院等特殊建筑。

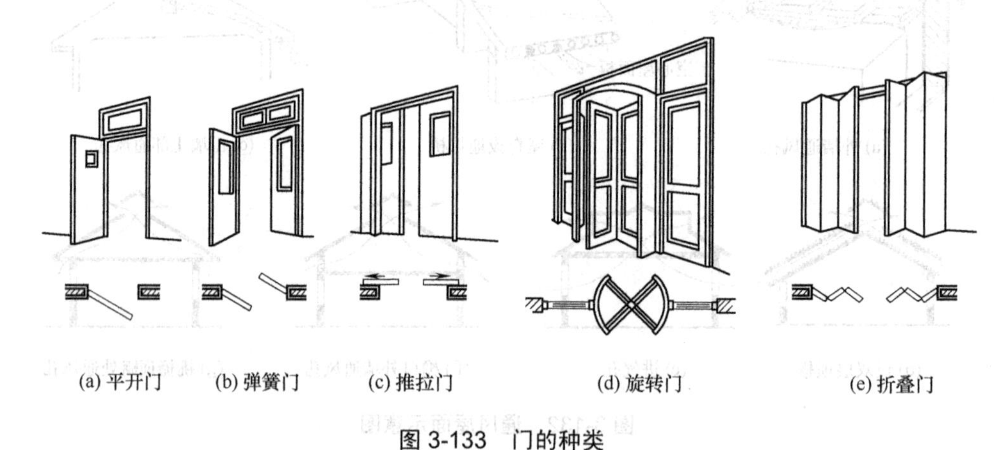

图 3-133 门的种类

(3) 推拉门。这类门可以沿轨道左右滑行，开启和关闭时不占用空间，但密闭性较差，保温和隔音能力不理想，且不能用作疏散门。推拉门按照轨道位置不同可分为上轨式和下轨式两种。

(4) 旋转门。这类门常用于大型公共建筑的外门，门扇沿中轴旋转，有手动式和电动式两种。旋转门密闭性良好，门内外空气不流通，因此可不设门斗。但旋转门不能用作疏散门，在其两侧常设平开门作为安全疏散门。

(5) 折叠门。这类门由若干门扇通过合页连接而成，门顶部和底部装有轮轴沿滑轨移动，开启时可以提供较大的通行空间。从严格意义上讲，折叠门可看作是活动隔断的一种。折叠门不能用作疏散门。

2. 窗的种类

窗有平开窗、推拉窗、悬窗、固定窗、百叶窗等种类，如图3-134所示。

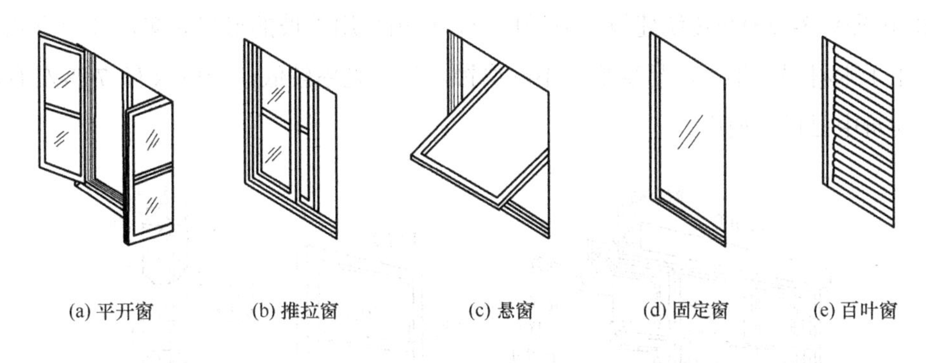

图3-134 窗的种类

(1) 平开窗。这类窗的密闭性能良好，开启关闭方便，使用较为普遍。按照开启方向的不同，又可分为内开窗和外开窗两种。内开窗开启时会占用室内空间，且对窗帘的使用有影响，但便于擦洗；外开窗开启时对室内空间没有影响，但不便擦洗，且易受到风的影响，高层建筑应慎用。

(2) 推拉窗。这类窗通过窗扇的水平推拉实现窗的开启和关闭，也叫平移窗。推拉窗在开启时不占用室内和室外的空间，窗扇基本不受风的影响。但推拉窗的密闭性能较差，对保温、隔声、隔尘的效果不理想，且轨道处易积灰不便清理。

(3) 悬窗。按照转轴位置不同，悬窗又可分为上悬窗、中悬窗和下悬窗三种。上悬窗一般用在民用建筑中，窗扇多向外开启，窗的密闭性能良好，具有一定的防盗效果，但开启扇极易积灰且很难擦洗。中悬窗多用在工业厂房中。下悬窗一般用于门窗上的亮子。

(4) 固定窗。这类窗的窗扇不能开启，只能提供采光而不能用于通风。固定窗的密闭性能最优，由于不开启，所以基本不用考虑窗扇重量对开启和关闭的影响，窗扇的面积可以做得比较大。

(5) 百叶窗。这类窗由斜片的金属或木材密排而成，其目的主要为通风，百叶起到遮挡视线的作用，也防止飞鸟、小动物或其他杂物进入。百叶窗主要用于机房的通风口处，或某些需要空气流通的特殊部位。

3.7.3 门窗的材料

1. 木门窗

木门使用普遍，在传统建筑中几乎全部使用木门，并在现代建筑中大量用于内门。木门造型丰富、样式美观且质感亲近自然，广泛受到人们喜爱。根据使用的材料不同，木门又可分为实木门、实木复合门和强化复合门几种。木门表面通常饰以烤漆、喷漆或刷漆等饰面处理。

木窗(见图 3-135)在传统建筑中应用广泛，窗扇采用单玻的形式居多，开启方式主要为平开。由于木材强度不高，易变形，不耐腐蚀，且透光率较低，一般只有 70%左右，所以在现代建筑中已很少使用。

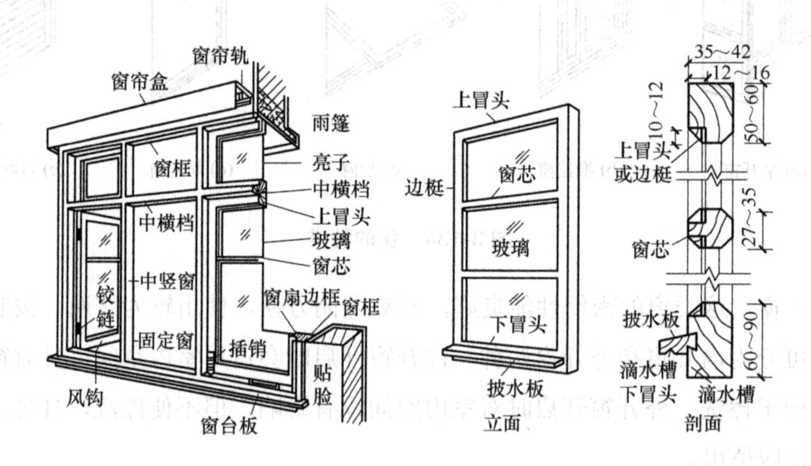

图 3-135 木窗

2. 钢门窗

钢门窗的框料由热轧型钢制作而成，断面有实腹和空腹两种。钢门多使用钢框木门，虽然也可使用钢框和钢门扇，但由于自重太大所以较少使用。钢窗(见图 3-136)的透光率比木窗有很大提高，可至 85%。但钢材导热系数较大(正常使用状况下可达 40～50W/(m·K))，易形成冷桥。另外，钢材自重较大，容易变形，会影响开启和关闭，现在已很少使用。

3. 塑料门窗

塑料门窗采用工程塑料即 PVC 作为主要框料，为提高框料强度可在框中加入钢衬成为塑钢门窗(见图 3-137)。塑料门窗以白色为多，外观平整洁白，视觉效果好。塑料门窗造价较低，应用广泛，但由于其强度不理想所以容易变形，影响开启和关闭，加之塑料容易老化，所以这类门窗耐久度较差，一般的使用寿命为 10 年左右。塑料门窗的窗扇多采用单层双玻的形式，开启方式可采用平开、旋转或推拉等方式。

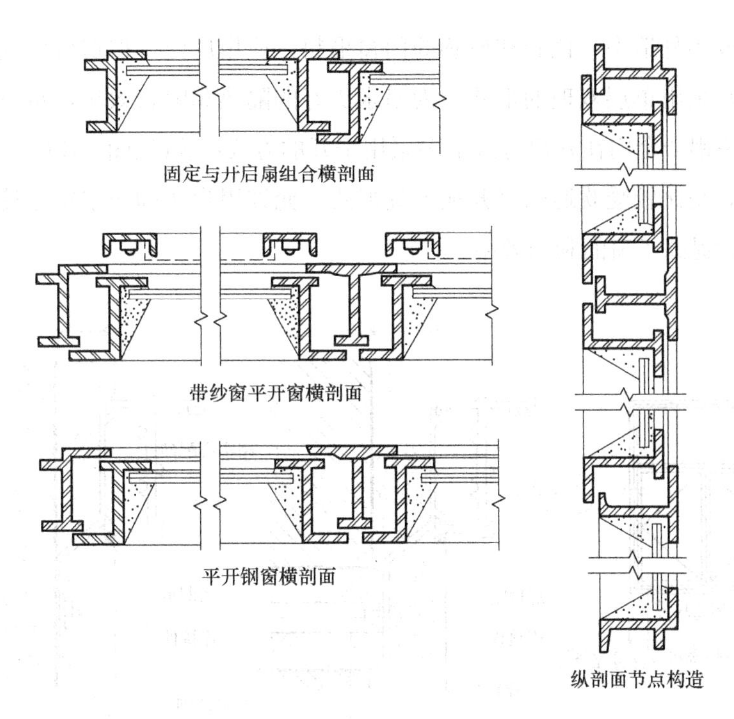

图 3-136　钢窗

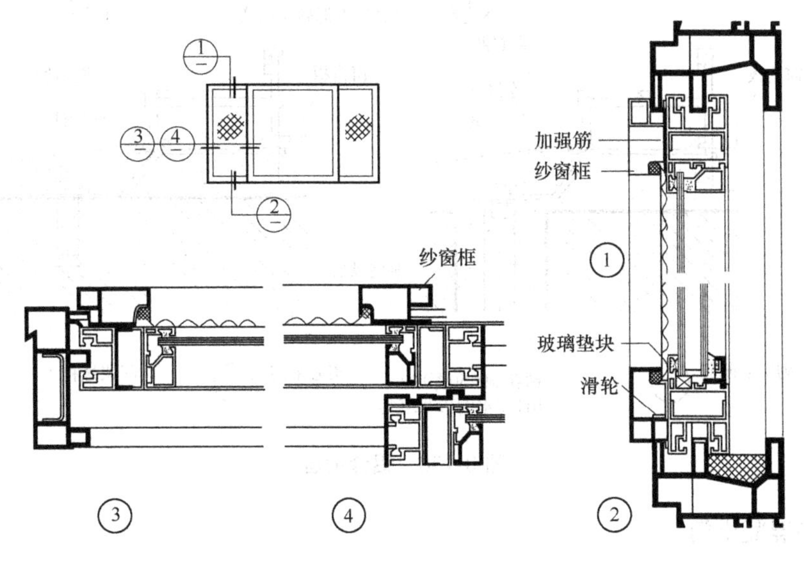

图 3-137　塑钢窗

4. 铝合金门窗

铝合金门窗的发展经历了两个阶段。早期的铝合金门窗框料壁比较薄，强度较低，易变形，隔热性较差，现已不再生产。目前在建筑市场上使用普遍的是断桥铝合金门窗。所谓“断桥”，即隔断冷桥之意。断桥铝合金强度高，不易变形，密闭性能好，且在框料中有密闭空腔，封闭空气，起到隔热“断桥”的目的。断桥铝合金门窗色彩丰富，且可以与木材复合，制成各种造型、色彩和质感的门窗框料，应用广泛，但造价较高。断桥铝合金门窗的窗扇通常采用单层双玻的形式，为追求更好的隔热和隔音效果，也有的采用单层三玻的形式。断桥铝合金门在开启方式上多采用平开的方式；窗(见图 3-138)多采用平开或旋转的方式，或者是比较受欢迎的平开加上旋形式，允许用户在同一扇窗上使用两种不同的开启方式，大大提高了窗的利用效率。

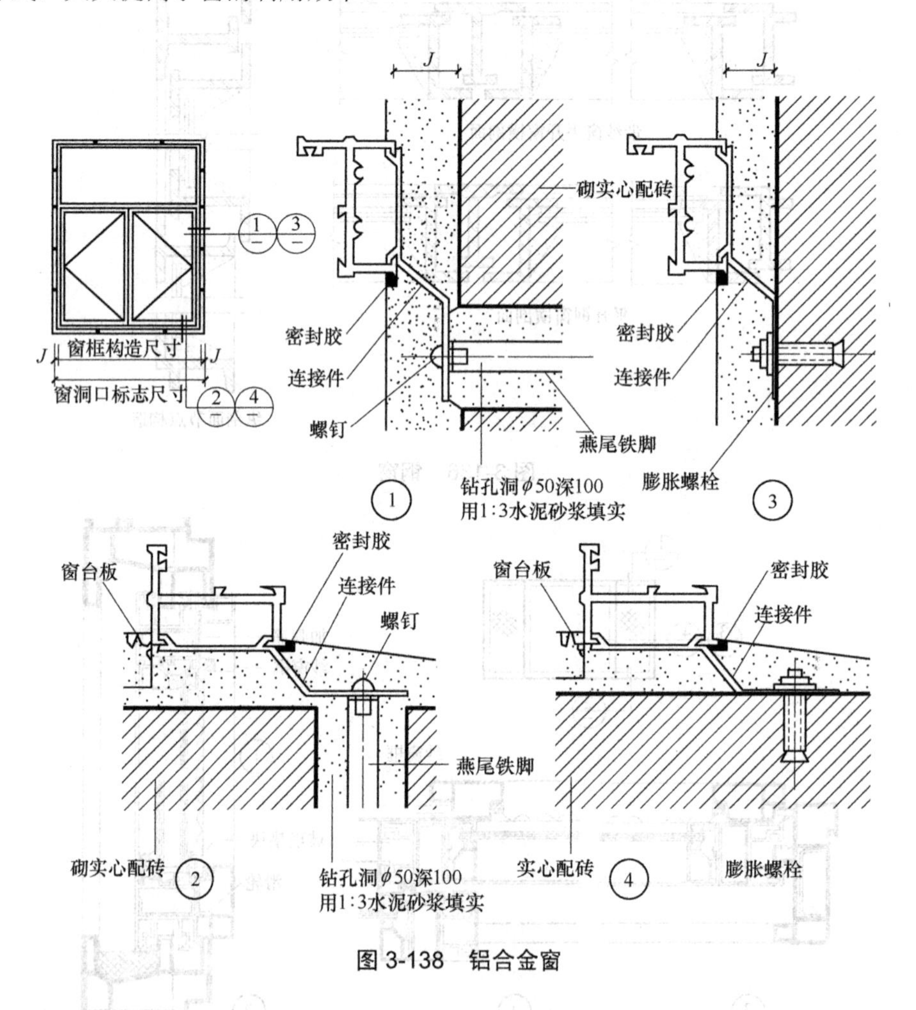

图 3-138 铝合金窗

5. 钢筋混凝土门

钢筋混凝土门一般采用平开形式，用于有密闭防护要求的特殊场所，如人防地下室的出入口处。钢筋混凝土门又分为防护密闭门和密闭门两种。防护密闭门设置在出入口最外侧，应向外开启；密闭门设于防护密闭门内侧，宜向外开启。钢筋混凝土门自重较大，一般用于尺寸相对较小的人员出入口处。

3.7.4　门窗的构造

1. 门窗框

根据门窗选用材料的不同，门窗框可采用木框、塑钢框或铝合金框等。门框由上槛和边梃组成，如果带有亮子，还需设中槛，传统外门或某些特殊门还需设下槛。窗框由上槛、下槛和边梃组成，有时需设中槛。门窗框的断面尺寸由材料、门窗扇尺寸、开启方式和裁口大小决定。通常木门窗框的最小断面尺寸为 45mm×90mm，裁口深度为 10～12mm。塑钢门窗框和铝合金门窗框主要取决于使用型材的型号，常见的有 60mm、70mm 和 80mm 等几种规格。

2. 门窗扇

根据使用材料和构造做法不同，门扇有镶板门、夹板门、拼板门、实木造型门、实木复合门、强化复合门、塑钢门、塑钢玻璃门、铝合金玻璃门、金属门等多种形式；窗扇有木窗、塑钢窗、铝合金窗等几种常见的形式。

镶板门是在木框骨架间镶入门芯板的构造做法，可用在室内或室外，如图 3-139(a)所示；夹板门是在木框骨架外黏结胶合板的构造做法，一般用于室内，如图 3-139(b)所示；拼板门与镶板门做法类似，是将木板拼入骨架的构造做法。镶板门、夹板门和拼板门都属于传统的构造做法。

实木造型门是以实木压制造型而制得的门扇，表面通常饰以烤漆。这种门自重较大，造型色彩美观，造价相对较高。实木复合门是以实木分层叠压而制得的门扇，表面饰以烤漆或喷漆较多。强化复合门是使用木屑和胶高压成型而制得的门扇，表面通常免漆贴皮，造价相对较低。

塑钢门、塑钢玻璃门是使用工程塑料为主体，并加入钢衬而制得的门扇，强度相对较低，易变形，但外观美观，造价也较低。铝合金玻璃门的强度和耐久度都优于塑钢门和塑钢玻璃门，造价也相对较高。金属门一般采用钢材制得，多用在户外，具有防盗、防火、隔声等多种功能。

木窗扇是传统的做法，由上冒头、下冒头和边梃组成，其断面形状和尺寸与窗扇大小、玻璃厚度和安装方式有关，一般不小于 40mm×55mm。窗玻璃多为单层玻璃，密闭性较差。为防蚊蝇，通常设置单独的纱窗扇。纱扇的断面尺寸略小于玻璃扇。

现代建筑中常采用塑钢玻璃窗扇和铝合金玻璃窗扇，窗玻璃多采用双层中空玻璃，用橡胶垫块、橡胶条和密封胶固定密封。塑钢玻璃窗一般要加以单独的纱扇，断桥铝合金窗通常使用隐形的纱扇，即用抽拉的方式将纱扇固定在窗框的开启扇上部，不仅降低造价，而且节约空间，使用方便。

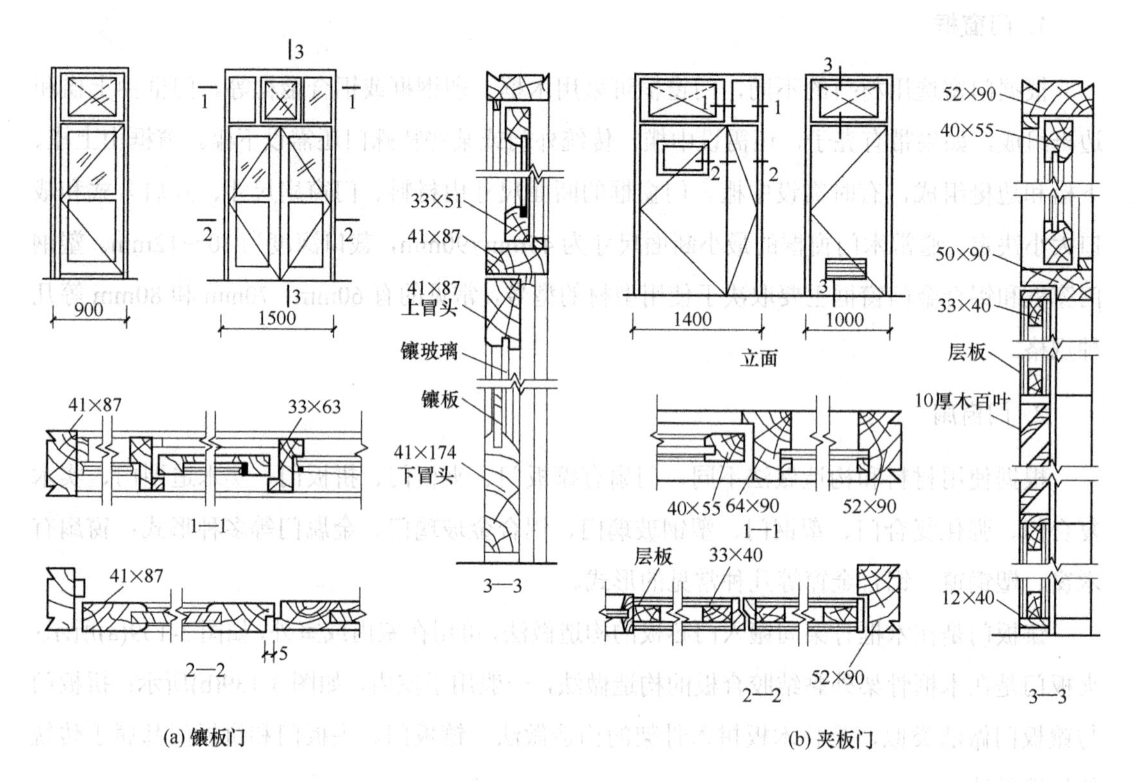

图 3-139　门扇构造

3. 门窗五金件

门的五金件包括合页、门轴、门把手、门锁、铰链、闭门器、门吸等。窗的五金件包括合页、滑轨、窗把手、铰链等。

4. 门窗附件

门的附件包括筒子板、贴脸板、门蹬座等，俗称“包门套”。有需要时还可设置门帘盒、遮阳板、隐形纱扇等构件。窗的附件包括筒子板、贴脸板、窗帘盒等，如图 3-140 所示。筒子板是指设置在门洞口的外侧墙面上的装饰板，通常为木质。贴脸板是垂直于筒子板的构件，用来遮挡门安装时产生的缝隙，也是起到装饰作用的构件。门蹬座是贴脸板下部加大加厚的部分，是与踢脚板之间的过渡构件。

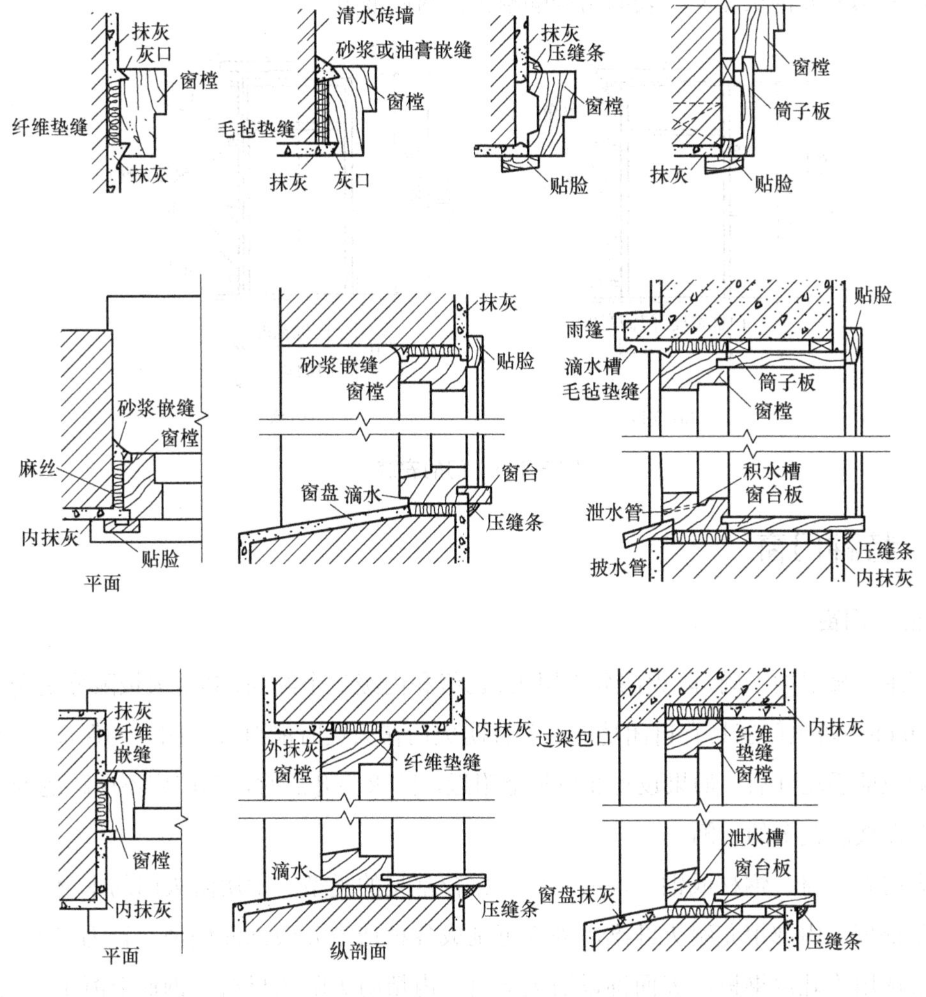

图 3-140　贴脸板和筒子板

3.7.5　门窗的安装

门窗的安装分立口和塞口两种方式。立口又称立樘子，施工时先立门窗框，之后砌墙。为了加强门窗框与墙体的拉接，在框的上、中、下槛处各伸出 120mm 左右的端头，俗称“羊角头”，如图 3-141(a)所示。立口方式的门窗框与墙体结合紧密，但施工时会出现工序交叉，影响施工速度。该方式多用于传统建筑的施工中或对施工工艺有特殊要求的场合。

塞口又称为塞樘子，施工时先砌墙，遇门窗部位留出洞口，待墙体全部施工完毕后再安装门窗。这种方式的施工速度较快，是目前常采用的方式。考虑到施工误差和安装方便，采用塞口形式的门窗框尺寸通常比预留洞口的尺寸小 20mm 左右，如图 3-141(b)所示。传统施工工艺在墙体内部预埋防腐木砖以固定门窗框，并在门窗框与墙体之间的缝隙处填塞沥青麻丝，表面用沥青胶或油膏嵌缝。现代施工工艺多采用膨胀螺丝固定门窗框，框与墙体

之间的缝隙填充发泡聚氨酯，表面用硅酮耐候密封胶嵌缝。

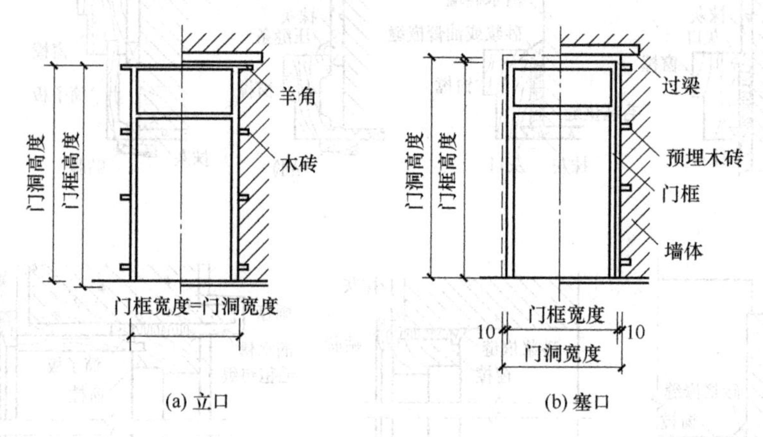

图 3-141　门的安装

3.7.6　特种门窗

1. 防火门窗

根据耐火极限的不同，防火门分为甲级、乙级和丙级三个级别，其耐火极限分别为 1.2h、0.9h 和 0.6h。防火门应具有自闭功能，常开防火门在火灾时能自行关闭。为保证安全，防火门两侧应能手动开启。如果设置在变形缝附近，防火门开启时，其门扇不应跨越变形缝，并应设置在楼层较多的一侧。

防火门有木材、钢材或钢筋混凝土三种比较常见的类型。木质防火门的木材必须经过防火浸渍处理，内部填充耐火纤维，外部可制成各种造型并做饰面处理，较为美观。钢防火门通常选用冷轧薄钢板，表面饰以防火涂料，内填防火隔热材料。钢筋混凝土防火门一般还具有防护密闭功能，常用在地下室等特殊场所里，如图 3-142 所示。

防火窗也分为甲级、乙级和丙级三个级别，其耐火极限分别为 1.5h、1.0h 和 0.5h。防火窗可以固定也可以开启，一般选用钢材作为窗框和窗扇，玻璃选用夹铅丝玻璃，以防止玻璃破碎后火势蔓延。防火窗框与墙体、框架与玻璃之间的密封材料应采用难燃材料，火灾时能起到防火隔烟的作用。

2. 防射线门窗

防射线门窗主要是针对 X 射线进行防护，通常使用铅板作为主体防护材料，铅板可以包于门扇外侧，也可夹于门板内部，如图 3-143 所示。窗玻璃采用镶铅玻璃，从外观上看一般呈现淡黄色或紫红色。

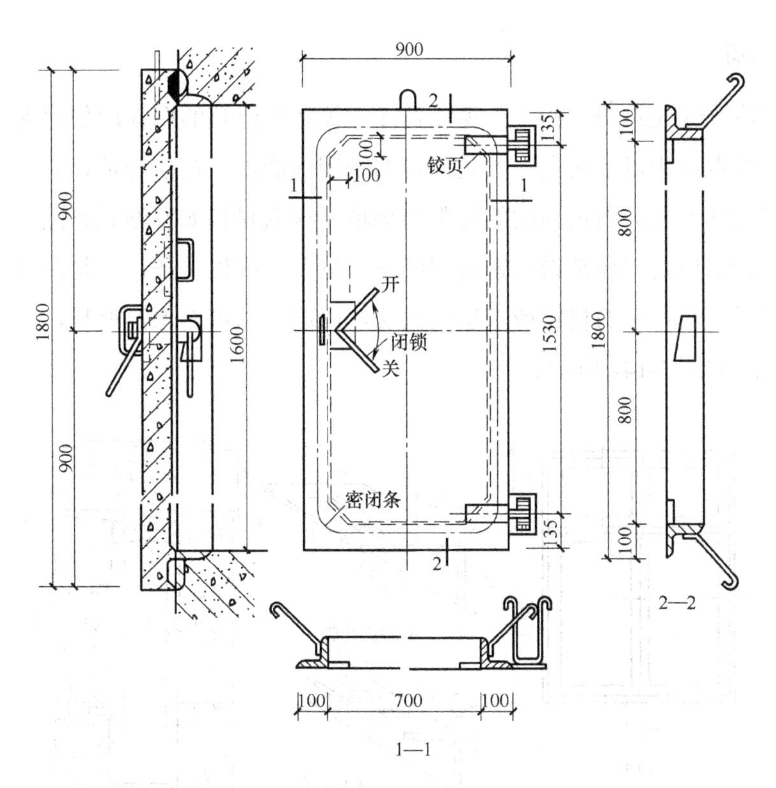

图 3-142　钢筋混凝土防火门

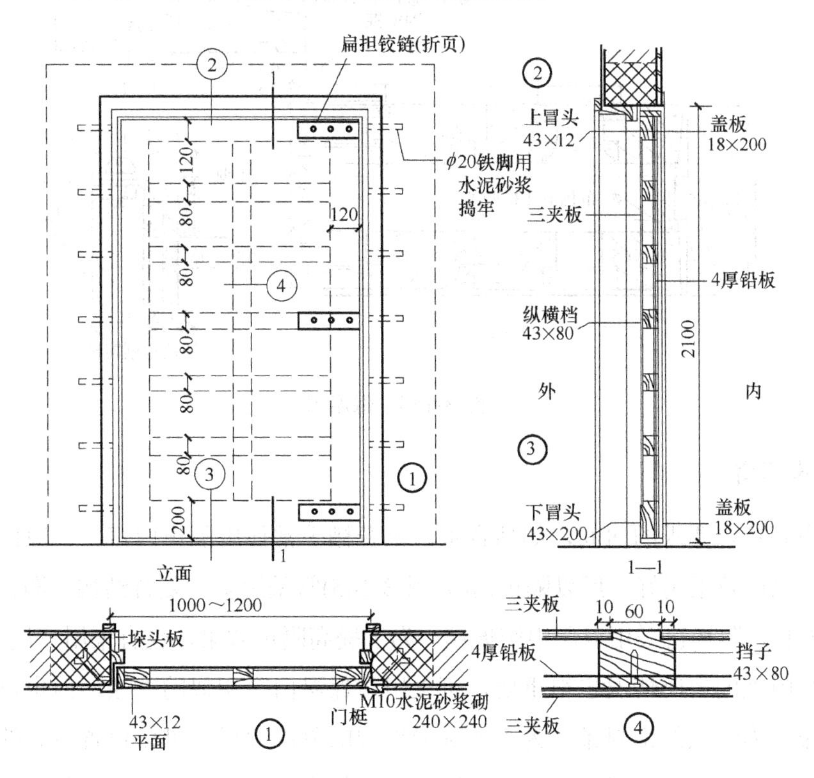

图 3-143　防射线门

3. 保温门窗

严寒或寒冷地区建筑的外门、外窗以及冷库等特殊建筑的门窗应使用保温门窗。门窗的保温性能主要取决于以下两点：一是门窗的密闭性能，门窗框与墙体、门窗框与门窗扇之间必须做好密闭处理，固定扇间的缝隙内部填充保温材料如发泡聚氨酯，表面用建筑胶嵌缝严密，可开启扇之间通常设置密封橡胶条、尼龙条或棉毡条；二是门窗扇本身的隔热性能，门扇多采用较厚重的材料或多层的做法，门扇内部填充保温材料，窗扇采用双层或多层隔热玻璃，如图 3-144 所示。

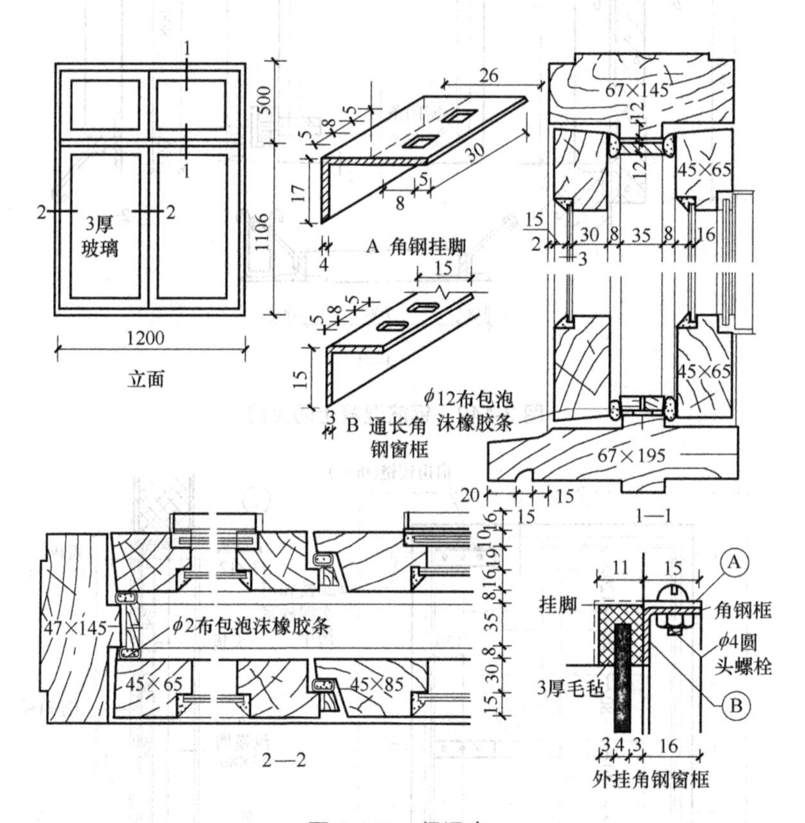

图 3-144　保温窗

4. 隔声门窗

对隔声有特殊要求的房间，如播音室、录音棚等常使用隔声门窗。一般门窗扇越重、层数越多，隔声效果越好，所以隔声门(见图 3-145)常采用多层复合结构，即在两层面板之间填吸声材料。隔声窗采用双层中空玻璃，为了提高隔声效果，也有采用三层玻璃的做法。隔声门窗缝隙处的密闭情况也很重要，可采用与保温门窗相似的方法，但也可用干燥的毛毡或厚绒布作为缝隙的密封条。为了达到最理想的隔声效果，可以设置单独的隔声前室，即进入隔声房间需经过两道隔声门，两道门之间的小屋即为隔声前室。隔声前室在内部装修上应尽量采用软包的形式，以吸收声波的能量(见图 3-145)。

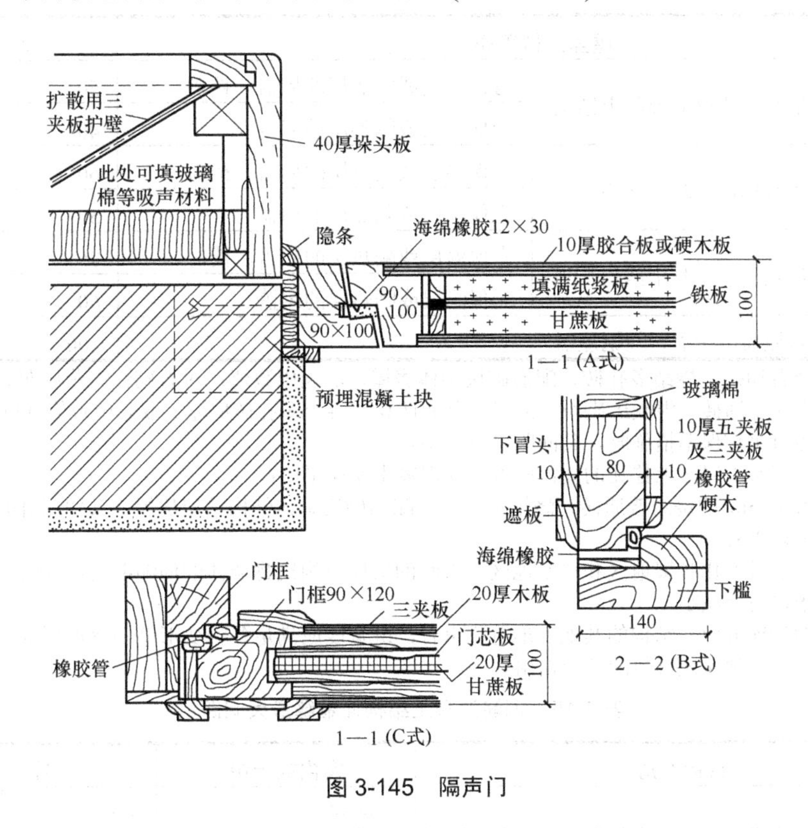

图 3-145　隔声门

3.8　变　形　缝

建筑物在温度变化、不均匀沉降、地震等因素的作用下会产生变形。这些变形会使结构内部产生附加应力，从而使建筑物开裂或发生破坏。为防止这类破坏的发生，而预先在建筑物易发生变形的部位设置的缝隙称为变形缝。变形缝有伸缩缝、沉降缝和防震缝三种。

3.8.1　伸缩缝

为了防止建筑构件因温度变化而产生热胀冷缩，使房屋出现裂缝甚至破坏，沿建筑物长度方向每隔一定距离设置的垂直缝隙称为伸缩缝，也叫温度缝。

伸缩缝的设置需要考虑建筑材料、结构形式、施工方式以及屋面是否设保温和隔热层等因素。表 3-14 和表 3-15 所示为《砌体结构设计规范》(GB 50003—2011)和《混凝土结构设计规范》(GB 50010—2010)对砌体房屋和钢筋混凝土结构建筑伸缩缝最大间距的规定。

表 3-14　砌体房屋伸缩缝的最大间距　单位：m

屋盖或楼盖类别		间　距
整体式或装配整体式钢筋混凝土结构	有保温层或隔热层的屋盖、楼盖	50
	无保温层或隔热层的屋盖	40
装配式无檩体系钢筋混凝土结构	有保温层或隔热层的屋盖、楼盖	60
	无保温层或隔热层的屋盖	50
装配式无檩体系钢筋混凝土结构	有保温层或隔热层的屋盖、楼盖	75
	无保温层或隔热层的屋盖	60
瓦材屋盖、木屋盖或楼盖、轻钢屋盖		100

注：① 对烧结普通砖、烧结多孔砖、配筋砌块砌体房屋，取表中数值；对石砌体、蒸压灰砂普通砖、蒸压粉煤灰普通砖、混凝土砌块、混凝土普通砖和混凝土多孔砖房屋，取表中数值乘以 0.8 的系数，当墙体有可靠保温措施时，其间距可取表中数值；
② 在钢筋混凝土屋面上挂瓦的屋盖应按钢筋混凝土屋盖采用；
③ 层高大于 5m 的烧结普通砖、烧结多孔砖、配筋砌块砌体结构单层房屋，其伸缩缝间距可按表中数值乘以 1.3；
④ 温差较大且变化频繁地区和严寒地区不采暖的房屋及构筑物墙体的伸缩缝的最大间距，应按表中数值予以适当减小；
⑤ 墙体的伸缩缝应与结构的其他变形缝相重合，缝宽度应满足各种变形缝的变形要求；在进行立面处理时，必须保证缝隙的变形作用。

表 3-15　钢筋混凝土结构伸缩缝最大间距　单位：m

结构类别	室内或土中	露　天	
排架结构	装配式	100	70
框架结构	装配式	75	50
	现浇式	55	35
剪力墙结构	装配式	65	40
	现浇式	45	30
挡土墙、地下室墙壁等类结构	装配式	40	30
	现浇式	30	20

注：① 装配整体式结构的伸缩缝间距，可根据结构的具体情况取表中装配式结构与现浇式结构之间的数值；
② 框架-剪力墙结构或框架-核心筒结构房屋的伸缩缝间距，可根据结构的具体情况取表中框架结构与剪力墙结构之间的数值；
③ 当屋面无保温或隔热措施时，框架结构、剪力墙结构的伸缩缝间距宜按表中露天栏的数值取用；
④ 现浇挑檐、雨罩等外露结构的局部伸缩缝间距不宜大于 12m。

设置伸缩缝时，建筑物的基础在地面以下，受温度变化影响较小，可不必断开，而除此之外的结构部分应该沿建筑物的全高全部断开，将建筑物分成几个独立的部分。伸缩缝的宽度一般为 20～30mm。

3.8.2　沉降缝

沉降缝是应对不均匀沉降引发建筑物变形而设置的变形缝。导致建筑物产生不均匀沉降的因素如下。

(1) 地基土质不均匀。

(2) 建筑物本身相邻部分高差悬殊或荷载悬殊。

(3) 建筑物结构形式变化大。

(4) 新建建筑与原有建筑紧相毗连。

(5) 建筑物体型比较复杂、连接部位又比较薄弱。

沉降缝在设置上应沿结构全高(包括基础)全部断开。沉降缝的两侧应各有基础和墙体。沉降缝的宽度与地基性质和建筑物的高度有关，见表 3-16。

表 3-16　沉降缝的宽度

地基情况	建筑物高度	沉降缝宽度/mm
一般地基	H<5m	30
	H=5～10m	50
	H>10～15m	70
软弱地基	2～3 层	50～80
	4～5 层	80～120
	6 层以上	≥120
湿陷性黄土地基		≥30～70

注：沉降缝两侧结构单元层数不同时，其缝宽应按高层部分的高度确定。

由于沉降缝的宽度和缝所设范围同时能满足伸缩缝的要求，所以可两缝合并设置，沉降缝兼起伸缩缝的作用，但伸缩缝不能代替沉降缝。

在高层建筑施工中也可采用后浇带的方法来代替沉降缝。在需设缝的部位预留一道 700～1000mm 的缝隙暂时不浇筑混凝土，缝内钢筋搭接接头，在建筑物基本完成沉降后(一般为施工后 60 天)再浇筑混凝土。

3.8.3　防震缝

防震缝也称抗震缝，是应对地震引发建筑物变形而设置的变形缝。建筑物的平面不规则或在纵向为复杂体型时，为避免地震时产生应力集中破坏，应设置防震缝，将建筑物划分成简单、规则、均一的单元。以下情况应设置防震缝。

(1) 建筑物立面高差 6m 以上。

(2) 建筑物平面形体复杂。

(3) 建筑物有错层且楼板高差较大。

(4) 建筑物各部分结构刚度、重量相差悬殊。

防震缝在设置上应沿结构全高断开，但建筑物的基础可断开，也可不断开。防震缝的宽度与建筑结构形式、建筑高度以及抗震设防烈度有关。多层砌体房屋的防震缝宽为 50～100mm。在钢筋混凝土房屋的结构体系中，缝宽应符合下列要求。

(1) 框架房屋和框架-剪力墙房屋，当高度不超过 15m 时，可采用 70mm。当高度超过 15m 时，按如下不同设防烈度增加缝宽。

① 6 度地区，每增加高度 5m，缝宽宜增加 20mm；

② 7 度地区，每增加高度 4m，缝宽宜增加 20mm；

③ 8 度地区，每增加高度 3m，缝宽宜增加 20mm；

④ 9 度地区，每增加高度 2m，缝宽宜增加 20mm。

(2) 剪力墙房屋的防震缝宽度，可采用框架房屋和框架-剪力墙房屋防震缝宽度数值的 70%。

防震缝的盖缝处理与伸缩缝类似，缝两端结构主要以水平变形为主。防震缝缝宽较大，可以代替温度缝和沉降缝，即三缝合一，缝宽按照抗震缝宽度处理。

3.8.4 变形缝构造要点

1. 墙体变形缝

变形缝的构造形式与变形缝的类型和墙体的厚度有关，可做成平缝、错口缝或企口缝，如图 3-146 所示。平缝构造简单，但不利于保温隔热，适用于厚度不超过 240mm 的墙体，当墙体厚度较大时应采用错口缝或企口缝，有利于保证墙体的围护效果。但防震缝应做成平缝，以适应地震时的摇摆。

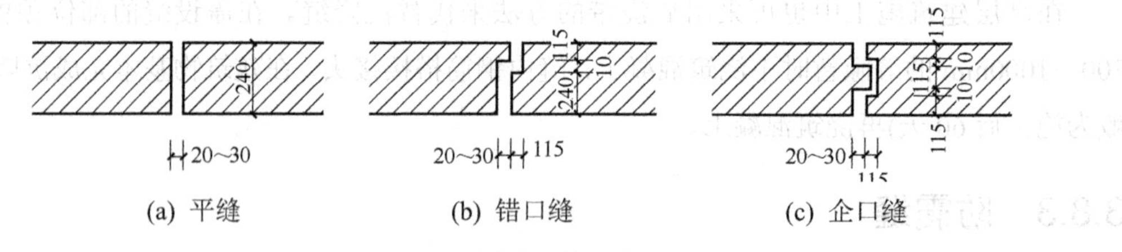

图 3-146 墙体变形缝的构造形式

墙体变形缝的构造处理既要保证变形缝两侧的墙体自由伸缩、沉降或摆动，又要密封严实，以满足防风、防雨、保温、隔热和外形美观的要求。因此，在构造上对变形缝须给予覆盖和装修。

(1) 伸缩缝。

为防止外界自然条件对墙体及室内环境的侵袭，外墙外侧缝口应填塞或覆盖具有防水、保温和防腐性能的弹性材料，如沥青麻丝、泡沫塑料条、橡胶条、油膏等。当缝口较宽时，还应用镀锌铁皮、金属薄钢片、铝皮等金属调节片覆盖，如图 3-147 所示。如墙面做抹灰处理，为防止抹灰脱落，可在金属片上加钉钢丝网后再抹灰。考虑到缝隙对建筑立面的影响，通常将缝隙布置在外墙转折部位或利用雨水管将缝隙挡住，作隐蔽处理。外墙内侧及内墙缝口通常用具有一定装饰效果的金属片、塑料片或木盖缝板做遮盖，并应一边固定在墙上。所有填缝或盖缝材料和构造应保证结构在水平方向的自由变形而不破坏。内墙伸缩缝内一般不填塞保温材料，缝口处理与外墙内侧缝口相同。

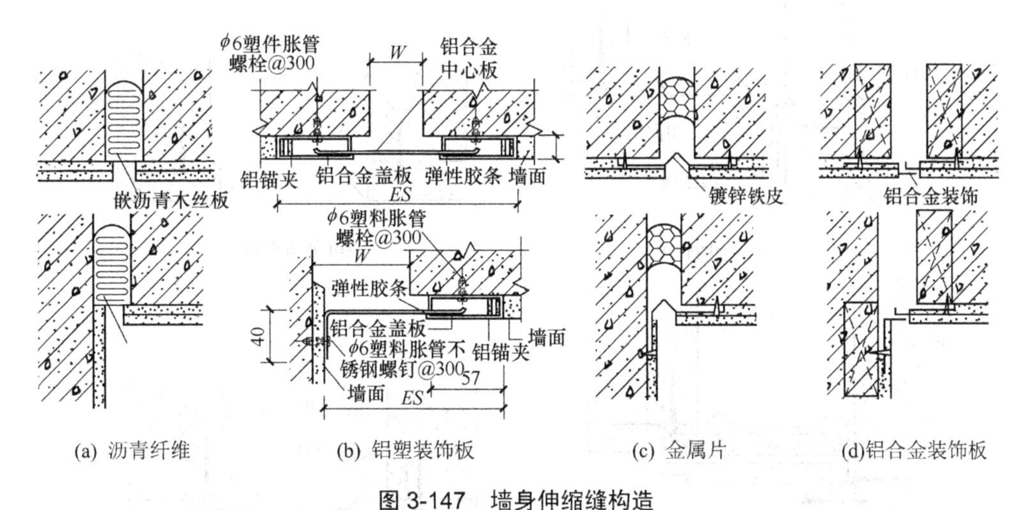

图 3-147 墙身伸缩缝构造

ES—变形缝面板的总宽度；*W*—伸缩缝宽度

(2) 沉降缝。

沉降缝一般兼伸缩缝的作用，其构造与伸缩缝构造基本相同，只是调节片或盖缝板构造上应保证两侧墙体在水平方向和垂直方向均能自由变形。一般外侧缝口宜根据缝的宽度不同采用两种形式的金属调节片盖缝，如图 3-148 所示。内墙沉降缝及外墙内侧缝口的盖缝同伸缩缝。

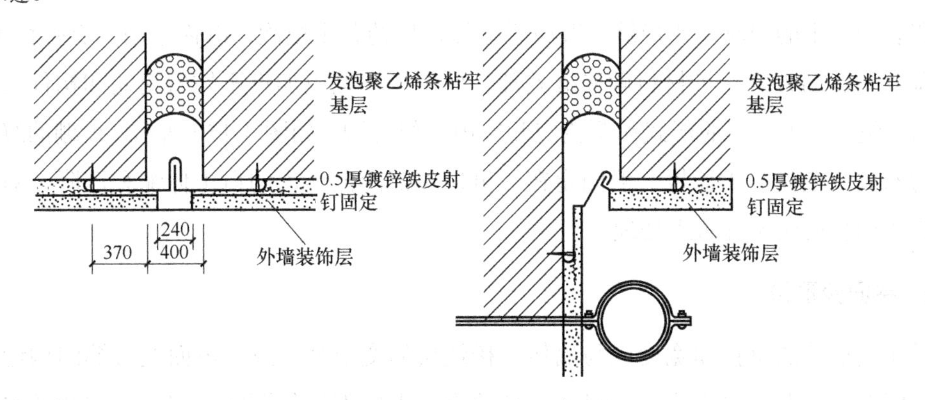

图 3-148 外墙沉降缝构造

(3) 防震缝。

防震缝构造与伸缩缝、沉降缝构造基本相同。考虑到防震缝宽度一般较大，构造上更应注意盖缝的牢固、防风、防雨及适应变形的能力等，外缝口用镀锌铁皮、铝片或橡胶条覆盖，内缝口常用木质、金属盖板遮缝。寒冷地区的外缝口还须用具有弹性的软质聚氯乙烯泡沫塑料、聚苯乙烯泡沫塑料等保温材料填实，如图 3-149 所示。

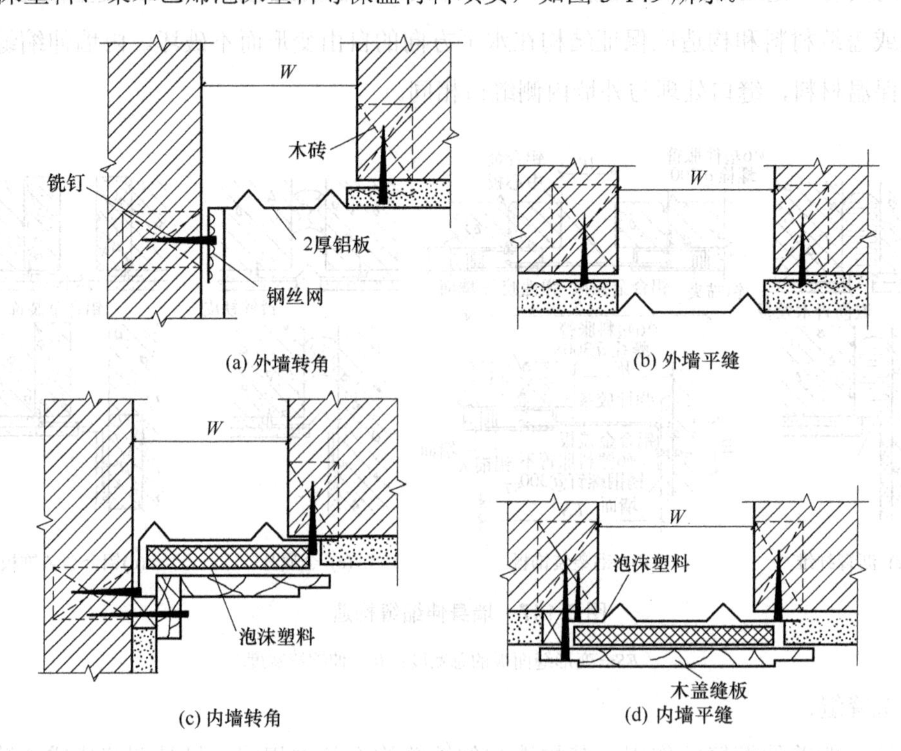

图 3-149　墙体防震缝构造

2. 楼地层变形缝

楼地层变形缝的位置和宽度应与墙体和屋面变形缝一致，同时应考虑沉降变形对地面交通和装修带来的影响。变形缝一般应贯穿楼地层的各个层次，缝内采用具有弹性的油膏、金属调节片、沥青麻丝等材料做嵌缝处理，面层和顶棚应加设不妨碍交通和构件之间变形需要的盖缝板，盖缝板的形式和颜色应和室内装修协调，如图 3-150 所示。顶棚的缝隙盖板一般为木质或金属，木盖板一般固定在一侧以保证两侧结构的自由伸缩和沉降。对于有水房间的变形缝还应做好防水处理。

3. 屋面变形缝

屋面变形缝的位置和宽度应与墙体、楼地层的变形缝一致。屋面变形缝的构造处理原则是既要保证屋盖有自由变形的可能，还要充分考虑不均匀沉降对屋面防水和泛水带来的影响，因此，泛水金属皮或其他构件应考虑沉降变形与维修余地。缝内用金属调节片、沥青麻丝等材料做嵌缝和盖缝处理。图 3-151 所示为等高不上人屋面变形缝构造；图 3-152 所示为等高上人屋面变形缝构造，图 3-153 所示为不等高屋面的变形缝构造处理。

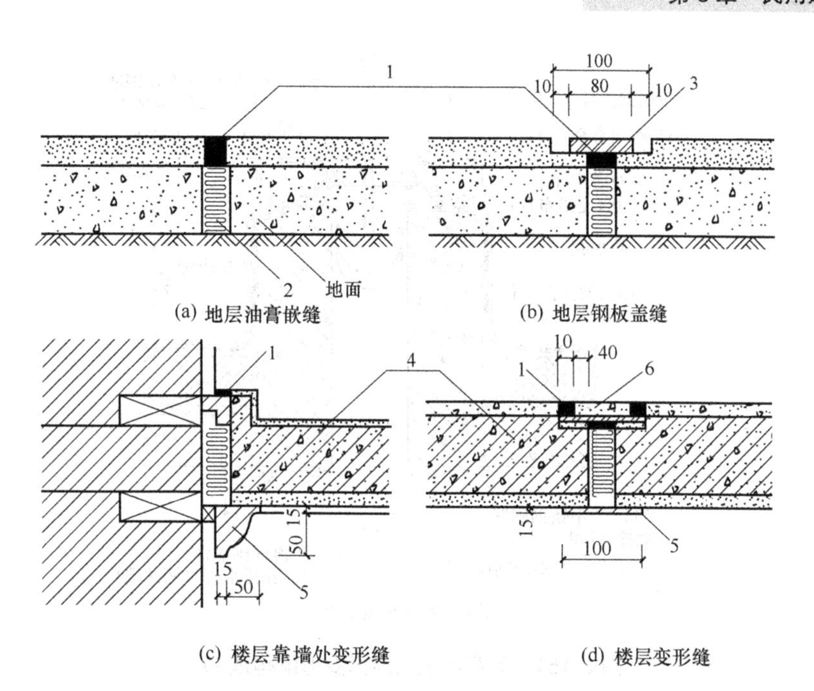

图 3-150　楼地层变形缝构造

1—油膏嵌缝；2—沥青麻丝；3—钢板；4—楼板；5—盖缝条；6—地面材料

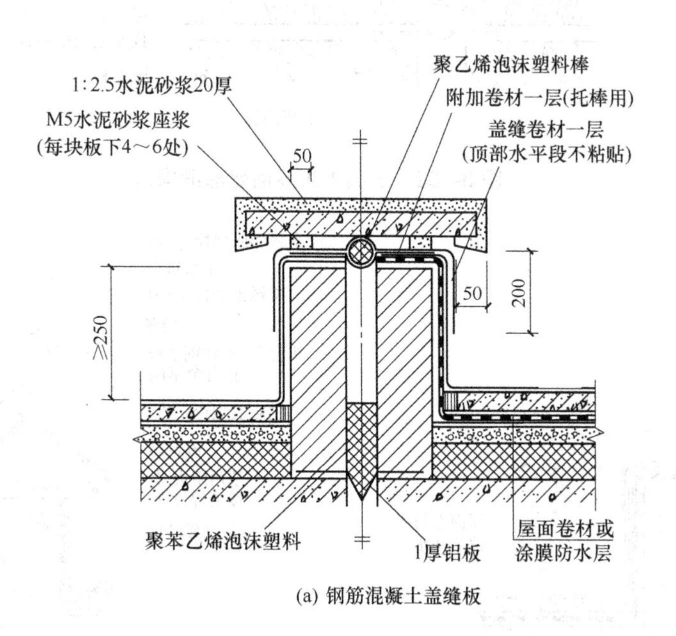

图 3-151　等高不上人屋面变形缝构造

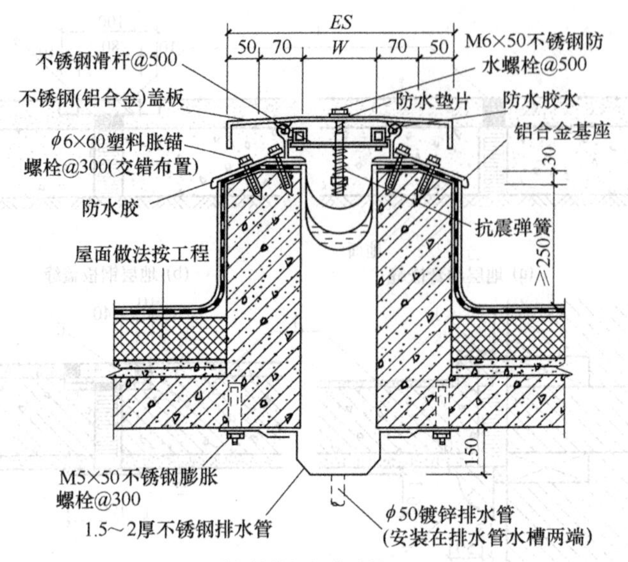

(b) 镀锌钢板盖缝板

图 3-151　等高不上人屋面变形缝构造(续)

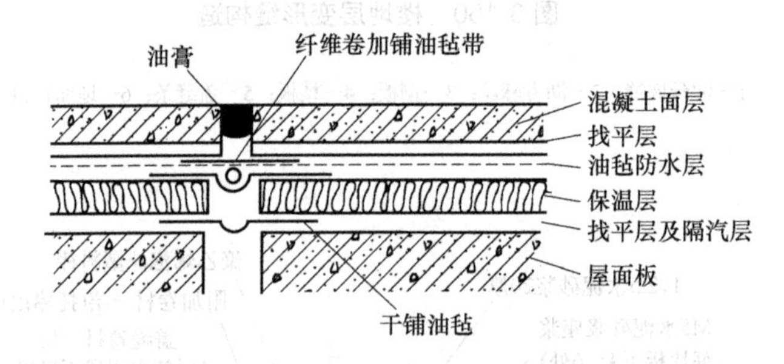

图 3-152　等高上人屋面变形缝构造

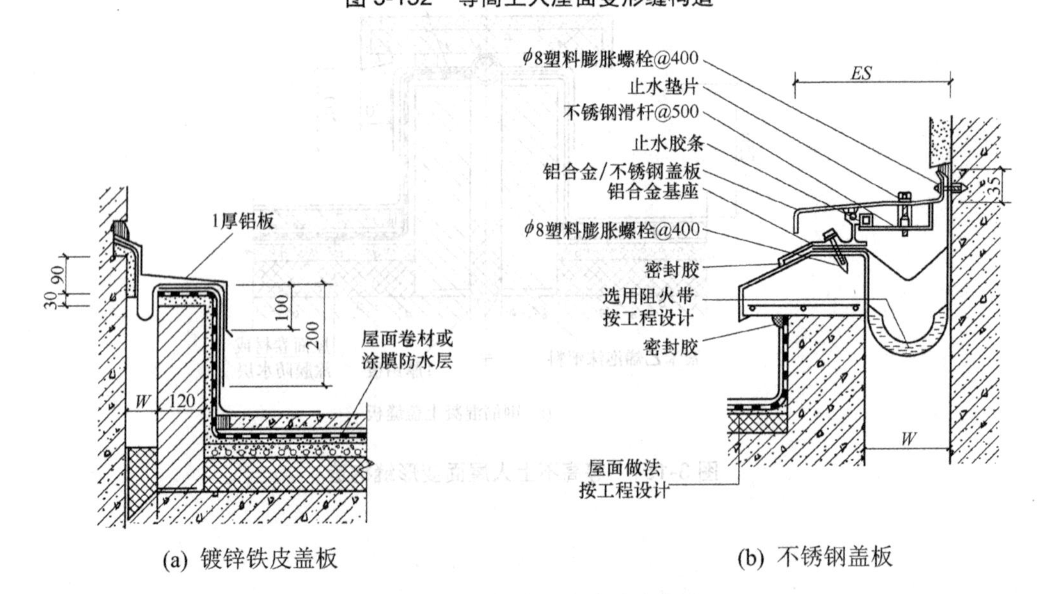

(a) 镀锌铁皮盖板　　(b) 不锈钢盖板

图 3-153　不等高屋面变形缝构造

习　　题

一、简答题

1. 建筑构造的研究对象是什么？

2. 影响建筑构造的主要因素有哪些？建筑构造的设计原则是什么？

3. 何谓基础、地基？两者的关系如何？

4. 何谓基础的埋置深度？影响基础埋置深度的因素有哪些？

5. 基础有哪些类型？各自的划分依据是什么？

6. 确定地下室防水或防潮的依据是什么？地下室何时需做防潮处理？何时需做防水处理？

7. 地下室防水常用做法有哪些？在地下室卷材防水工程中，何谓内防水、外防水？

8. 墙体分类一般有哪几种方式？各自又是如何进行划分的？

9. 墙体设计有哪些要求？

10. 墙体承重结构体系中，一般有几种形式的承重方案？各适用于什么样的建筑类型？

11. 在墙身中设置防潮层的目的是什么？其处理方式有几种形式？如何确定水平防潮层的位置？

12. 过梁的作用是什么？常用做法有哪几种？各有何特点？

13. 圈梁、构造柱的作用是什么？位置和数量如何确定？

14. 隔墙的常用类型有哪些？

15. 墙面装修做法有哪些？

16. 楼地层的设计要求有哪些？

17. 楼板按照所使用材料、施工方式的不同，可以分为哪些类型？

18. 楼板层和地坪层的基本组成有哪些？各起什么作用？

19. 楼地层的面层有哪些常用做法？

20. 现浇钢筋混凝土楼板按照受力和传力情况的不同，可以分为哪几种类型？预制钢筋混凝土楼板可分为几类？

21. 楼梯的设计要求是什么？

22. 楼梯有哪些类型？

23. 楼梯主要由哪些部分组成？各部分的作用和要求是什么？

24. 楼梯平台宽度、栏杆扶手高度和楼梯净空高度各有什么规定？

25. 在楼梯底层中间平台下做通道或储物室时，当平台净空高度不满足要求时，常采用哪些办法解决？

26. 现浇式钢筋混凝土楼梯和预制装配式钢筋混凝土楼梯一般有几种结构形式？各有何特点？

27. 屋面应满足哪些设计要求？

28. 屋面类型是如何划分的？

29. 屋面排水坡度是如何形成的？各有何特点？

30. 屋面排水方式有几种形式？各有何特点？

31. 如何进行屋面排水组织设计？

32. 屋面的防水等级是如何划分的？

33. 卷材防水屋面以及涂膜防水屋面的构造层次有哪些？这些构造层次有何作用和要求？

34. 屋面泛水处理的构造要点是什么？

35. 坡屋面的承重结构类型有哪几种？各自的适用范围是什么？

36. 平瓦屋面的做法有哪几种？

37. 平、坡屋面的保温、隔热是怎样解决的？

38. 门和窗按照开启方式分，各有哪些类型？

39. 门窗框的安装方式有哪些？各有何优缺点？

40. 特殊门窗有哪些？

41. 防火门、窗是如何划分等级的？

42. 变形缝的种类有哪些？各自的适用范围是什么？

二、观察思考题

1. 观察周围的建筑，思考应该从哪些方面入手进行建筑构造的研究。

2. 观察周围建筑的采光窗井，它们是怎样防止杂物落入采光窗井的？

3. 观察进入地下室的楼梯，它和上部楼梯的设计有差异吗？

4. 结合所学墙身节点部位详图对应观察周围建筑的墙身做法，看看它们都有何作用。

5. 观察周围建筑内外墙的装修做法，分析各种做法的特点，在设计中应如何将它们更好表达？

6. 观察所在学校的教室、宿舍、图书馆、计算机机房等地面面层选用材料，它们在选用时有区别吗？

7. 观察周围高层建筑与多层建筑的楼梯间形式，它们在设计中有差别吗？

8. 观察当建筑的楼梯间位于建筑中部，不能自然采光和通风时，它们是如何处理的。

9. 观察周围的传统坡屋面建筑，它们采用的都是什么形式的坡屋面？

10. 观察周围建筑的屋面防水材料，结合自己所学内容体会各防水方案之间的差异。

11. 在一些公共建筑的外门中，为达到隔绝室外气流的作用常使用旋转门。观察老年人和儿童使用时的情况，思考一下在设计中应当注意哪些问题。

12. 考虑到老龄化社会的到来，建筑设计以及建筑构造节点上应考虑哪些无障碍设计细节？

13. 建筑的外门窗是防水的薄弱环节，仔细观察周围建筑，可以采用哪些防水构造？

14. 观察周围的建筑物，它们设有变形缝吗？这些变形缝各起到什么作用？盖缝处又是如何处理的？

三、实践动手题

1. 以第 1 章实践动手题的第一小题为条件，试绘制该传达室的外墙身大样及屋顶平面图。

2. 某 4 层住宅，楼梯间开间尺寸为 2700mm，进深尺寸为 5400mm，层高为 2900mm，封闭楼梯间。楼梯底部有出入口，墙厚均为 240mm。室内外高差为 450mm。试设计该楼梯并绘制楼梯详图。

3. 某三层办公建筑，楼梯间开间尺寸为 4200mm，进深尺寸为 5100mm，层高 3300mm，开敞式楼梯间。内墙为 240mm，轴线居中；外墙为 360mm，轴线外侧为 240mm，内侧为 120mm。室内外高差为 450mm，楼梯间不通行但设有一储藏室。试设计该楼梯并绘制楼梯详图。

第 4 章　工业建筑设计和构造

4.1　工业建筑概述

4.1.1　工业建筑的特点

工业建筑是指从事各类生产活动的建筑物和构筑物，一般主要指单层或多层厂房，按用途可分为通用工业厂房和特殊工业厂房。广义的工业建筑还包括储藏、运输、研发、管理、后勤等生产辅助性建筑。工业建筑在设计原则、建筑技术、建筑材料等方面与民用建筑相比，有许多相同之处，但还具有以下特点。

(1) 满足生产工艺要求，这是工业建筑设计的出发点。一般由工业技术人员提供工艺设计图并提出建筑设计要求。建筑设计以满足该要求为主，为生产提供良好的环境，并兼顾安全、经济和美观的要求。

(2) 内部有较大的通畅空间，这是满足生产工艺所必需的条件。厂房内部通常都有大型机器设备、吊车、原材料等，都需占用大量空间。而生产工艺一般要求空间通畅，便于组织设备和物品的生产流线。

(3) 采用大型承重骨架结构，这是提供较大通畅空间的必要手段。单层工业厂房多采用刚架或排架结构体系，不仅可以提供较大空间，也便于安装起重设备，同时还利于厂房的采光、通风、排水、抗震等各方面设计。

(4) 结构、构造复杂，技术要求高。工业建筑多采用大型承重骨架结构体系，为满足生产环境要求，屋面通常设置天窗；厂房内部通常设置起重设备；有些特殊厂房还需满足恒温恒湿要求；有些厂房有腐蚀、毒害介质，这些都增加了工业建筑设计的技术难度。

4.1.2 工业建筑的分类

1. 按层数分

(1) 单层厂房。单层厂房广泛用于各种工业生产，能提供较大的开敞空间，多用于冶金、机械加工等重型工业，用于飞机装配车间的厂房其跨度可达百米。单层厂房占地面积大，技术较为复杂。单层厂房又分为单跨、多跨(见图 4-1)和纵横跨相交厂房。

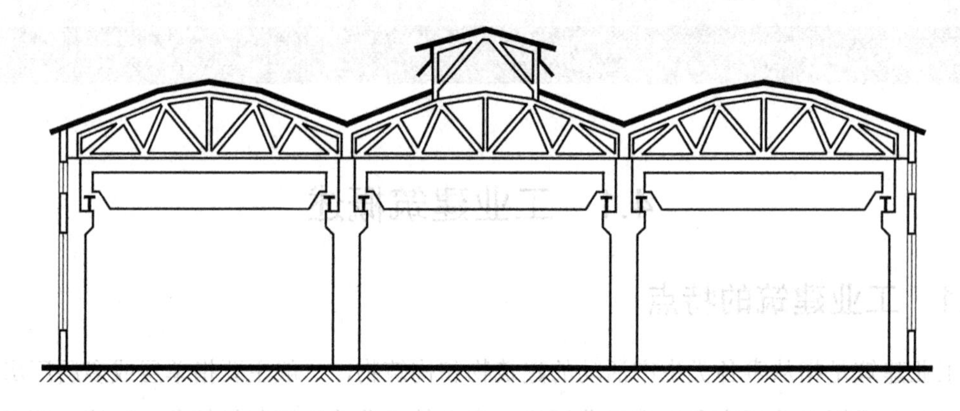

图 4-1 单层多跨厂房

(2) 多层厂房。多层厂房即二层及以上的厂房，适合在垂直方向上组织生产流程，多用于食品加工，电子、精密仪器等轻工业生产中。多层厂房在结构上多采用钢筋混凝土或钢结构，与民用建筑较为相近，如图 4-2 所示。

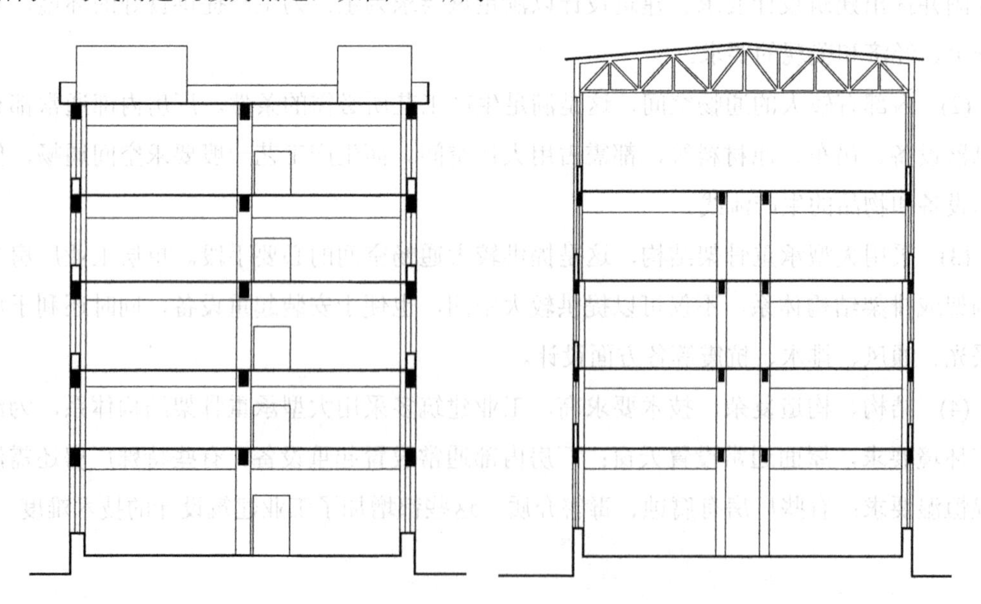

图 4-2 多层厂房

(3) 混合层次厂房。由于生产工艺的要求，多层厂房和单层厂房混合在一幢建筑中，即为混合层次厂房多用作化学工业、热电站的主厂房，如图 4-3 所示。

2. 按生产用途分

(1) 生产厂房。生产厂房是指直接进行产品生产的厂房，包括备料、加工、装配等，是工厂的主要厂房，如铸造车间、装配车间等。

(2) 辅助厂房。辅助厂房是指本身不直接从事产品生产，而是为生产提供服务的厂房，如机械制造厂的修理车间、工具车间等。

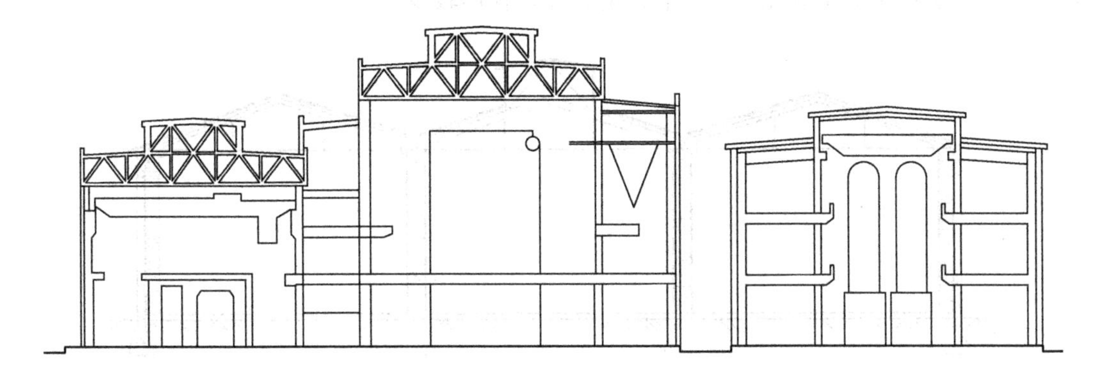

图 4-3　混合层次厂房

(3) 动力厂房。动力厂房是指为工业生产或全厂提供能源的厂房，如发电站、变电站、锅炉房等。这类厂房具有一定的危险性，必须做好防火、防爆等方面的设计。

(4) 仓储厂房。仓储厂房是指储存原材料、半成品、成品的厂房。根据储存物品的性质不同，在防火、防潮、防爆、防腐蚀及防变质等方面有不同的要求。

(5) 运输厂房。运输厂房是指停放各种交通运输设备如汽车、电瓶车、轨道车等的厂房。设计时要考虑到车辆出入及是否铺设轨道等多方面的要求。

3. 按生产状况分

(1) 冷加工厂房。冷加工厂房是指在常温状态下加工非燃烧物质和材料的生产车间，如机械、加工、装配等车间。

(2) 热加工厂房。热加工厂房是指在生产过程中会产生高温，同时伴有烟尘等有害物质的生产车间，如铸造、锻压、热处理等车间。

(3) 恒温恒湿厂房。恒温恒湿厂房是指在生产过程中室内空气温度、湿度须在容许变化范围内波动(一般通过空调系统来维护)的生产车间，如精密仪器、纺织车间等。

(4) 洁净厂房。洁净厂房是指生产过程对室内空气洁净度要求很高的生产车间，包括生物洁净厂房如药品、食品生产车间，工业洁净厂房如集成电路、仪表等车间。

(5) 其他特种状况厂房。有些厂房在生产过程中有侵蚀性介质，如化肥车间、酸洗车间等；有些厂房有放射性车间、防电磁波干扰车间；有些厂房有易燃易爆品车间等。

4.1.3 工业建筑的结构体系

单层工业建筑的结构支承方式可以分为承重墙支承与骨架支承两类。若工业建筑的跨度、高度、吊车荷载较小，如跨度不大于 15m，吊车起重量小于 50kN，可使用承重墙结构。承重墙体由砖、石或砌块砌筑而成，承托上部屋架或屋面大梁的荷载，如图 4-4 所示。承重墙支撑的单层厂房的承载能力和抗震性能较差，使用较少。

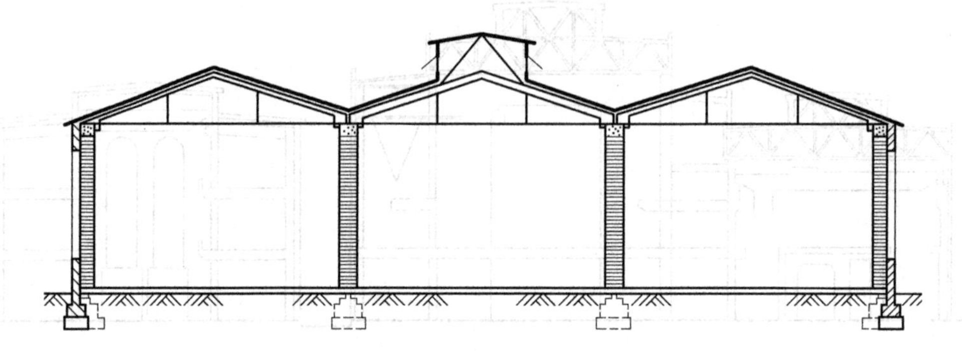

图 4-4 承重墙结构厂房

若工业建筑的跨度、高度、吊车荷载较大，则使用骨架结构。骨架结构由柱子、屋架或屋面大梁(或柱梁结合或其他空间结构)等承重构件组成。其结构体系可以分为刚架、排架及空间结构。其中以排架结构最为多见。

刚架结构是将屋面梁与柱子合并为一个构件，即屋面梁(或屋架)与柱子之间为刚接，柱子与基础之间一般为铰接。刚架在结构上属于平面受力体系，在平面外的刚度较小，通常跨度不是很大，如钢筋混凝土刚架的跨度在 18m 左右；檐口高度也不是很高，如钢筋混凝土刚架的檐口高度在 10m 左右。

排架是指屋架或屋面梁与柱子之间铰接的做法，能够承受大型的起重设备运行时所产生的动荷载。排架在结构上也属于平面受力体系，每榀排架之间在垂直和水平方向都需要选择合适的地方来添加支撑构件，以增加其水平刚度，而且在建筑物两端的山墙部位还应该增加抗风柱，用于抵抗风荷载。

图 4-5 所示为装配式钢筋混凝土排架结构单层厂房结构体系示意图。其每榀排架由基础、柱子和屋面大梁组成，这是建筑的承重结构，它承托屋面板、天窗、墙体、吊车的竖向荷载以及风、地震、吊车启动制动时的水平荷载，对整个厂房的结构安全起着至关重要的作用。屋面板、连系梁、圈梁、吊车梁属于水平连系构件，将若干榀排架连成一个整体，增加结构的整体稳定性。天窗、外墙、地面、散水等不承重，在建筑中属于围护构件。

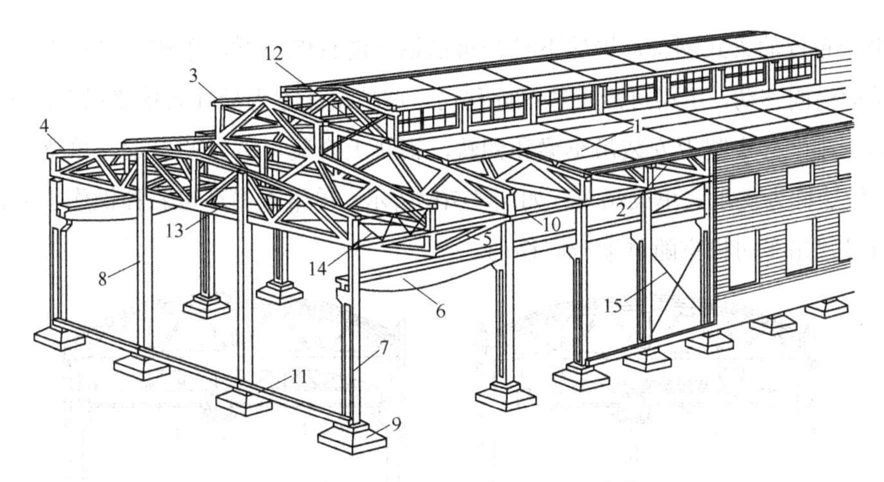

图 4-5　钢筋混凝土排架结构单层厂房结构体系

1—屋面板；2—天沟板；3—天窗板；4—屋架；5—托架；6—吊车梁；7—排架柱；8—抗风柱；
9—基础；10—连系梁；11—基础梁；12—天窗架垂直支撑；13—屋架下弦横向水平支撑；
14—屋架端部垂直支撑；15—柱间支撑

4.1.4　工业建筑的起重设备

1. 单轨悬挂式吊车

单轨悬挂式吊车是一种轻型起重设备，一般起重量不超过 5t，如图 4-6 所示。吊车(俗称电葫芦)悬挂在工字钢轨道上，可沿轨道做往复运动；工字钢轨道安装在屋架下弦或屋面梁下，可布置成直线式或曲线式轨道。由于轨道安装在屋架上，所以对屋架刚度要求较高。单轨悬挂式吊车可手动或电动操作，操作手柄悬挂在吊车下部，使用起来较为灵活。

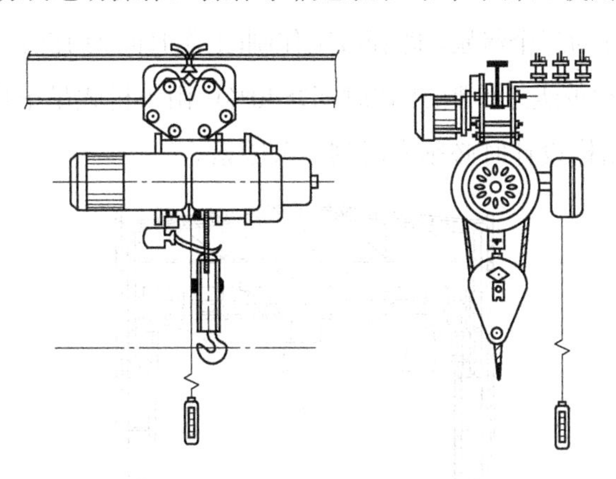

图 4-6　单轨悬挂式吊车

2. 单梁式吊车

单梁式吊车属于轻型吊车，最大起重量 5t。单梁式吊车有两种类型：①在屋架下部悬挂两根平行布置的梁式钢轨，钢轨下悬挂可沿钢轨滑行的单梁，单梁上悬挂电葫芦，电葫芦可沿单梁横向移动，单梁可沿钢轨纵向移动，这种做法称为悬挂式单梁吊车，如图 4-7(a)所示；②在排架柱牛腿上安装吊车梁和钢轨，钢轨上安装可滑行的单梁，单梁上悬挂电葫芦，这种做法称为支承式单梁吊车，如图 4-7(b)所示。单梁式吊车可悬挂操作手柄在地面操作，也可设置吊车司机室随单梁一同移动。

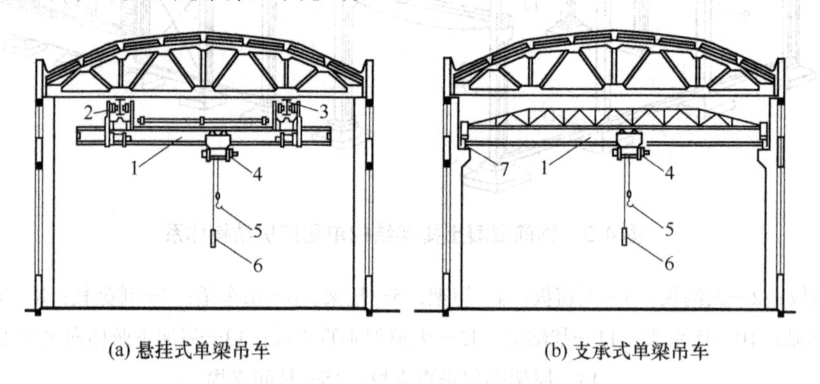

图 4-7　单梁式吊车

1—钢梁；2—运行设备；3—轨道；4—起重设备；5—吊钩；6—操作设备；7—吊车梁

3. 桥式吊车

桥式吊车是一种重型起重设备，最大起重量一般为 400t，目前已有最大起重量超过千吨的桥式吊车。桥式吊车由桥架和起重小车组成，在排架柱牛腿上安装吊车梁和吊车轨，其上支撑桥架，桥架上安装起重小车，如图 4-8 所示。起重小车可沿桥架横向移动，桥架沿吊车轨纵向移动。桥式吊车设有吊车司机室随桥架同时移动。桥式吊车按吊车开动时间占全部生产时间的比例分为三个级别，即轻级工作制(工作时间为 15%～25%)、中级工作制(工作时间为 25%～40%)和重级工作制(工作时间＞40%)。由于桥式吊车启动和制动时对结构的冲击力较大，所以在结构设计时必须考虑到相关因素。

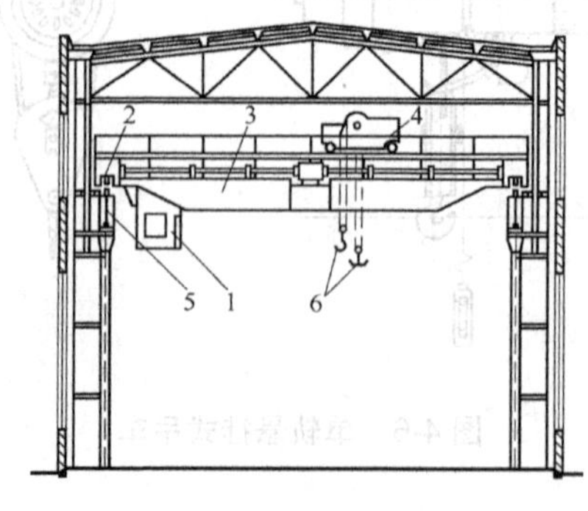

图 4-8　桥式吊车

1—司机室；2—吊车轮；3—桥架；4—起重设备；5—吊车梁；6—吊钩

4.2　工业建筑设计

4.2.1　工业建筑设计的要求

1. 满足生产的要求

和民用建筑不同，工业生产的机器设备、原材料等占用空间较大，因此对厂房的面积、柱子的跨度、空间的高度都有严格的要求。此外，工作面的照度、生产车间室内温度等因素又决定了厂房的采光与通风设计。这些都是首要满足的要求。

2. 满足技术的要求

某些特殊工业建筑需要解决一定的技术问题，例如洁净厂房要求控制空气洁净度；恒温恒湿厂房要求控制空气温、湿度在一定范围内波动；高温、高噪声、有毒害物质的生产车间必须控制室内相关环境指标，以保证生产安全和工人健康。

3. 满足经济的要求

经济要求不仅指要合理控制厂房的造价成本，还要满足工程周期的要求。早建成、早投产、早见经济效益也是要满足的要求。此外，厂房后期的使用维护成本和升级换代成本也是需要综合考虑的经济因素。

4. 满足美观的要求

随着经济的不断发展，人们对工业建筑的要求不仅仅停留在满足生产的要求上，也开始追求良好的视觉效果，尤其是对于生产、研发、管理等工业建筑综合体，优美的厂区和建筑不仅能提供良好的生产环境，也是企业形象的代表，具有潜在的经济效益。

4.2.2　单层工业建筑设计

1. 单层工业建筑平面设计

1)　平面形式

单层工业建筑即单层厂房的平面形式与生产流程、厂区规划、用地要求等因素有关，有矩形单跨、矩形多跨、矩形纵横跨、L 形、“门”形和 E 形等多种形式。

(1)　矩形单跨(见图 4-9)。这是最基本的厂房平面形式，适合直线式生产工艺流程，即原料从厂房一端进入，经生产加工后产品从另一端运出。矩形单跨的厂房结构与构造简单，技术成熟，施工速度快，厂房内部采光、通风环境良好，在工程实际中运用较广泛。

(2)　矩形多跨(见图 4-10)。当生产规模较大，或需要更多面积空间时，可将单跨厂房组合为多跨。这种形式的厂房适合直线式生产工艺流程或往复式生产工艺流程。多跨厂房通常采用相同的跨度和相同的柱顶标高，这样可以有效地控制成本，简化构造做法，提高施工速度。相比单跨厂房而言，多跨厂房可以提供更大的空间，有时为了安装某些大型设备，还需抽掉一根或几根柱子。但如果跨数过多则会影响厂房内部的采光和通风，通常超过 3 跨时就应考虑使用其他平面形式了。

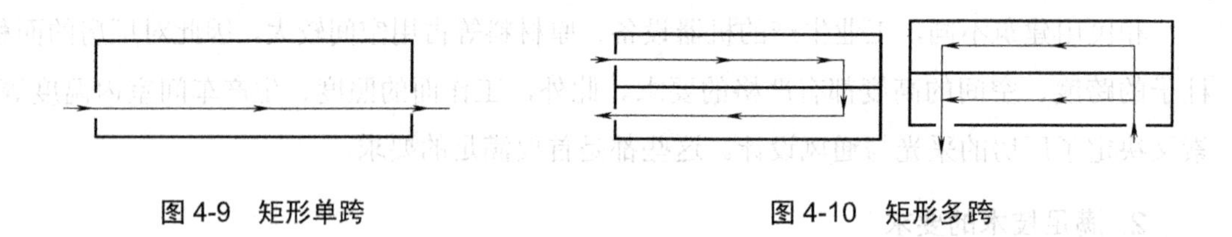

图 4-9　矩形单跨　　　　图 4-10　矩形多跨

(3)　矩形纵横跨(见图 4-11)。垂直式的生产工艺流程厂房可设计成纵横跨相交的形式。这种形式平面紧凑、工程管线较短、工艺连接紧密、空间利用效率高；但在结构与构造上较为复杂，施工周期较长，而且纵横跨之间一般需设置抗震缝。

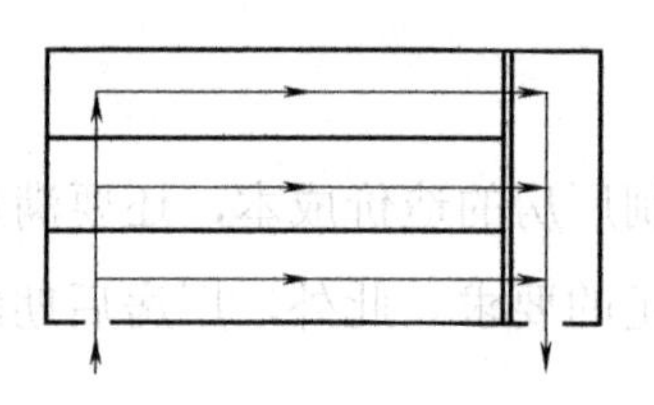

图 4-11　矩形纵横跨

(4)　L 形、“门”形和 E 形(见图 4-12)。这几种平面形式均为纵横跨相交的做法，相交处构件增多，构造复杂，适合生产规模较大、产品较多的工业厂房。较多的外墙面积带来的采光和通风的优势，有利于厂房内部的生产环境，但也增加了管线长度和运输路线的长度，生产和维护费用较高，面积利用效率不高，除特殊工艺要求外，现在已较少使用。

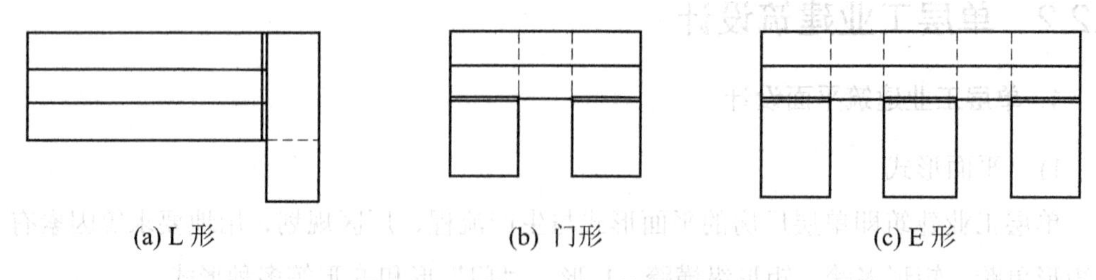

图 4-12　L 形、“门”形和 E 形

2)　平面柱网

单层厂房的柱网设计取决于工艺流程和设备布置的需要，在要求上和民用建筑有较大的差别。

(1) 柱距。两条横向定位轴线之间的距离称为柱距。根据《厂房建筑模数协调标准》的规定，柱距按 60*M* 取值，如图 4-13 所示。常用厂房的柱距为 6m、12m。

(2) 跨度。两条纵向定位轴线之间的距离称为跨度。根据《厂房建筑模数协调标准》的规定，当厂房跨度不超过 18m 时，按 30*M* 取值；超过 18m 时，按 60*M* 取值，如图 4-13 所示。常用厂房的跨度为 9m、12m、15m、18m、24m、30m、36m 等。

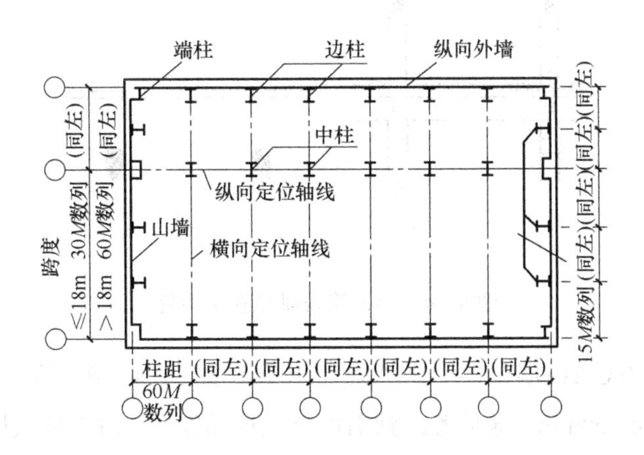

图 4-13　柱距与跨度

(3) 柱网尺寸的确定。柱网尺寸应根据生产要求及结构方案要经济合理的要求来确定。柱网排布应规则整齐并统一尺寸，以减小结构计算和施工的复杂性。如某些设备的特殊要求需局部扩大柱网尺寸，较合理的做法是全面调整，扩大柱网尺寸，使柱距统一。这样做看似浪费面积、增加成本，但实际上却提高了厂房的经济合理性。首先，扩大并统一柱网尺寸减少了建筑构配件的型号种类，简化了结构计算，提高了施工速度，有效地降低了成本。其次，扩大的柱网尺寸有利于将来的扩大再生产，为设备升级换代、重新组织生产线提供了预留空间，不必再进行土建改造。再次，扩大的柱网会提高厂房内部空间的利用效率，增加吊车的服务范围，能够有效地提高生产效率。例如，当柱子跨度为 12m 时，吊车的服务范围为 52%；当柱子跨度为 18m 时，吊车的服务范围可达 68%。

3) 定位轴线

厂房的定位轴线是确定结构构件位置的基准线，为结构施工和设备安放提供尺寸依据。对于骨架承重的厂房来说，确定轴线亦即确定柱网尺寸。但在轴线与柱子的相对位置关系上，工业建筑和民用建筑是有一定差别的。厂房的定位轴线有横向定位轴线、纵向定位轴线和纵横跨相交处定位轴线三种。

(1) 横向定位轴线，即沿柱距方向排布的轴线，用 1,2,3,⋯自左向右依次标注。横向定位轴线不仅确定了柱距的尺寸，也是屋面板、吊车梁、连系梁、基础梁、外墙板、纵向支撑构件的标志尺寸。横向定位轴线与柱子的相对位置关系在中间、山墙、变形缝处有所区别。

① 横向定位轴线在中间处。这时定位轴线均通过柱子的几何中心，即柱子与轴线对中。横向定位轴线通过屋架或屋面梁的中心线，如图 4-14 所示。

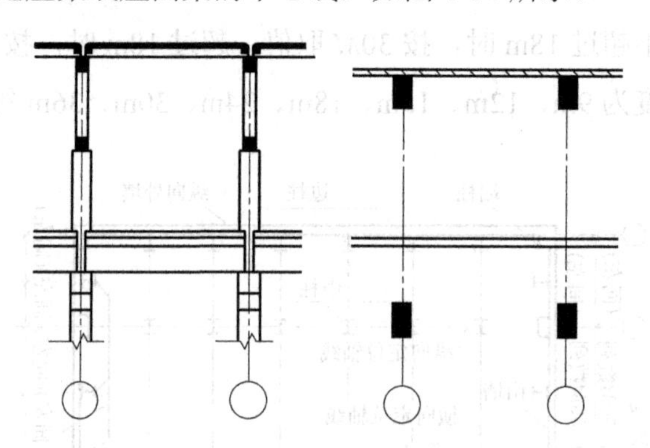

图 4-14 横向定位轴线在中间处

② 横向定位轴线在山墙处。当山墙为非承重山墙时，山墙内缘与轴线重合，柱子中心线自轴线向内移动 600mm，这是考虑到山墙抗风柱的需要，由于抗风柱要通到屋架上弦，所以屋架和柱子必须内移以留出这部分空间，如图 4-15 所示；当山墙为承重山墙时，山墙内缘与轴线的距离应按墙体砌块材料的整块或半块尺寸取值。

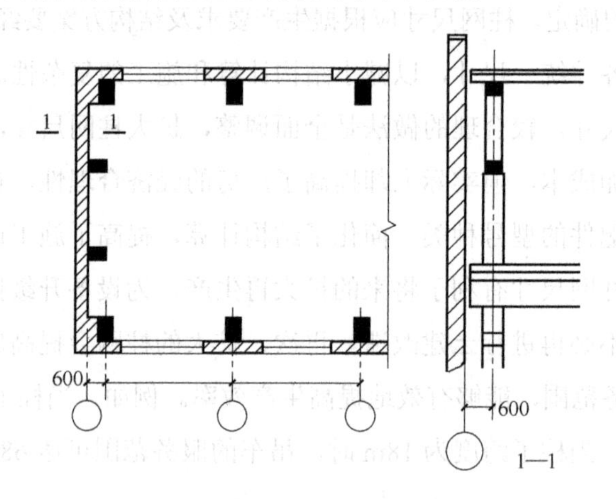

图 4-15 横向定位轴线在山墙处

③ 横向定位轴线在变形缝处。变形缝处应设双轴线和双柱，双轴线之间加插入距，插入距与缝宽相同。插入距是为了使同方向的定位轴线之间的距离与其他轴线间的柱距保持一致，不增加构件类型。这两条轴线的间距就是插入距，常常用 a_i 表示。变形缝两侧的柱子分别向各自方向移动 600mm，如图 4-16 所示。这样做不仅可以使构件规格一致，也给柱下基础留出了足够的空间。

(2) 纵向定位轴线，即沿跨度方向排布的轴线，用 A,B,C,…(I、O、Z 除外)自下向上依

次标注。纵向定位轴线与柱子的相对位置关系在边列柱、中列柱、变形缝处有所区别。

① 纵向定位轴线在边列柱处。这时根据吊车的起重量不同有封闭结合和非封闭结合两种做法。封闭结合适用于吊车起重量小于或等于 20t 的厂房中，纵向定位轴线通过柱子的外缘和墙的内缘，屋架与外墙之间形成封闭结合，如图 4-17(a)所示。这种做法构造简单，施工方便。当吊车起重量在 30t 以上时，为满足吊车运行时的安全需要，采用非封闭结合的做法，如图 4-17(b)所示。把柱子和外墙同时外移一段距离，这段距离称为联系尺寸，同时也是屋架与外墙之间出现缝隙的尺寸。由于屋架与外墙之间出现缝隙，屋面板与外墙之间的距离就要用其他构件填补，增加了构造和施工的复杂性。

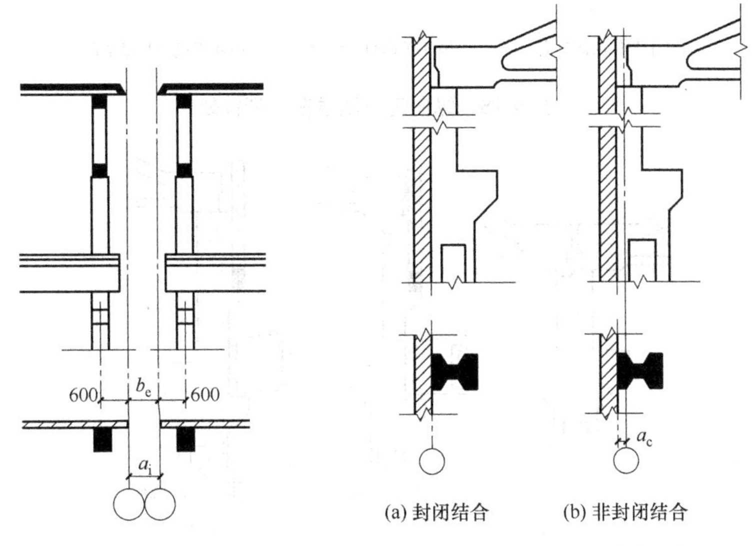

图 4-16　横向定位轴线在变形缝处

a_i—插入距；b_e—变形缝宽

图 4-17　纵向定位轴线在边列柱处

a_c—连系尺寸

② 纵向定位轴线在中列柱处。当中列柱两侧等高时，轴线与柱子的中心线重合，如图 4-18(a)所示；当中列柱两侧不等高时，根据吊车起重量有单轴线和双轴线两种做法。当吊车起重量小于 20t 时采用单轴线做法，定位轴线与高跨上柱外缘即封墙内缘重合，也就是高跨上部按封闭结合处理，如图 4-18(b)所示。当吊车起重量大于 30t 时采用双轴线做法，将柱和封墙向低跨移动一段距离，此段距离即连系尺寸，也是插入距，同时加入一根轴线。这种做法亦即在高跨处按非封闭结合处理，如图 4-18(c)所示。

③ 纵向定位轴线在变形缝处。纵向变形缝多为伸缩缝，可采用单柱或双柱的做法。单柱的做法比较简单，等高跨和高低跨时均可使用。伸缩缝一端的屋架固定在柱顶，另一端则采用活动支座支撑在柱顶。设两根轴线，轴线之间的插入距即缝宽，如图 4-19 所示。双柱的做法一般用在高低跨处。设两根轴线，其插入距与吊车起重量有关。吊车起重量小于 20t 时，高跨处按封闭结合处理，插入距即缝宽与高跨上部封墙厚度二者之和；吊车起重量大于 30t 时，高跨处按非封闭结合处理，插入距即缝宽、连系尺寸与高跨上部封墙厚

度三者之和，如图 4-20 所示。

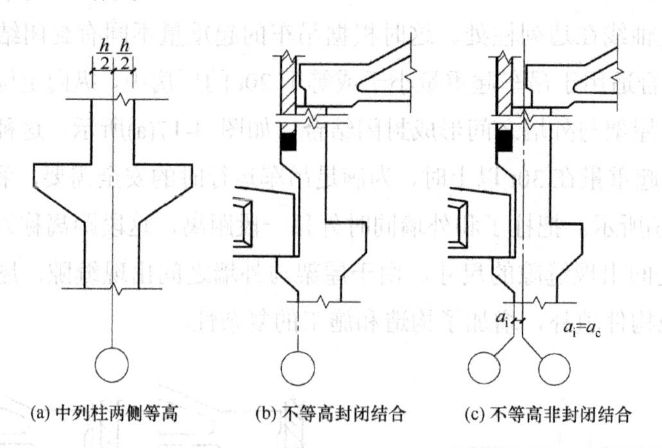

(a) 中列柱两侧等高　(b) 不等高封闭结合　(c) 不等高非封闭结合

图 4-18　纵向定位轴线在中列柱处

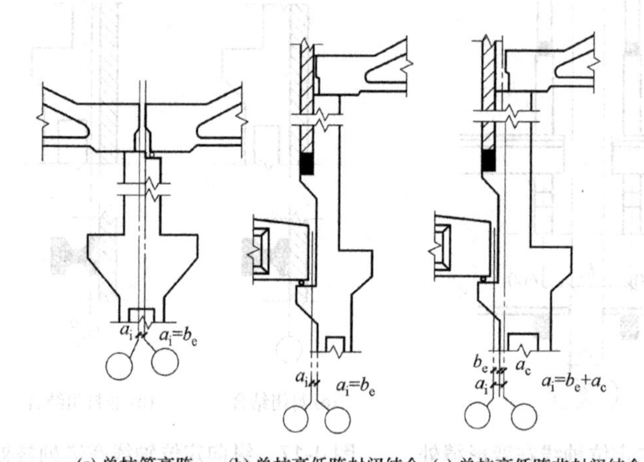

(a) 单柱等高跨　(b) 单柱高低跨封闭结合　(c) 单柱高低跨非封闭结合

图 4-19　纵向定位轴线在变形缝处的单柱做法

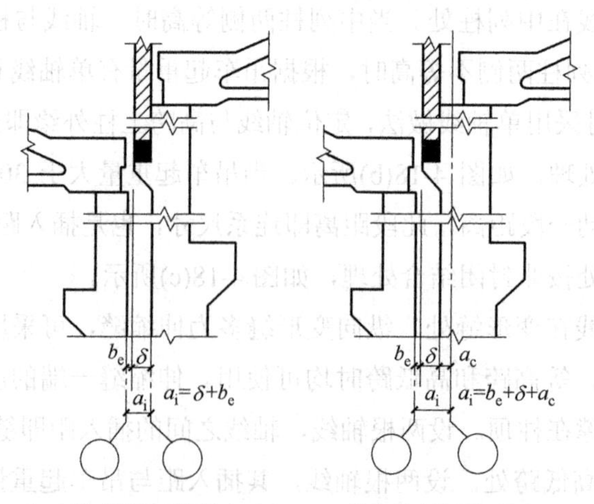

(a) 双柱高低跨封闭结合　(b) 双柱高低跨非封闭结合

图 4-20　纵向定位轴线在变形缝处的双柱做法

(3) 纵横跨相交处定位轴线。纵横跨相交处一般需设变形缝，缝两端纵跨的端柱与横跨的边列柱各自设轴线，纵跨部分属于横向定位轴线，横跨部分属于纵向定位轴线。轴线之间的插入距亦按吊车起重量有封闭结合和非封闭结合两种处理方式，如图 4-21 所示。纵横跨柱子按各自原则与轴线取得联系。

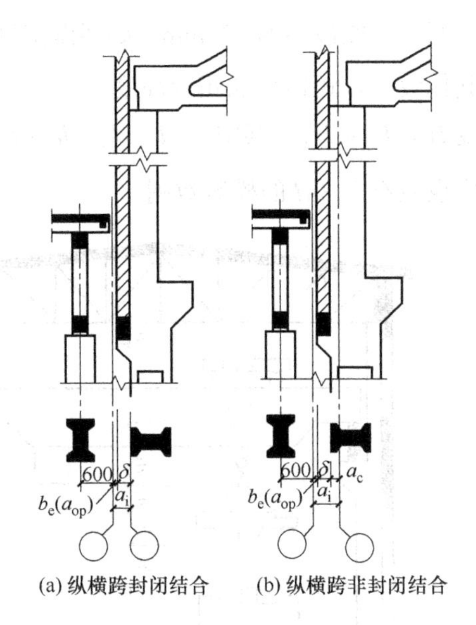

图 4-21　纵向定位轴线在纵横跨相交处

a_{op}—吊装墙板所需的净空尺寸

2. 单层工业建筑剖面设计

单层厂房的剖面设计首先要满足生产工艺的要求，一般由工艺人员提供相关数据，设计者全面考虑结构、施工以及经济方面的要求后，合理确定厂房的高度、剖面形式等具体细节，完成整个厂房的剖面设计。

1) 厂房的高度

厂房的高度是由室内地坪面到屋顶承重结构下表面的垂直距离，即柱顶标高，用 H 表示。如果屋顶承重结构是斜的，则厂房的高度是由地坪面至屋顶承重结构最低点的垂直距离。对于无吊车的厂房，要根据生产设备、检修空间、采光通风、卫生标准等因素来确定柱顶标高，一般不低于 4m。如厂房为砌体结构，柱顶标高应符合 1M 的模数数列；如厂房为骨架结构，柱顶标高应符合 3M 的模数数列。

对于有吊车的厂房，其高度由以下几方面组成(见图 4-22)。

(1) 地坪面至吊车轨道顶部高度，即吊车轨顶标高，用 H_1 表示。此项一般由工艺人员提出要求，由生产设备最大高度 h_1、被吊物体安全超越高度 h_2(一般为 400～500mm)、被吊物体最大高度 h_3、吊索最小高度 h_4、吊钩至轨顶高度 h_5(按起重量不同查表求得)几部分组成。

吊车轨顶标高应符合 3M 的模数数列。

(2) 轨道顶部至柱顶的高度，用 H_2 表示。H_2 由两部分组成：①轨顶至起重小车顶部的高度，用 h_6 表示，此项根据吊车起重量不同查表求得；②起重小车顶部与屋顶承重构件下表面的安全距离，用 h_7 表示，此项是考虑到屋顶承重结构产生的挠度、基础沉降、施工误差等因素而预留的一部分空间，一般最小为 220mm，如遇湿陷性黄土则不小于 300mm，如屋架或屋面梁下有管线或其他设备，还需增加相应高度。

由以上得出：厂房高度 $H = H_1 + H_2$。其中：$H_1 = h_1 + h_2 + h_3 + h_4 + h_5$；$H_2 = h_6 + h_7$。

此外，柱子的牛腿高度也应符合 3M 的模数数列。

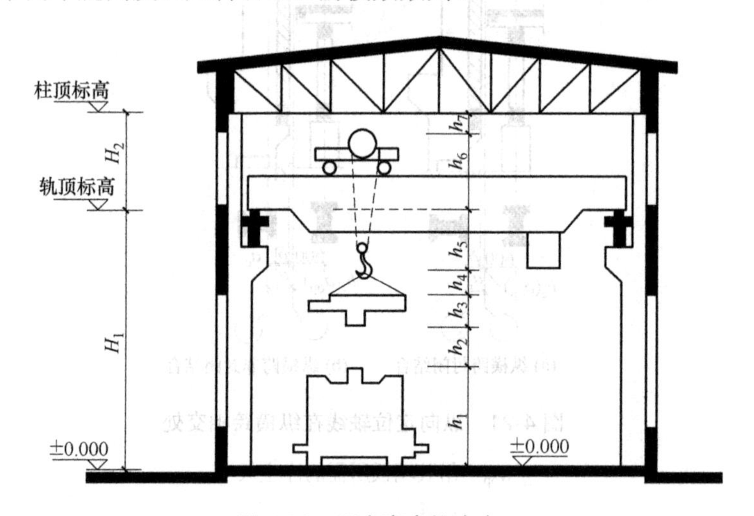

图 4-22 厂房高度的确定

2) 厂房高度的调整

在确定厂房的高度时，除工艺要求外，考虑到屋面排水、施工方便和经济等方面的因素，可做如下调整。

(1) 对于单跨或多跨等高厂房，为方便将来更新设备，重新组织生产流程，提高厂房的通用性，可适当预留一部分高度空间，即把厂房高度刻意提高一些。

(2) 对于多跨不等高厂房，当高差小于 1.2m 时，应将低跨部分提至与高跨相同的高度；若仅有一个低跨，且高差小于 1.8m，也应做成等高；若有抗震要求，且高差小于 2.4m，也应做成等高。这样做看似浪费，但统一了屋面高度，对屋面排水、积雪、积灰等问题较易处理，且减少了构件类型，简化了构造做法，提高了施工速度，从整体上看反而更经济，如图 4-23 所示。

(3) 当厂房内局部有大型设备需占用较高空间时，可将设备布置在两榀屋架之间，利用屋顶空间可有效降低厂房高度。当有设备需要较高的操作空间时，可将局部地坪降低。例如检修大型变压器时，可在检修地段下挖一个深坑，这样就避免了因抬高整个厂房而增加造价的影响，如图 4-24 所示。

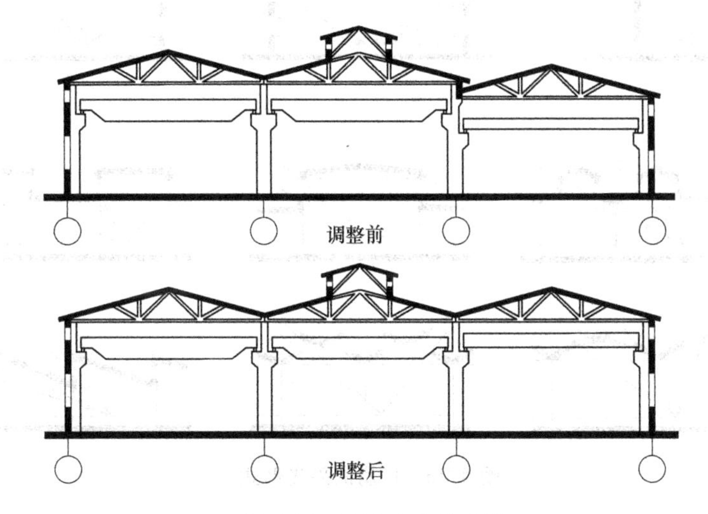

图 4-23　厂房高度的调整

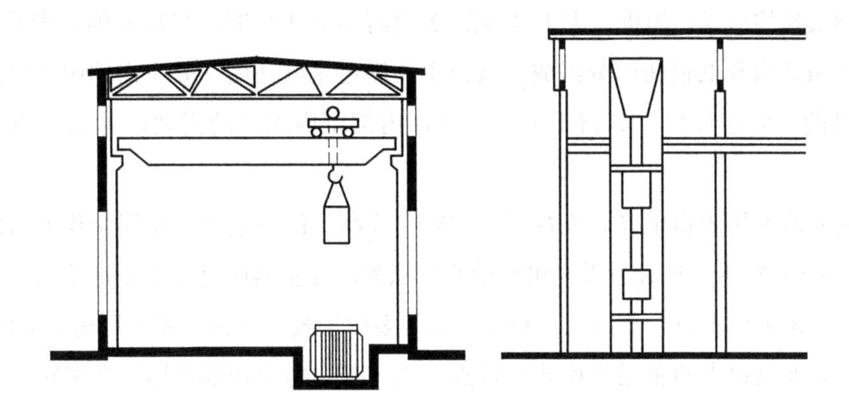

图 4-24　厂房高度的利用

3)　室内外地坪标高

考虑到防水的需要和运输的方便，厂房室内地坪应略高于室外地坪，一般高差取 150mm，并在入口处设置坡道。在平坦地区，厂房地坪应取同一个高度，室内地坪定为±0.000。若建在坡地，当自然地面坡度平缓时，为便于生产和运输，最好将地面整平为同一高度；当自然地面坡度较大时，为节约土方量，可设置多个地坪高度，并将主要的地坪高度定为±0.000。厂房可平行或垂直等高线布置。

4)　厂房的剖面形式

厂房的剖面形式取决于厂房的结构、屋面排水、采光、通风等因素的要求。根据开窗位置的不同，厂房有侧面采光、顶部采光和混合采光三种类型，如图 4-25 所示。

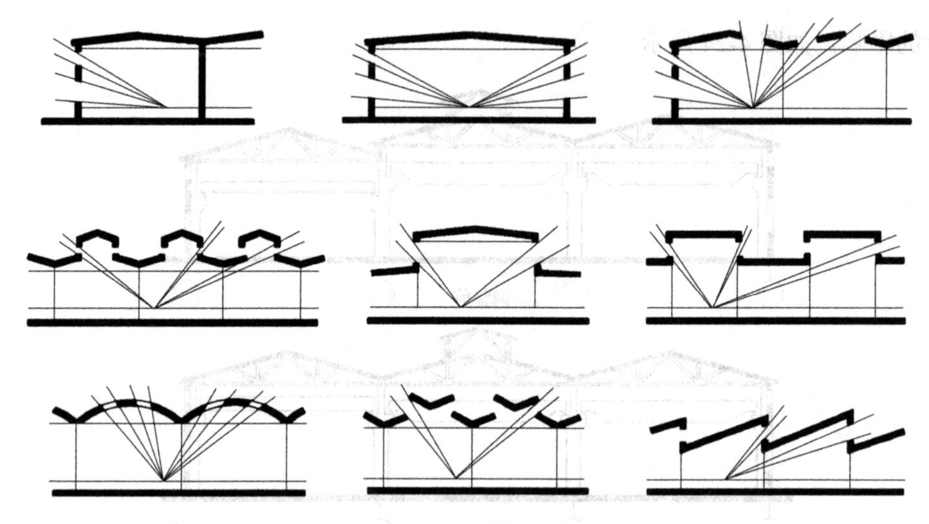

图 4-25　厂房的采光形式

侧面采光又分单侧采光和双侧采光两种类型。通常当厂房进深不大于高度的 2 倍时，可采用单侧采光的形式；当进深大于高度的 2 倍而小于 4 倍时，采用双侧采光的形式。侧面的采光窗由高窗和低窗两部分组成。低窗主要满足靠近外墙部分室内的照度要求，同时是自然通风的主要进风口；高窗主要满足进深内部室内照度的需要，并使室内照度分布均匀。

顶部采光即使用天窗采光。天窗采光的效率要高于侧窗采光，相同面积天窗的采光效率大概是侧窗的 5 倍，且天窗采光可有效避免眩光，使室内照度分布更加均匀。厂房天窗有矩形天窗、锯齿形天窗、下沉天窗和平天窗等多种形式。天窗采光在厂房中应用广泛。

混合采光兼具以上两种采光模式的特点，在多跨厂房中普遍使用。在多跨厂房的边跨采用侧面采光、中间跨使用顶部采光。在单跨厂房中，若侧窗采光不能满足需要，或生产工艺对采光有特殊要求时，也可使用混合采光的形式。

4.2.3　多层工业建筑设计

1. 多层工业建筑简介

1)　多层工业建筑的特点

和单层工业建筑相比，多层工业建筑占地面积小，特别适合于用地紧张的厂区规划；屋面面积小，一般不设天窗，降低了屋面构造的复杂性，更利于排水及保温、隔热设计；垂直交通运输占用面积较大，不同的生产要求和工艺流程使多层厂房的垂直交通运输设计更加复杂，如在楼板上布置荷载较大、振动较大的设备，会增加结构计算和构造设计的复杂性。

2)　多层工业建筑的结构形式

(1)　砌体结构。这种结构形式取材施工方便、造价经济，但只适合小型的多层厂房，一般层数不超过 5 层、跨度不超过 6m，且楼板上不能安置振动较大的设备。砌体结构的多层厂房又可分为承重墙承重和承重墙框架柱混合承重两种形式。

(2)　钢筋混凝土结构。这是多层厂房普遍采用的结构形式，与民用建筑类似，有梁板结构和无梁楼板结构两种常见形式。梁板结构由柱、梁、板组成，墙体不承重，空间布局灵活。无梁楼板由柱、柱帽、板组成，适合面积较大、荷载较大的厂房，如仓库、冷库等建筑。由于没有梁，所以板底平整，有效提高了房间的净高，对于大统间布局的厂房尤其适合。

(3)　钢结构。钢材质轻高强，钢结构施工速度快，加之近年来我国钢产量不断提高，进一步降低了原料的成本，所以目前在多层厂房中应用日益广泛。钢结构多层厂房的柱子多采用箱型或工字形柱、梁多采用工字形梁、楼板多采用压型钢板组合楼板。

2．多层工业建筑平面设计

1)　平面形式

多层厂房的平面形式主要取决于生产设备和工艺流程的需要，其次考虑运输设备、采光、通风以及生活辅助用房的需要。常见的平面形式有如下几种。

(1)　内廊式，如图 4-26(a)所示。内廊式即单内廊式，是中间一条走廊、两侧是房间的做法。这种形式设计简单，交通路线清晰明确，各房间之间既有相互联系又保证其独立性，适用于面积不大、工艺流程各生产环节相对独立的多层工业厂房。

(2)　统间式，如图 4-26(b)所示。当生产工艺各环节联系紧密、采用流水线作业时，可不设分隔墙体，将厂房内部开敞成为一个大空间，以便组织生产。少数需要单独设置的房间，可分别布置在厂房的边角等部位。

(3)　大宽度式，如图 4-26(c)所示。为了满足某些特殊生产的需要，如恒温恒湿、洁净厂房等，可加大厂房宽度，设置双内廊或双外廊，走廊可围合成环状。加大宽度后采光和通风会受到影响，此时应根据工艺的不同要求，分区布置各生产车间以满足各自需要。如恒温车间可布置在环廊之内，减小外墙带来的温度变化。对于采光、通风不良的区域，可布置交通设施、卫生间等附属房间。

(4)　混合式，如图 4-26(d)所示。混合式即将以上几种平面形式混合布置，可分层混合。也可同层混合。这种形式可适应要求不同的生产车间，灵活性较大；但其平面形式与构造做法复杂，会增加施工难度，且对抗震不利。

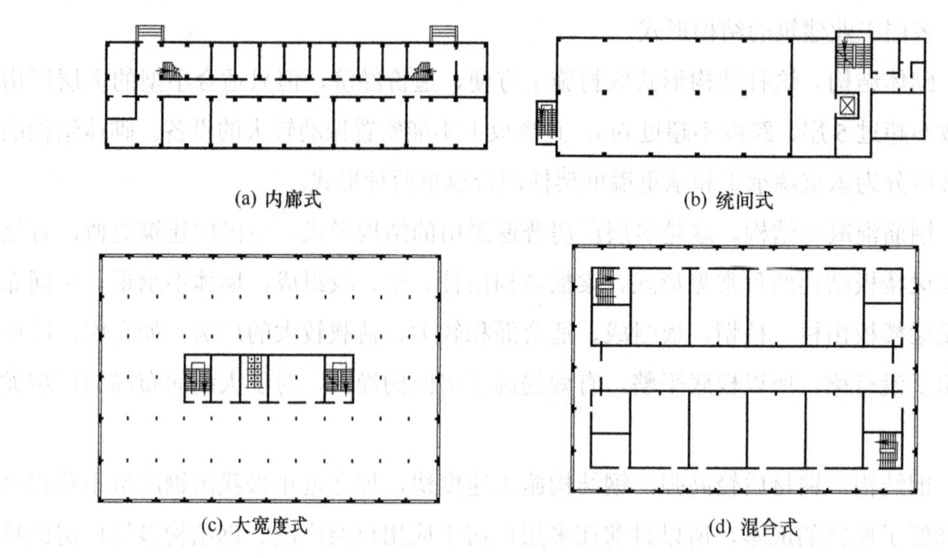

图 4-26　多层厂房的平面形式

2)　柱网选择

(1)　内廊式，如图 4-27(a)所示。内廊式柱网一般采用对称形式，适合于内廊式平面布局的厂房，如仪表、电器类生产车间。柱距和跨度按 6*M* 取值，常见柱距为 6.0m，跨度为 6.0m、6.6m、7.2m。走廊跨度按 3*M* 取值，常见尺寸为 2.4m、2.7m、3.0m 等。

(2)　等跨式，如图 4-27(b)所示。等跨式柱网由两个以上相同跨度的柱网组成，适合于统间式或大宽度式平面布局的厂房，如机械、轻工、仪表等生产车间。柱距按 6*M* 取值，常见柱距为 6.0m。跨度按 15*M* 取值，常见跨度为 6.0m、7.5m、9.0m、10.5m、12.0m 等。

(3)　对称不等跨式，如图 4-27(c)所示。对称不等跨式柱网与等跨式柱网类似，柱距多为 6.0m。跨度常用尺寸有：6.0m+7.5m+6.0m，适用于仪表行业；1.5m+6.0m+6.0m+1.5m，适用于轻工行业；7.5m+7.5m+12.0m+7.5m+7.5m 或 9.0m+12.0m+9.0m，适用于机械行业。

(4)　单跨大跨度式，如图 4-27(d)所示。单跨大跨度式柱网只有一跨，但跨度通常很大，一般都在 12m 以上。由于内部没有柱子，所以特别适合安置大型生产设备，也为将来变更生产工艺提供了充足的空间。由于跨度大，所以常采用桁架结构，桁架空间可做技术夹层使用。

此外，根据国内外生产实践，多层厂房的设计中也常采用扩大柱网的形式，以便为扩大生产或工艺变革提供预留空间。

3)　定位轴线

多层工业建筑的定位轴线分横向与纵向两种，两条横向定位轴线之间的距离称为柱距，两条纵向定位轴线之间的距离称为跨度。

(1)　砌体结构。内墙的处理较为简单，墙体中心线与轴线重合即可。外墙定位轴线距外墙内缘应等同于半个内墙厚度，且为墙体砌块材料半块的倍数。这样做有利于统一构件尺寸，简化构造做法。

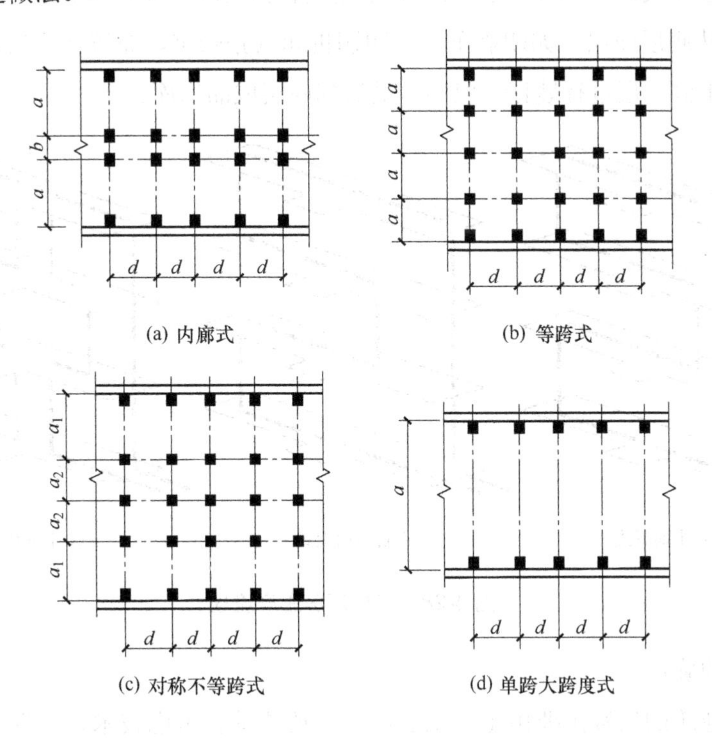

图 4-27　多层厂房的柱网形式

(2) 钢筋混凝土框架结构。横向定位轴线通过柱子的中心线，在山墙处也应如此，这样是为了统一构件规格。如遇横向变形缝，应加入插入距并设双轴线，插入距一般取 900mm。纵向定位轴线在中柱时通过柱子中心；在边柱时可通过柱子外缘、内缘，或在内外缘之间按 50mm 的倍数浮动。

3. 多层工业建筑剖面设计

1) 生产工艺流程

多层厂房的剖面受生产工艺流程影响最大，因此有必要了解沿竖向方向上不同类型的生产工艺流程。

(1) 自上而下式，如图 4-28(a)所示。这种方式先把原材料送到顶层，按照生产程序自上而下逐步加工，成品从底层而出。如面粉加工可利用原料自重，节约运输设备，降低成本。

(2) 自下而上式，如图 4-28(b)所示。采用这种方式时，原料从底层而入，按生产程序自下而上，成品由顶层而出。如玻璃生产在底层布置熔化工段，靠辊道垂直向上运行，途中自然冷却形成平板玻璃。再如精密仪器生产，因设备及原料较重，布置在底层，其他工段以此布置在以上各层。

(3) 上下往复式，如图 4-28(c)所示。采用这种方式时，原料从底层进入，先上后下往复运动，成品从底层而出。如印刷车间，印刷机和纸张较重，布置在底层，之后上到顶层录排车间，再下到二层进行装订、包装，最后到底层成品出库。

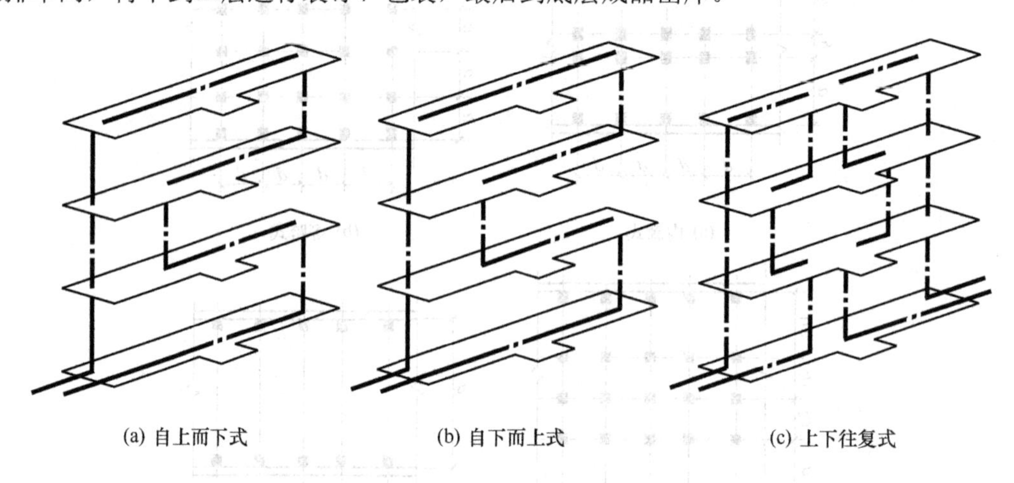

图 4-28 多层厂房生产流程

2) 层数的确定

多层工业建筑的层数主要由生产工艺决定，还要综合考虑技术、规划、经济等方面的要求，并为将来发展做出一定预先安排。结合目前实际情况，多层工业建筑的层数以 3～6 层较为合理。

(1) 工艺流程的影响。生产设备和生产方式是关键的影响因素。例如面粉加工是利用原料或半成品的自重自上而下分层组织生产，包括除尘、平筛、清粉、吸尘、磨粉和打包六个阶段，相应的厂房就应定为 6 层。

(2) 其他技术条件的影响。此方面包括厂区地质条件、抗震设防要求、厂房结构形式、选用材料、施工方式等。此外还应考虑规划要求、城市面貌及周围环境的影响。

(3) 经济条件的影响。一般而言，增加层数可节约用地，降低单方成本，但过多的层数反而会提高单方造价。根据研究得出，多层厂房的层数与展开面积之间若能形成合理搭配，则能有效降低单方造价。例如 120m×30m 的多层厂房，3～4 层是最经济的层数，少于或超过这个层数都会增加单方造价。

3) 层高的确定

多层工业建筑的层高首先考虑的是生产设备及起重设备的要求，此外还要综合考虑采光通风、管道布置和经济方面的要求。

(1) 生产设备的要求。多层厂房常将大型重型设备布置在底层，有时还需设置起重设备，这就要求增加底层的层高以适应这些设备的需要，而上部各层的层高则相对较低。

(2) 采光通风的要求。多层厂房除顶层外，都无法开设天窗。当厂房宽度较大时，为满足采光通风的需要，应增加层高以满足窗地比和室内人均气容量的要求。也可使用人工照明和机械通风，但人工照明需耗费能源，会增加成本。

(3) 管道布置的要求。多层厂房内部通常会布置大量的设备管线，占用一部分层高空间，如某些通风管道甚至可占用 2m 高的空间，不容忽视。这些管线可分布在每一层，也可集中在顶层或底层布置，这就要求提高相应楼层的层高。

(4) 经济的要求。根据统计数据，多层厂房的层高和单方造价基本是成正比的关系。层高每增加 0.6m，单方造价约提高 8.3%。因此在决定层高时，经济因素不可忽视。

4.3　工业建筑构造

工业建筑包括单层厂房和多层厂房，其中多层厂房的构造与民用建筑类似，因此这里主要介绍单层厂房的构造做法。单层厂房多使用钢筋混凝土排架结构，其中柱子、梁或屋架、基础、支撑系统等属于结构构件，对厂房的结构安全起到至关重要的作用；外墙、屋面、门窗、天窗等属于围护构件，与民用建筑区别较大。

4.3.1　柱子

1. 柱子的分类

按照位置分，单层厂房的柱子有边列柱、中列柱、高低跨柱和抗风柱几种；按照截面形状分，单层厂房的柱子有矩形柱、工字形柱、双肢柱几种，如图 4-29 所示。

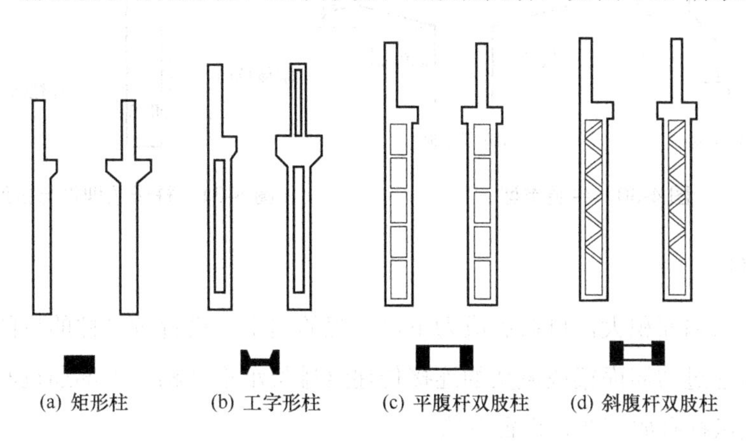

图 4-29　柱子

(1) 矩形柱。矩形柱的外形和构造简单，制作方便，但构件自重大，材料用量多，经济指标较差。矩形柱主要用于轴心受压柱、现浇柱及柱截面高度小于 700mm 的装配式偏心受压柱。

(2) 工字形柱。工字形柱比矩形柱的自重小，省材料，且承载力及刚度也较大。当柱截面高度为 700～1400mm 时，应使用工字形柱。

(3) 双肢柱。双肢柱是具有两个肢杆并以腹杆相连的钢筋混凝土柱，分为平腹杆双肢柱和斜腹杆双肢柱。双肢柱自重轻、省材料、受力合理，但整体刚度差、构造较复杂。重型厂房吊车起重量大于 30t 时，一般就要设计双肢柱。

2. 柱子的构造

(1) 柱子牛腿。为支承吊车梁或连系梁等构件，在承重柱侧面伸出的悬臂部分称为牛腿。牛腿上部的柱称为上柱，下部的柱称为下柱。牛腿有短牛腿和长牛腿两种，如图 4-30 所示。当 $a \leqslant h_0$ 时，为短牛腿；当 $a > h_0$ 时，为长牛腿。其中：a 为竖向荷载作用点到牛腿下部柱边缘的水平距离；h_0 为牛腿根部垂直截面的有效高度。

(2) 柱子预埋件。为了与其他构件连接的需要，柱子上需预先埋置铁件。如柱子与屋架、连系梁、吊车梁、圈梁、柱间支撑、大型板材外墙等构件相连接时，应按图 4-31 所示预埋铁件或预留钢筋。

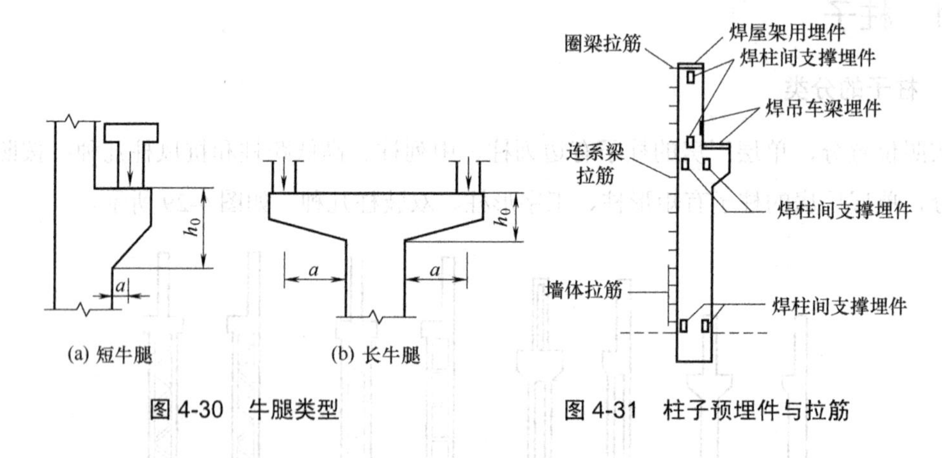

图 4-30　牛腿类型　　　图 4-31　柱子预埋件与拉筋

3. 抗风柱

单层厂房山墙面积大，风荷载成为不可忽视的因素。设置抗风柱的目的是传递山墙的风荷载，上部通过与屋面梁或屋架的连接传递给排架承重结构，下部通过与基础的连接传递给基础。抗风柱有如下两种设置方法。

(1) 抗风柱柱脚与基础铰接(或刚接)，柱顶与屋架通过弹簧板连接，如图 4-32 所示。这种布置方法下，抗风柱不承受上部结构传递的竖向荷载，只承受墙体和自身的重量和风荷载。抗风柱可以按两端简支的梁考虑，承受计算宽度内的均布风荷载。

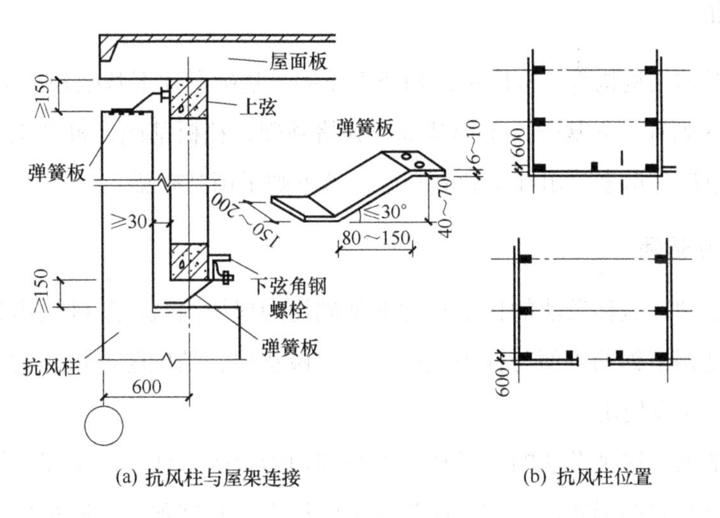

(a) 抗风柱与屋架连接　　(b) 抗风柱位置

图 4-32　抗风柱

(2) 抗风柱柱脚与基础铰接(或刚接)，柱顶与屋架铰接。这种布置方法下，抗风柱同时承担竖向荷载和风荷载，需要按双向受压的压弯构件考虑。在抗风柱平面内承受计算宽度内的均布风荷载，同时还受轴向压力。

4．柱间支撑

排架结构属于平面受力体系，其横向刚度和稳定性较好，纵向则较弱，除连系梁、基础梁等纵向连系构件外，加入柱间支撑可有效提高结构的纵向刚度和稳定性。柱间支撑一般采用钢结构，多为交叉支撑，也可做成门架支撑。柱间支撑分上柱支撑和下柱支撑，一般按以下原则设置。

(1) 通常应在厂房单元中部设置上、下柱间支撑，且下柱支撑应布置在同一柱距内。

(2) 起重量大于 5t 或 8 度及以上设防时，宜在厂房单元两端增设上柱支撑，如图 4-33 所示。

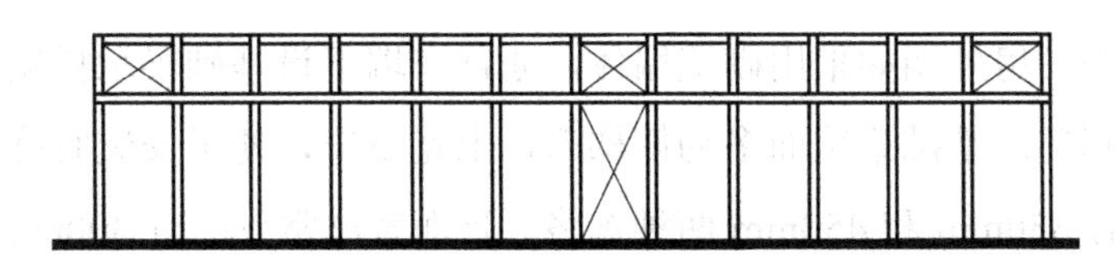

图 4-33　柱间支撑

(3) 当厂房单元较长或 8 度Ⅲ、Ⅳ类场地和 9 度时，可在厂房单元中部 1/3 区段内设置两道柱间支撑。

4.3.2 基础

基础是重要的结构构件。按厂房结构类型不同，基础有柱下基础和承重墙下基础两种；按形式不同，基础有独立基础、条形基础、井格基础、筏板基础、桩基础、薄壳基础等。一般排架结构单层厂房多采用柱下独立基础，墙下则采用基础梁。

1. 柱下独立基础

(1) 现浇基础。这种做法的柱子和柱下基础均为现场浇筑，基础采用独立基础或井格基础，基础上部预留钢筋以便与柱子连接，下部做垫层。基础配筋依结构计算而定。现浇基础施工较慢，较少使用。

(2) 预制基础。这种做法的柱子和柱下基础均为预制构件，施工速度快，使用普遍。基础多采用独立基础的形式，基础剖面为锥形或梯形，基础顶部留有杯口方便柱子插入。为保证结构安全，基础杯壁厚度不小于 200mm，柱底部垫层厚度不小于 50mm，杯口下部底板厚度不小于 200mm。为安装方便，杯壁与柱子间的缝隙，上部不小于 75mm，下部不小于 50mm，并使用 C20 细石混凝土灌缝，如图 4-34 所示。

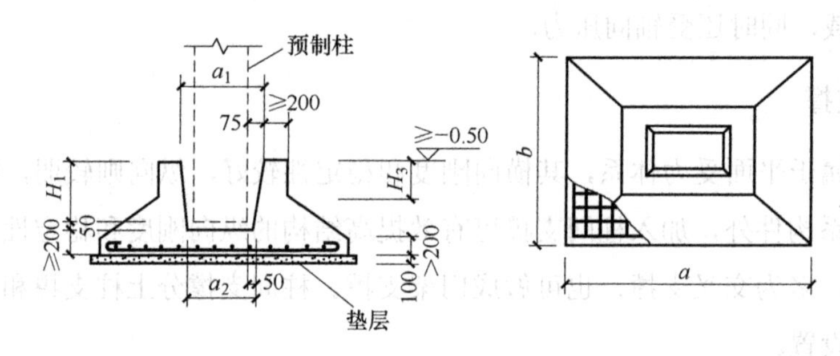

图 4-34　柱下独立基础

a_1—杯口宽；a_2—杯底宽；H_1—柱子插入深度；H_3—杯基上部高度；a—杯基下底长；b—杯基下底宽

2. 墙下基础梁

单层排架结构厂房外墙如采用砌筑墙体，通常在墙下设基础梁承托墙体重量，而无须再单独设置条形基础。基础梁截面多为倒梯形，上宽下窄，便于安装时确认方向。基础梁截面高度常见的有 350mm 和 450mm 两种规格，顶面宽度常见的有 300mm 和 400mm 两种规格；底面宽度常见的有 200mm 和 300mm 两种规格，如图 4-35 所示。

基础梁两端搁置在柱子基础顶面之上，基础梁上皮应低于室内地坪 50mm，并高于室外地坪 100mm。如果柱子基础埋深较大，则在基础上部设垫块或牛腿，基础梁两端搁置在柱子垫块或牛腿之上。基础梁下部土层不夯实，这样做可以节约墙体材料，并使柱子和外墙同时沉降。

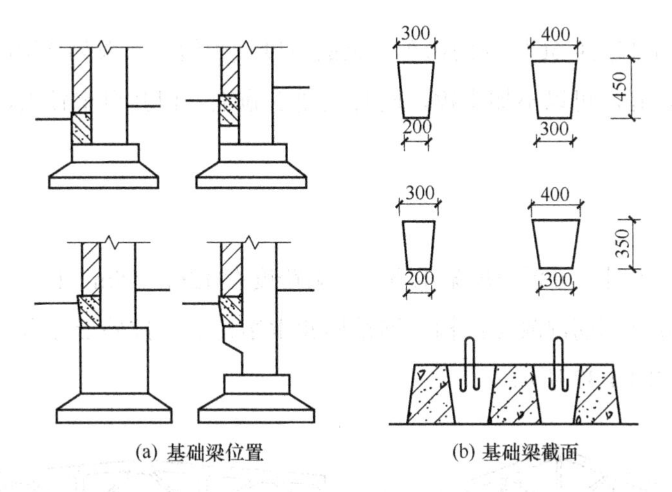

(a) 基础梁位置　　(b) 基础梁截面

图 4-35　墙下基础梁

4.3.3　屋顶结构

单层厂房的屋顶结构包括屋面大梁或屋架、檩条、屋面板等构件。根据是否设置檩条，可分为有檩和无檩两种结构体系，如图 4-36 所示。

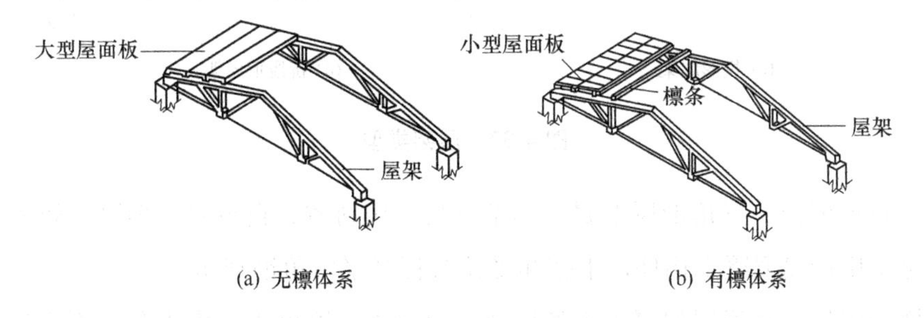

(a) 无檩体系　　(b) 有檩体系

图 4-36　屋顶结构体系

(1) 无檩体系。这种做法是将大型屋面板直接安放在屋面大梁或屋架之上，其特点是构件数量少，施工速度快，结构刚度大，但自重也较大。无檩体系广泛应用于大型工业厂房。

(2) 有檩体系。这种做法是先在屋面大梁或屋架上安放檩条，檩条可采用型钢或钢筋混凝土做成，再将小型屋面板安置在檩条之上，其特点是结构自重小，但刚度较差。有檩体系一般用于小型的工业厂房。

1. 屋面大梁

屋面大梁由钢筋混凝土制作而成，适用于小跨度的工业厂房，有单坡和双坡两种形式。单坡的常见跨度为 6m、9m、12m 等，双坡的常见跨度为 9m、12m、15m、18m 等。屋面大梁的断面可采用 T 字形或工字形，梁两端支座部分通常加厚以增加稳定性。

屋面大梁下部可悬挂 5t 以内的吊车，梁的坡度较平缓，一般为 1/10～1/12，因此梁的高度小，稳定性较好，可以不加支撑，同时也便于施工。但其自重较大，不宜用于较大的跨度。

2. 屋架

当屋面跨度较大时，可采用屋架承重，屋架跨度有 12m、15m、18m、24m、30m、36m 等。屋架按材料分有钢筋混凝土结构、钢结构和木结构等；按外形分有三角形、梯形、拱形、折线形等，如图 4-37 所示。

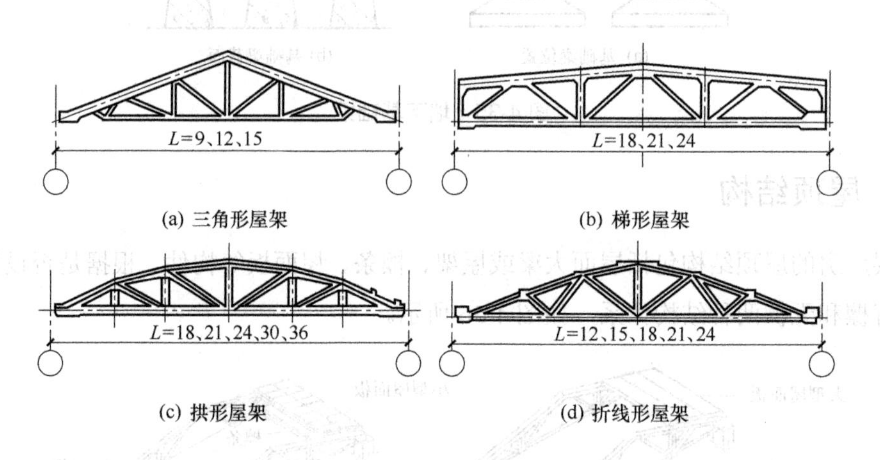

(a) 三角形屋架　(b) 梯形屋架　(c) 拱形屋架　(d) 折线形屋架

图 4-37　屋架类型

(1) 三角形屋架。三角形屋架属于小型屋架，用料省、自重轻，但刚度较差。上弦和受压腹杆可采用钢筋混凝土构件，下弦和受拉腹杆多采用角钢制作。

(2) 梯形屋架。梯形屋架属于大型屋架，自重大、刚度大、内力分布不均匀，且端部较高，必须加支撑以保证稳定。梯形屋架应用广泛，对屋面防水、保温、清扫、维修均较有利。

(3) 拱形屋架。拱形屋架多采用两铰拱的形式，上弦呈拱形，内力分布均匀，能充分发挥材料的力学性能，但坡度较大，施工不便，较少使用。

(4) 折线形屋架。折线形屋架即将拱形屋架的上弦改为折线形式，便于施工，同时也减小坡度，节约用料。折线形屋架的应用较广泛。

3. 屋架支撑

屋架在其本身平面内具有较大的刚度，但在垂直于屋架平面方向(通称屋架平面外)却不能保持其几何不变，因此必须设置支撑体系保证其平面外的稳定性。根据支撑位置和方向的不同，屋架间的支撑有以下几种形式。

(1) 横向支撑，如图 4-38(a)所示。根据横向支撑位于屋架的上弦平面或下弦平面，又可分为上弦横向支撑和下弦横向支撑两种。横向支撑一般应设置在房屋两端(或伸缩缝区段两端)的第一个柱间内，且上、下弦平面支撑必须设在相同的两个屋架上。两道横向支撑的间距不宜超过 60m。当房屋长度较大，两端的横向支撑间距大于 60m 时，每隔 60m 左右还应增设一道横向支撑。

(2) 纵向支撑，如图 4-38(b)所示。纵向支撑设置于屋架的上弦或下弦平面，对于梯形屋架，常设在下弦平面；对于三角形屋架，常设在上弦平面；纵向支撑通常布置在屋架端部。纵向支撑仅当房屋的跨度和高度较大或有较大振动设备而对房屋的整体刚度要求较高时设置。

(3) 垂直支撑，如图 4-38(c)所示。垂直支撑位于两屋架端部或跨间的竖向平面或斜向平面内。垂直支撑在任何屋盖系统内一般都需设置，且只设在有横向支撑的同一柱间的屋架上。采用梯形屋架时，若跨度小于 30m，在中间和两端共设三道垂直支撑；若跨度大于 30m，在两端和约 1/3 处共设四道垂直支撑。采用三角形屋架时，若跨度小于 18m，在中间设一道垂直支撑；若跨度大于 18m，在约 1/3 处共设两道垂直支撑。

(4) 系杆支撑，如图 4-38(d)所示。系杆支撑也称为水平系杆，根据其是否能抵抗轴心压力而分为刚性系杆和柔性系杆两种。系杆支撑可单独使用，也可作为其他支撑体系的补充和替代来使用。例如，在未设垂直支撑的屋架间，应在上弦和下弦设置通长的水平系杆。再如，当屋架的横向支撑设置在第二间屋架时，在第一间屋架应设置刚性系杆。

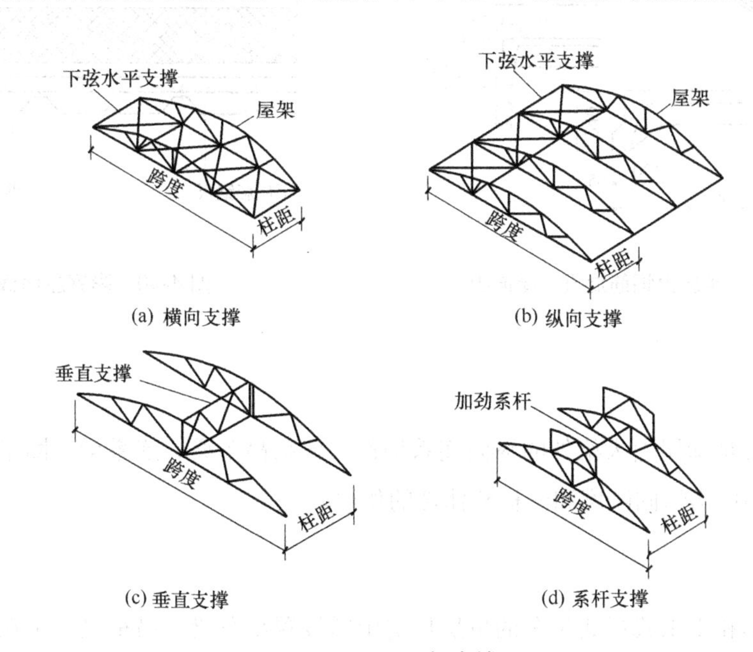

图 4-38　屋架支撑

4. 屋面板

常见的单层厂房屋面板有预应力钢筋混凝土屋面板、压型钢板屋面板、钢丝网水泥波形瓦屋面板、石棉水泥瓦屋面板，以及近些年发展出的各种彩钢、铝镁锰组合屋面板等。

(1) 预应力钢筋混凝土屋面板。该屋面板属于大型屋面板，标志尺寸有 1.5m×6m、1.5m×9m、3m×6m、3m×12m 等多种规格，如图 4-39 所示。这种屋面板四周和中间均有加强肋，安装时槽口向下，通过预埋件与屋面大梁或屋架焊接，屋面平整，便于安置屋面保温、防水等构造层次。预应力钢筋混凝土屋面板广泛用于大型厂房及有振动荷载的厂房中。

(2) 新型屋面板。这类屋面板均为组合屋面板，承重部分由彩钢板(见图 4-40)或铝镁锰合金板压型而成，可做成有檩或无檩的形式。在两层金属板之间集成了保温、隔汽、防潮、吸声等多个构造层次。这类屋面板自重小、强度高，安装方便，由于免去了屋面各构造层次的施工，因此大大提高了施工速度，且造型丰富、美观，色彩可选，故广泛应用在新建或改扩建的厂房中。

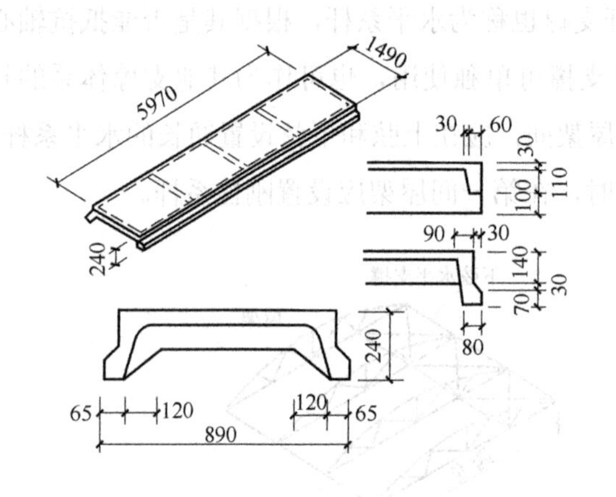

图 4-39 预应力钢筋混凝土屋面板

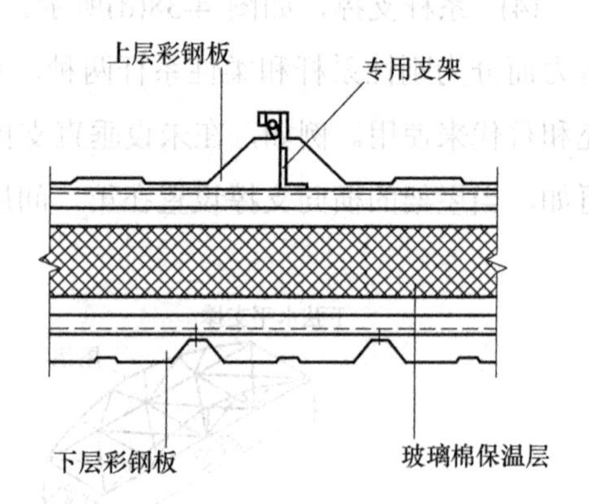

图 4-40 彩钢屋面板

4.3.4 梁

这里说的梁是除屋面大梁外的纵向连系构件，包括吊车梁、连系梁、圈梁和基础梁。它们都起到增加厂房纵向刚度和结构整体性的作用。

1. 吊车梁

在桥式吊车和支承式梁式吊车的单层厂房中需设置吊车梁。吊车梁支承在柱子牛腿之上，吊车梁上铺设吊车轨道，吊车桥架或单梁沿轨道纵向移动。吊车梁需承受吊车起重时的竖向荷载以及吊车启动和制动时的水平荷载，并把这些荷载传递给排架系统。根据截面

形式不同，常见的吊车梁有 T 字形、工字形和鱼腹式几种类型，如图 4-41 所示。

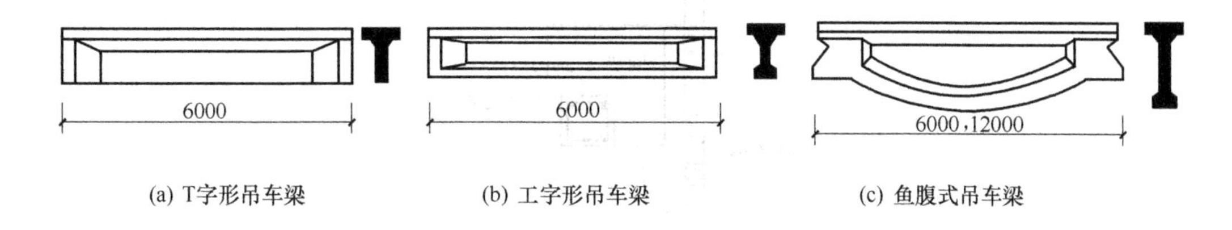

图 4-41　吊车梁

(1) T 字形吊车梁：适用于柱距标志尺寸 6m 的厂房，构造简单，施工方便。梁截面高度 900mm，上部翼缘较宽，便于安装吊车轨道。梁上下表面均留有预埋件以便安装时焊接。

(2) 工字形吊车梁：预应力钢筋混凝土构件，腹壁薄，自重轻，适用于柱距标志尺寸 6m、跨度 12～30m 的厂房。

(3) 鱼腹式吊车梁：预应力钢筋混凝土构件，亦即变截面式吊车梁。梁中间截面大，逐步向梁的两端减小，形状好似鱼腹，故称鱼腹梁，可节约材料并有效提高梁的抗弯强度。鱼腹式吊车梁的跨度可达 12m。

(4) 钢吊车梁：适用于钢结构厂房，较少安装在钢筋混凝土结构厂房中。吊车起重量为 3～20t。吊车梁截面采用热轧 H 型钢和高频焊接薄壁 H 型钢，适用于柱距 6m、7.5m、9m 的厂房。

2. 连系梁

连系梁是连接排架柱的水平构件，能有效提高结构整体性。连系梁为钢筋混凝土预制构件，截面有矩形和 L 形两种，分别适用于 240mm 外墙和 360mm 外墙。连系梁通常安装在柱子外皮窗口上部或下部的位置上，并且可以代替圈梁。连系梁通过螺栓或焊接的方式固定在柱子上。

3. 圈梁

为增强结构整体性而设置的连续封闭的梁称为圈梁，如图 4-42 所示。圈梁多采用现浇做法，最小截面高度 180mm，构造配筋为主筋 4ϕ12、箍筋ϕ6@250mm。圈梁在柱顶处设一道，有吊车的厂房在吊车梁高度附近设一道(可用连系梁代替)。抗震设防烈度为 8、9 度时，按上密下疏的原则每 5m 设置一道。圈梁应设于墙内并与排架柱、抗风柱的预埋筋进行连接。

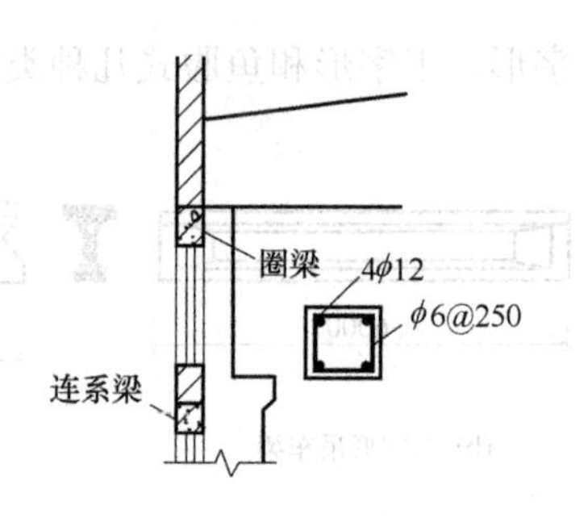

图 4-42　连系梁和圈梁

4.3.5 外墙

厂房墙体有内墙和外墙之分，内墙多为隔断墙，不承重，构造简单；外墙情况较为复杂，除保证强度和稳定要求外，还需考虑保温、防水等多方面要求。单层厂房的外墙有砌筑式和板材式两种。此外，在南方地区某些热加工车间也常设开敞式外墙。

1. 砌筑外墙

砌筑外墙是指使用砖或各类砌块材料砌筑而成的墙体。小型厂房可使用墙承重结构。当厂房跨度不大于 15m、吊车起重量不大于 5t 时，外墙可作为承重墙，下设条形基础。大型厂房多使用骨架结构，外墙为承自重墙，下设基础梁支撑在柱子基础上。

1) 外墙的位置

根据外墙与柱子的相对关系不同，有墙在柱外皮、墙齐柱外皮和墙在柱中三种做法，如图 3-43 所示。其中墙在柱外皮的做法较为普遍，这种做法墙内皮和柱外皮重合，屋面形成封闭结合，构造简单，施工方便，热工性能好。墙齐柱外皮是指墙外皮和柱外皮重合，这种做法与墙在柱中类似，可以增加结构纵向刚度，起到柱间支撑的作用；但施工不便，增加了构件类型，且会形成冷桥。

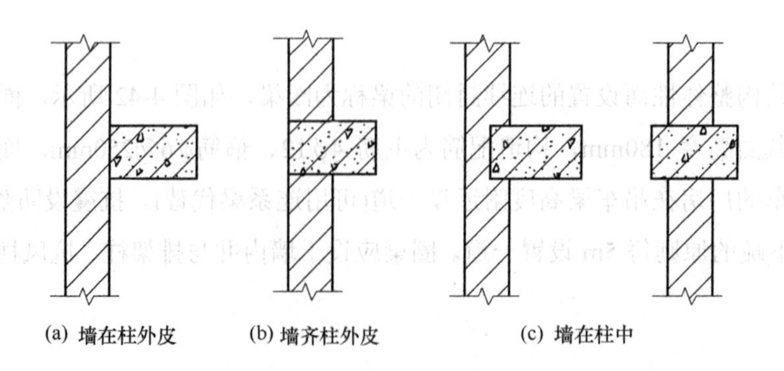

图 4-43　外墙的位置

2)　墙体的拉接

为保证结构的整体性和稳定性，砌筑外墙必须与排架柱、抗风柱和屋面板进行拉接，如图4-44所示。具体做法是在墙体内部沿高度方向每500mm左右设置两根ϕ6钢筋与柱拉接，钢筋伸入墙体内部不小于500mm。在屋面板横缝内设置ϕ8～ϕ12钢筋与墙体内钢筋拉接，缝内灌注C20细石混凝土。

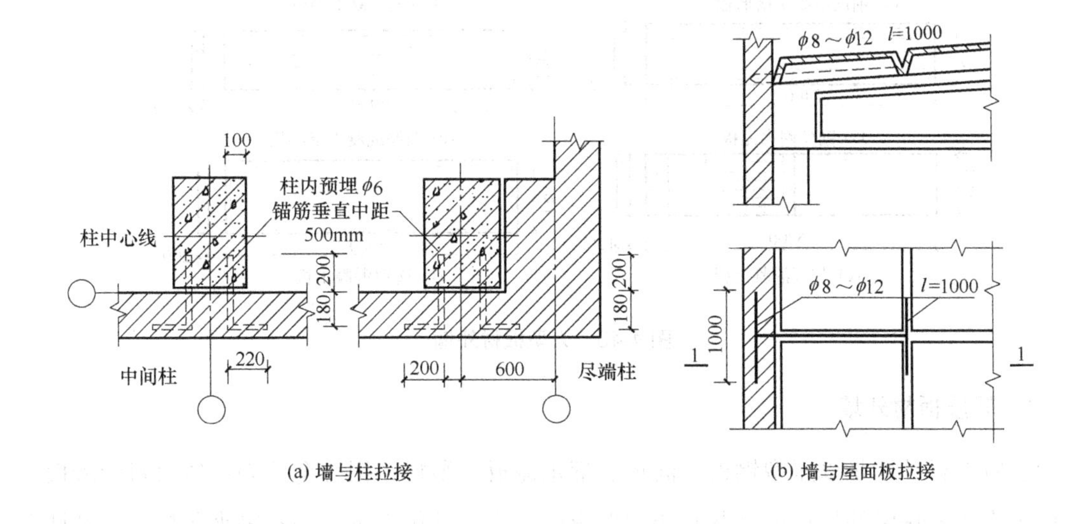

(a) 墙与柱拉接　　(b) 墙与屋面板拉接

图4-44　墙体的拉接

2. 大型板材外墙

使用大型板材外墙不仅可以提高施工速度，降低造价，还可以加快厂房建筑工业化，降低能耗，有利于环保。

1)　板材外墙的种类

根据板材材料不同，板材外墙有钢筋混凝土槽形板、加气混凝土板、粉煤灰硅酸盐混凝土板、钢丝网水泥板等，如图4-45所示。根据方向和位置不同，板材外墙有横向外墙板、竖向外墙板、一般板、窗下板、窗上板、檐口板、山尖板、勒脚板、女儿墙板等。

2)　板材外墙的构造

大型板材外墙的规格为：长4.50m、6.0m、7.5m、12.0m，宽0.9m、1.2m、1.5m、1.8m等。板材安装在柱子外侧。墙板与柱子之间可采用柔性连接或刚性连接。柔性连接施工较复杂，适用于地基不均匀或振动较大的厂房，常用螺栓、压条或钢筋连接。刚性连接施工简单，在柱子和墙板中预先设埋件，再用角钢焊接即可。

板材的接缝处要做好防水。板缝防水通常使用构造防水和材料防水两种方式结合的做法。板缝有横缝和竖缝两种，横缝多做成高低缝，即内高外低，引导雨水外流。竖缝多做成企口缝，以防风将水吹入。缝内用防水材料进行填塞，常用的有油膏、沥青胶或其他高分子防水剂等。

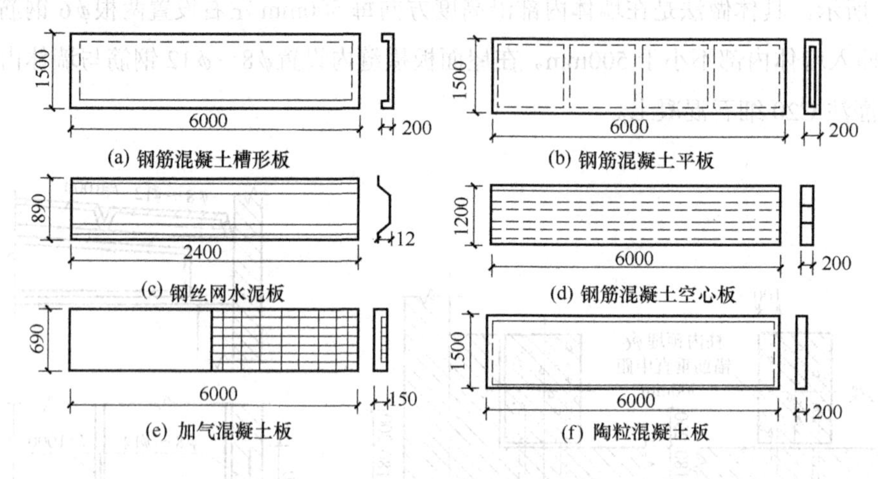

图 4-45　大型板材外墙

3. 轻质板材外墙

轻质板材外墙是以压型钢板、波形石棉水泥板、塑料、铝合金等为主体材料的墙板，适用于不需要保温的厂房或某些有防爆要求的厂房。近年来推出的彩钢夹芯板、铝锰镁合金板、钙塑板等新型外墙板因其质量轻、强度好、施工速度快且具备保温防水等多重功能而迅速占领市场，成为目前广泛使用的轻质外墙板材。

4. 开敞式外墙

在南方地区某些热加工车间，为通风散热和迅速排走有害气体，通常使用开敞或半开敞式外墙。这种外墙的做法是在托架上设置挡雨板，常用的材料有波形石棉瓦、压型钢板、木板等，如图 4-46 所示。

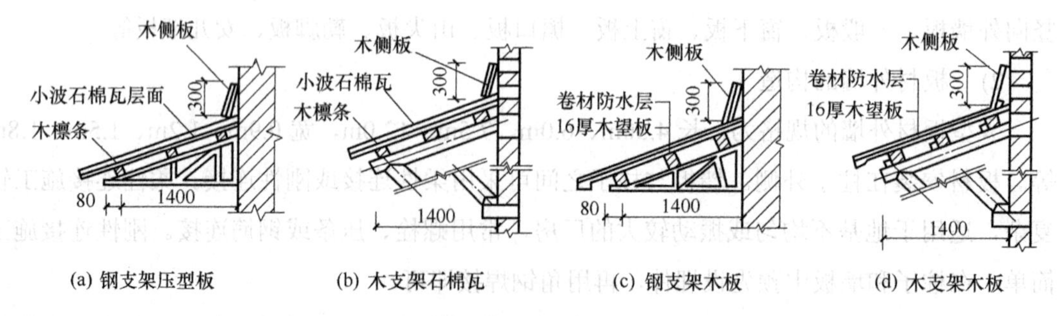

图 4-46　开敞式外墙

4.3.6　大门与侧窗

1. 大门

厂房的大门主要是为满足各种车辆、设备、原材料、产品等通行的需要，在尺寸上要远大于民用建筑的大门，因此在材料选用、门的开启方式和构造做法上也和民用建筑相差较大。

1)　大门的尺寸

厂房大门的宽度和高度应符合 3*M* 的要求。宽度应比所需通过车辆或物品的宽度大 600～1000mm，高度则需高出 400～600mm。以下为常用厂房大门尺寸。

(1)　3t 矿车大门洞口尺寸为 2100mm×2100mm。

(2)　电瓶车大门洞口尺寸为 2100mm×2400mm。

(3)　轻型卡车大门洞口尺寸为 3000mm×2700mm。

(4)　中型卡车大门洞口尺寸为 3300mm×3000mm。

(5)　重型卡车大门洞口尺寸为 3600mm×3600mm。

(6)　汽车起重机大门洞口尺寸为 3900mm×4200mm。

(7)　火车大门洞口尺寸为 4500mm×4500mm。

考虑到厂房的通用性以及将来可能的设备升级，厂房的大门应预留一定的富余尺寸。此外，为人员通行方便，可在大门上或外墙其他部位设置小门。小门一般用单扇平开门，尺寸多为 900mm×2100mm。

2)　大门的分类

厂房大门按材料分有木门、钢木组合门、普通型钢门、空腹薄壁型钢门等，按开启方式分有平开门、推拉门、折叠门、卷帘门、升降门、上翻门等，按功能分有普通门、防火门、冷库门、隔声门等。

3)　大门的构造

(1)　平开门(见图 4-47)：由门框、门扇和五金件组成。门洞口尺寸不大于 3600mm×3600mm。门框采用钢筋混凝土或砖砌。当洞口宽度大于 3m 时，使用钢筋混凝土并在安装铰链处预埋铁件。当洞口宽度小于 3m 时，可使用砖砌。门扇用钢材或木材制成，当门扇的面积大于 $5m^2$ 时，宜采用角钢或槽钢骨架。门芯板采用 15～25mm 厚的木板，用螺栓将其与骨架固定。门的转轴处不使用合页，而是使用特制的铰链。

(2)　推拉门(见图 4-48)：由门框、门扇、导轨和滑轮组成。门扇可使用钢板门、钢木门和薄壁型钢门。单个门扇宽度不大于 1.8m。当门扇高度小于 4m 时，使用上轨道式；大于 4m 时，使用下轨道式。门扇受柱子影响，一般安装在室外一侧，因此必须设置雨篷。推拉门的密闭性较差，不适合有密闭要求的厂房。

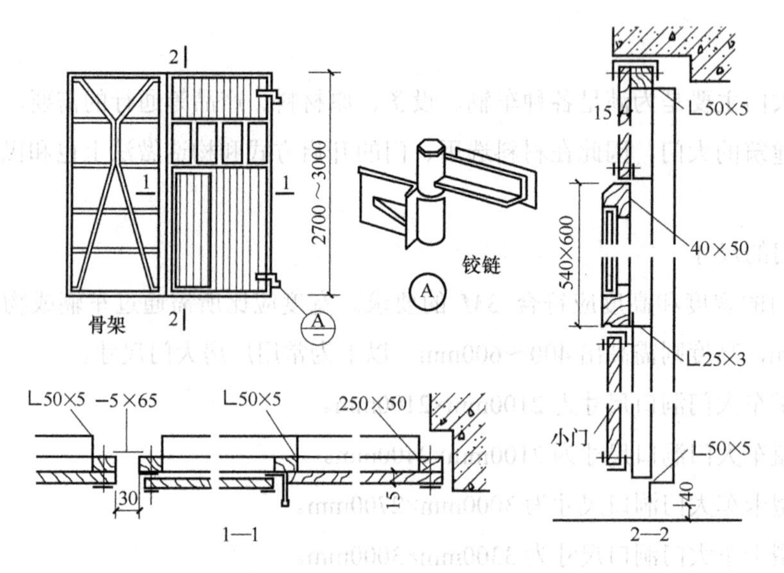

图 4-47　平开钢木门

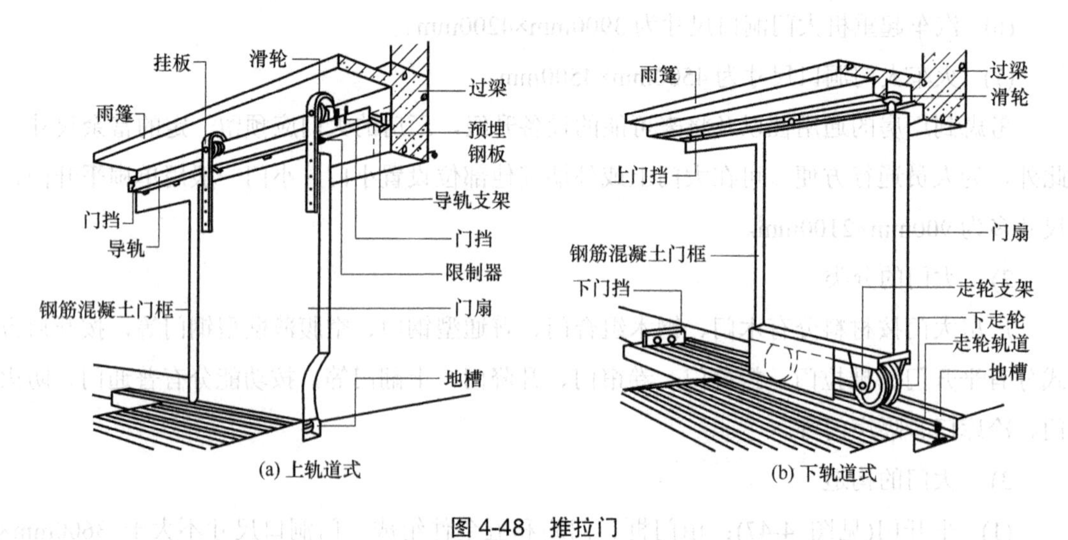

图 4-48　推拉门

(3) 卷帘门(见图 4-49)：由帘板、导轨和传动装置组成。帘板由多关节活动的帘片串联在一起，一般由铝合金制成，并在下部采用钢板增加其强度。导轨安装在洞口两侧，由型钢制成。传动装置一般安装在洞口上部，有手动升降和电动升降两种方式。卷帘门占地小，密闭性好，且具有一定的防盗功能。

(4) 折叠门(见图 4-50)：由门扇、导轨和滑轮组成。折叠门有侧挂式、侧悬式和中悬式三种类型。侧挂式是在平开门扇一侧用铰链悬挂一个门扇，不用再做导轨，适合宽度较小的门。侧悬式和中悬式需安装导轨和滑轮，铰链安装在门扇上部侧面或中间，门扇开启后能全部折叠平行于墙面。

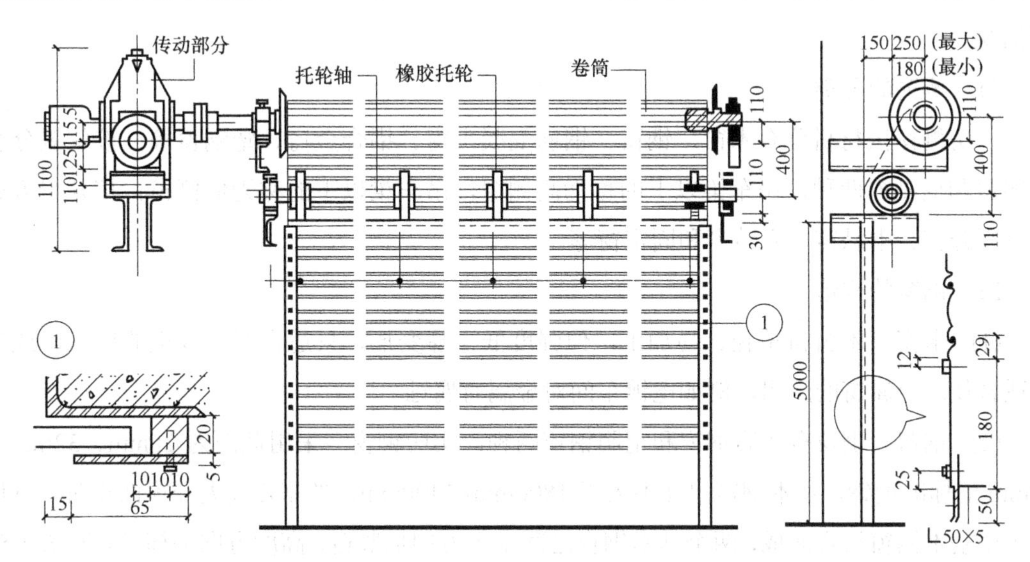

图 4-49　卷帘门

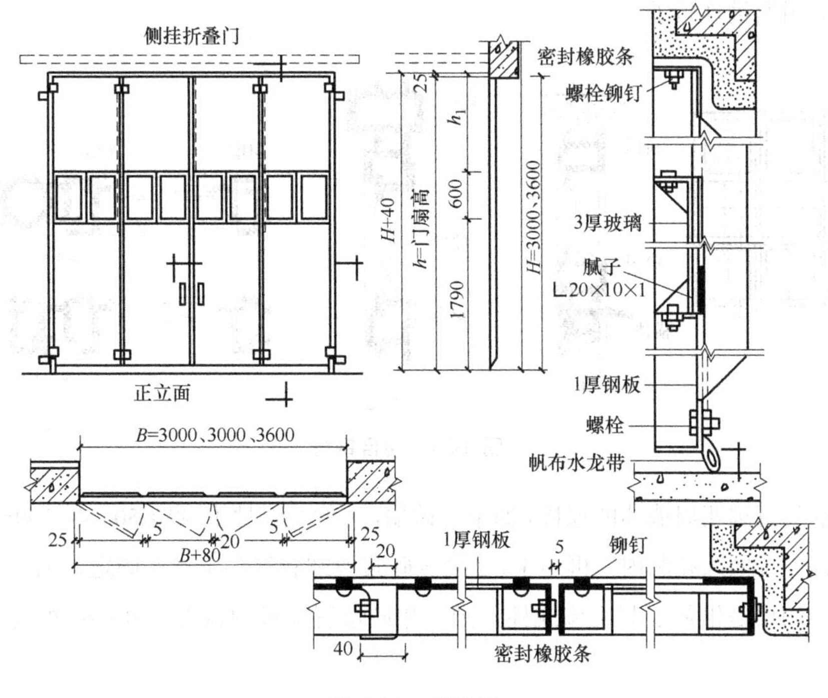

图 4-50　折叠门

2. 侧窗

厂房的侧窗主要是为满足采光和通风需要，有时也会满足一些特殊要求，如恒温恒湿厂房的侧窗需满足隔热的要求，洁净厂房的侧窗需满足密闭的要求，有爆炸危险厂房的侧窗需满足泄爆的要求等。当厂房跨度不大于 12m 时，可采用单侧窗；大于 12m 时，应设置双侧窗。

1) 侧窗的分类

厂房侧窗按材料分有木窗、钢窗、钢筋混凝土窗、铝合金窗、塑钢窗等；按位置分有高侧窗和低侧窗两种，吊车梁以上的称为高侧窗，吊车梁以下的称为低侧窗；按开启方式分有平开窗、中悬窗、立转窗和固定窗等。

2) 侧窗的构造

(1) 木窗。木窗自重轻、易加工，但强度低、易变形，只适合开窗较小的厂房，或者不适合使用金属窗的厂房，例如电镀车间对金属有腐蚀。

(2) 钢窗。钢窗有实腹钢窗和空腹钢窗两种。实腹钢窗多采用截面为 25mm、32mm、40mm 的标准型钢。基本钢窗尺寸不大于 1800mm×2400mm。当需要较大开窗面积时，可使用多个基本钢窗组合而成，两个基本钢窗之间水平方向加竖梃，高度方向加横档，如图 4-51 所示。空腹钢窗一般是由 1.2mm 低碳钢经冷轧、焊接形成薄壁管状型材。其特点是重量轻、材料省，但耐腐蚀性较差。

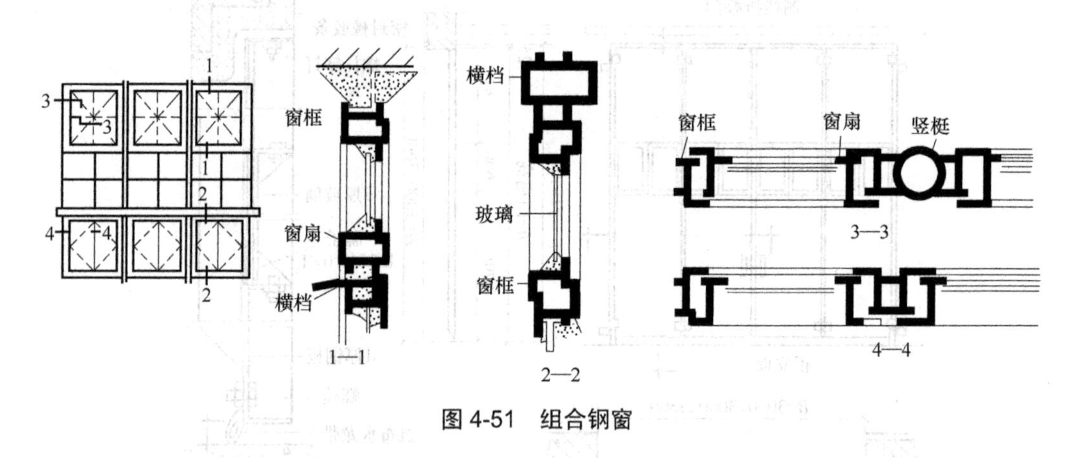

图 4-51　组合钢窗

钢窗框与窗洞四周墙体的连接，如果是砖墙，一般是在墙上预留 50×50×100mm 的孔洞，将燕尾铁脚一端插入孔洞内，再用 1∶2 水泥砂浆或细石混凝土灌实固定，另一端与窗框用螺栓固定；如果是钢筋混凝土墙或柱，则在相应位置上预埋铁件，并将钢框与预埋件焊接固定。

4.3.7　地面

厂房的地面一般由面层、垫层和基层组成，有特殊要求时可增设防水层、隔离层、保温层等其他功能性层次。

1. 地面的分类

地面按构造做法不同可分为整体式地面和块状地面两大类，按面层材料不同可分为素土夯实地面、灰土地面、三合土地地面、水泥砂浆地面、混凝土地面、水磨石地面、涂料地面、砖石地面、木地面、金属地面等多种类型，按面层找平方式不同可分为传统找平式地面和自流平地面。

2. 地面的构造层次

(1) 基层：地面最下部的构造层次，一般使用素土夯实作为基层。如地基土含有建筑垃圾或生活垃圾，则必须做换土处理；如地基土松软，可加入碎石或铺以灰土再行夯实。

(2) 垫层：承受面层的荷载并传递给基层的中间层次，可分为刚性垫层和柔性垫层。刚性垫层是指由混凝土、沥青混凝土或钢筋混凝土制成的垫层。其整体性好，强度高，不易变形，可以承受较大的集中荷载。柔性垫层是指用沙、碎石、卵石、炉渣等制成的垫层。其造价低、施工方便，受力后产生变形，适合于有冲击、振动荷载或堆放大量物品的地面。

(3) 面层：最上一层直接承受各种物理化学作用的构造层次。面层可选用材料较多，其中水泥砂浆、水磨石、混凝土等面层的做法与民用建筑类似，这里只简要介绍自流平地面。自流平地面是指液体状态下的地坪材料在铺散到地面以后自动流淌，最终将整片地面流淌成镜面般平整后静止，凝结固化而制得的地面。常见的自流平地面有水泥自流平地面和环氧自流平地面两种。水泥自流平地面的主要材料为特种水泥、精细骨料、黏结剂及各种添加剂。其特点是表面强度高，耐磨性能好，适用于各类工业建筑。环氧自流平地面是用环氧树脂为主材，添加固化剂、稀释剂、消泡剂及填充料混合而成。其特点是耐磨、耐洗刷，且表面光亮、平整、美观，目前已广泛应用在各类工业建筑的地面做法中。

3. 地面细部

(1) 变形缝。在振动大的设备与一般地面之间应设变形缝，地面上局部堆放荷载与相邻地段的荷载相差悬殊时也应设变形缝。变形缝应贯穿地面各构造层，宽度为 20～30mm，用柔性材料填充。

(2) 交界缝。不同地面材料之间应设交界缝，接缝处应做加固处理，如使用角钢或混凝土预制块等。防腐地面与一般地面的接缝处还需设置挡水条，用于防止腐蚀性液体侵蚀一般地面。

(3) 排水沟。地面排水沟一般采用明沟形式，宽度为 100～250mm，过宽时需加盖板。沟底最浅处为 100mm，排水坡度为 2%～3%。有腐蚀性液体的排水沟还应做防腐蚀处理。

(4) 地面轨道。为不影响其他车辆和行人通行，轨道顶面应与地面齐平。轨道两侧 850mm 范围内应使用砖石或混凝土等块状地面以便检修。为清理落入轨沟的杂物，轨道两侧与地面应留出一定的缝隙，接缝处用角钢加固。

4.3.8 屋面

厂房屋面的面积较大，通常设有天窗，除一般的防水、排水的要求外，某些特殊厂房还需考虑保温、隔热、泄爆等方面的要求。这些都使厂房屋面构造变得更加复杂，也影响了整个厂房的造价。

1. 屋面的分类

(1) 屋面按构造组成可分为有檩体系和无檩体系两种。有檩体系是在屋架或屋面大梁上铺设檩条，在檩条上铺设小型屋面板或瓦的做法；无檩体系是在屋架或屋面大梁上直接铺设大型屋面板的做法。

(2) 屋面按是否有保温功能可分为保温屋面和非保温屋面两种。普通厂房一般使用非保温屋面。对温度控制要求较严格的厂房，例如棉纺织生产车间，则需使用保温屋面。

(3) 屋面按防水材料不同可分为卷材防水屋面、刚性防水屋面、涂膜防水屋面和构件自防水屋面几种。

2. 屋面排水

1) 无组织排水

无组织排水适用于年降雨量小于 900mm 的地区，且檐口高度不大于 10m 的单跨厂房，或多跨厂房的边跨。对于积灰较大的厂房，也应使用无组织排水。具有腐蚀性介质的厂房如使用无组织排水，应在屋面设不小于 500mm 的挑檐，且应在地面设大于挑檐宽度的散水。

2) 有组织排水

降雨量较大的地区使用有组织排水。有组织排水有内排水、内悬管外排水和长天沟外排水三种方式。内排水是将屋面雨水通过厂房内部雨水管排走的做法。这种做法适用于多跨厂房，不受厂房高度、跨度的限制，排水设计灵活，但管线较多，构造复杂。内悬管外排水是将中间跨屋面的雨水通过室内水平悬吊管排到室外排水立管的做法，如图 4-52(a)所示。这种做法可简化内排水设施，有利于工艺设备布置，但水平悬吊管不宜过长以免堵塞。长天沟外排水是将屋面雨水汇集至天沟或檐沟，再通过室外竖管排水的做法，如图 4-52(b)所示。这种做法简单易行，便于检修，应用较广泛。

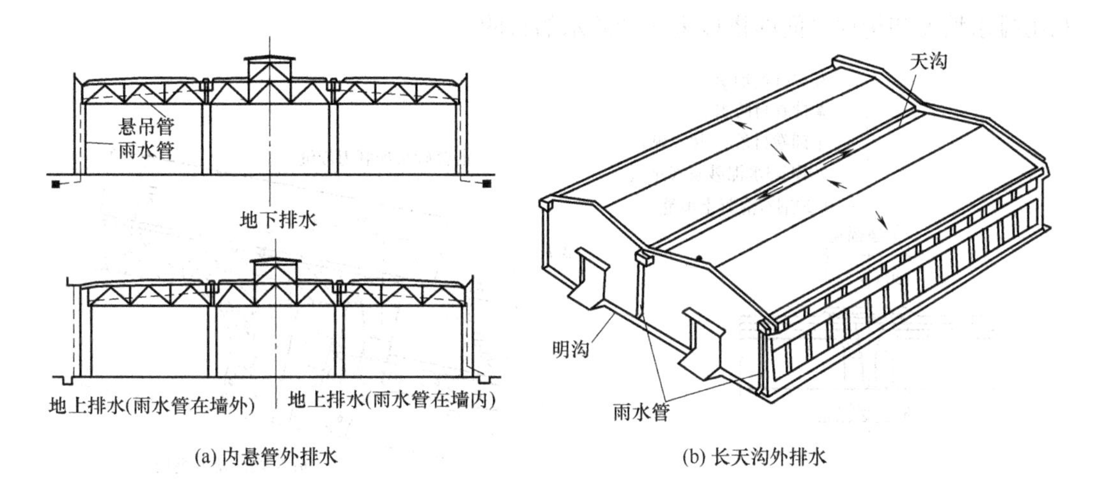

图 4-52　屋面排水

3)　排水坡度

排水坡度主要取决于屋面的防水材料。卷材防水屋面的排水坡度为 2%～5%。构件自防水屋面的排水坡度为 1∶3～1∶4。

3. 屋面防水

1)　卷材防水屋面

防水卷材有沥青类、改性沥青类和高分子化合物类几种，做法与民用建筑基本相同。但由于厂房屋面面积较大，在结构挠曲变形，温度伸缩变形、吊车启动制动和其他振动荷载作用下，防水层易开裂破坏。为防止卷材开裂，可采用以下措施：增强屋面板的刚度和整体性，减小变形；在卷材的接缝处先干铺一层卷材，其上再铺防水卷材。

2)　构件自防水屋面

构件自防水是利用构件本身的密实性和对接缝进行局部防水处理的做法。根据使用材料不同，其有以下几种做法。

(1)　钢筋混凝土自防水。钢筋混凝土板的接缝按设计要求进行拼接，利用构造措施引导雨水外排，如图 4-53 所示。接缝处用油膏嵌缝，接缝表面刷防水涂料或铺设防水卷材。利用钢筋混凝土板材本身的密实性和排水坡度达到防水的目的。

(2)　轻质屋面板自防水。传统的屋面做法可采用波形石棉水泥瓦、镀锌铁皮瓦、压型钢板等材料，属于有檩体系。屋面板瓦与檩条之间使用镀锌钢钩或镀锌卡扣连接，构造简单，主要通过搭缝和排水坡度防水，防水效果一般。彩钢复合屋面板具有重量轻、施工速度快、造型美观等特点，且兼具保温、隔热等功能，近年来得到广泛应用。这种屋面板包括脊板、檐口板、天沟板等不同部位的构件，通过螺栓或金属连接件固定于屋面檩条之上，利用排水坡度和构件之间的搭接来达到防水的目的。

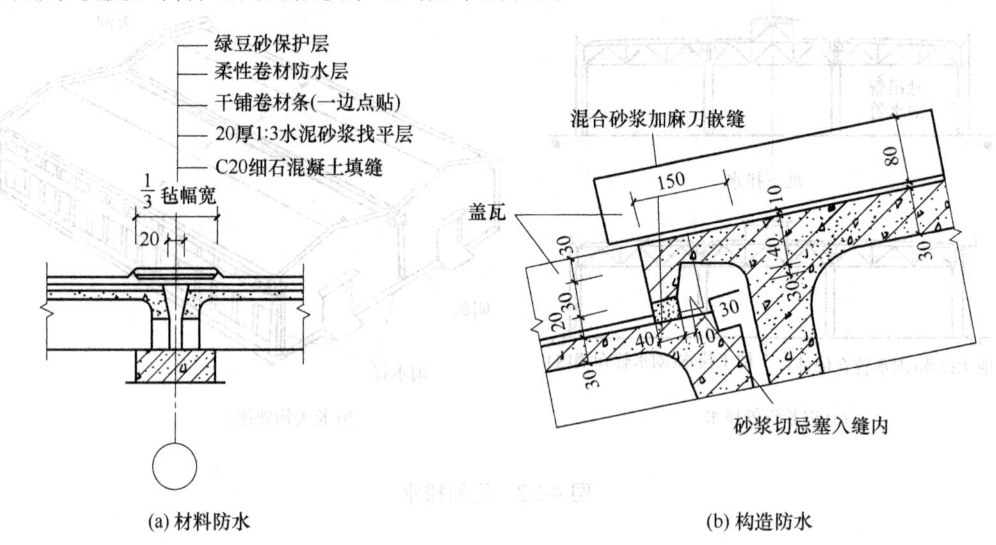

图 4-53 板缝防水

4.3.9 天窗

天窗是单层厂房屋面常见的构件，兼具采光和通风的作用。大多数天窗以采光为主要目的，也有专门为通风排气而设置的天窗。天窗的种类很多，根据天窗与屋面的位置关系不同可分为上凸式天窗、下沉式天窗和平天窗三大类型。

1. 上凸式天窗

上凸式天窗安装在屋架或屋面大梁之上，有矩形天窗、矩形通风天窗、M 形天窗、三角形天窗等。其中矩形天窗在单层厂房中应用较广泛，其特点是采光均匀，防雨效果好，天窗扇可开启，兼具通风作用，但构件较多，自重较大。矩形天窗由天窗架、天窗端壁、天窗侧板、天窗扇和天窗屋面等组成，如图 4-54 所示。

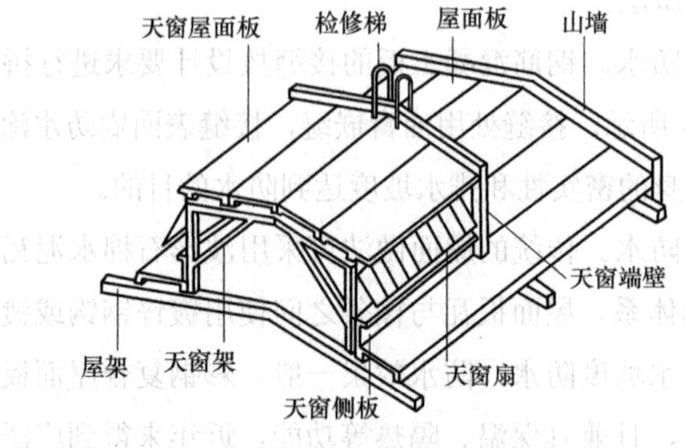

图 4-54 矩形天窗

(1) 天窗架。天窗架是天窗的承重构件，直接安装在屋架上弦或屋面梁上，一般和屋架或屋面梁的材料相同，为钢筋混凝土或钢结构。天窗架的宽度取屋面跨度的 1/2～1/3，并按 15*M* 取值。

(2) 天窗端壁。天窗端壁是天窗两端的构件，可用钢筋混凝土制成，这时天窗端壁兼具承重和围护作用；也可使用波形石棉水泥瓦、压型钢板等轻型板材，这时天窗端壁只起到围护的作用。天窗端壁可通过预埋件焊接或金属连接件与结构固定。

(3) 天窗侧板。天窗侧板是天窗两侧的围护构件，相当于天窗扇的窗下墙，起到泛水的作用，高度不小于 300mm。无檩体系中，天窗侧板多采用钢筋混凝土板；有檩体系中，可采用波形石棉水泥瓦、压型钢板等轻型板材。

(4) 天窗扇。天窗扇可使用钢、木、塑钢、铝合金等材料制作，有上悬和中悬两种开启方式。上悬开启角度最大为 45°，防雨效果好，但通风效果不理想。中悬最大开启角度可达 80°，通风效果好，防雨效果不理想。目前常用的钢天窗扇的高度有 900mm、1200mm、1500mm 三种规格，可单独使用，也可按需要组合使用。天窗扇通过开关器控制其开启和关闭。

(5) 天窗屋面。天窗屋面的材料和做法与厂房屋面相同，多使用无组织排水直接将水排到厂房屋面上，天窗屋面需设 300～500mm 的挑檐；也可使用有组织排水，使用带檐沟的屋面板或者在天窗架的牛腿上焊接天沟排水板。

(6) 天窗挡风板。矩形通风天窗需设置挡风板，如图 4-55 所示。挡风板由面板和支架两部分组成。面板材料常采用石棉水泥瓦、玻璃钢瓦、压型钢板等轻质材料。支架材料主要采用型钢及钢筋混凝土。挡风板支架有立柱式和悬挑式两种支承方式。挡风板与屋面之间应留出 50～100mm 的缝隙以便排水。挡风板两端应封闭并设置检修用的小门。

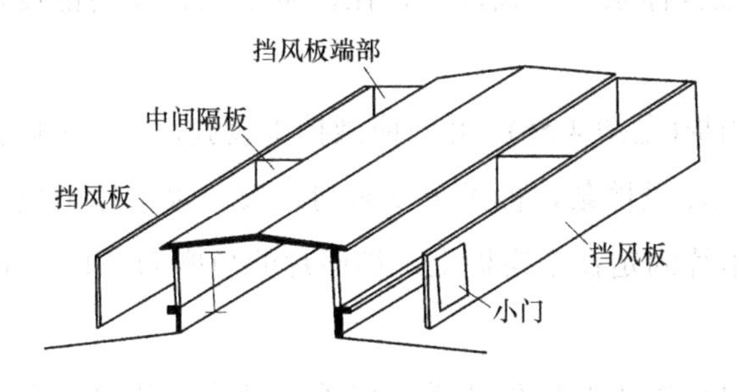

图 4-55　矩形通风天窗挡风板

(7) 天窗挡雨板。矩形通风天窗需设置挡雨板。挡雨板有大挑檐挡雨板、水平口挡雨板和垂直口挡雨板三种，如图 4-56 所示。挡雨板所采用的材料有石棉瓦、钢丝网水泥板或钢筋混凝土板、薄钢板、瓦楞铁等。当天窗有采光要求时，可改用铅丝玻璃、钢化玻璃、玻璃钢波形瓦等透光材料。

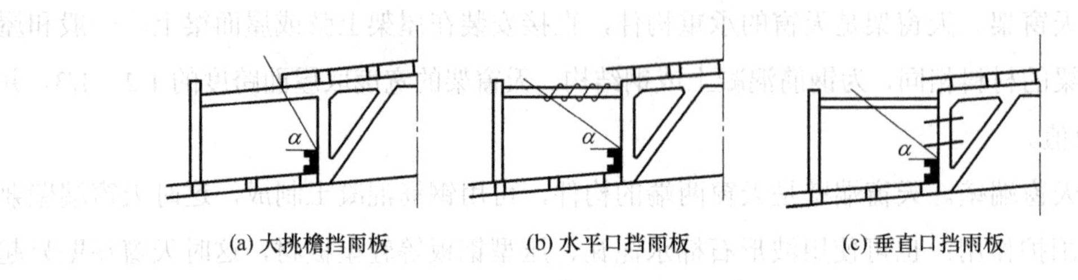

(a) 大挑檐挡雨板　(b) 水平口挡雨板　(c) 垂直口挡雨板

图 4-56　矩形通风天窗挡雨板

2. 下沉式天窗

下沉式天窗是指把屋面板铺设在屋架的下弦，利用屋架上下弦之间的高度空间构成天窗。其特点是重量轻、省材料，但是构造和施工复杂。下沉式天窗有井式下沉、纵向下沉和横向下沉三种，如图 4-57 所示。井式下沉天窗布局灵活、采光均匀，应用较广。井式下沉天窗按照其位置不同有边井和中井两种。下面介绍井式下沉天窗的组成部分。

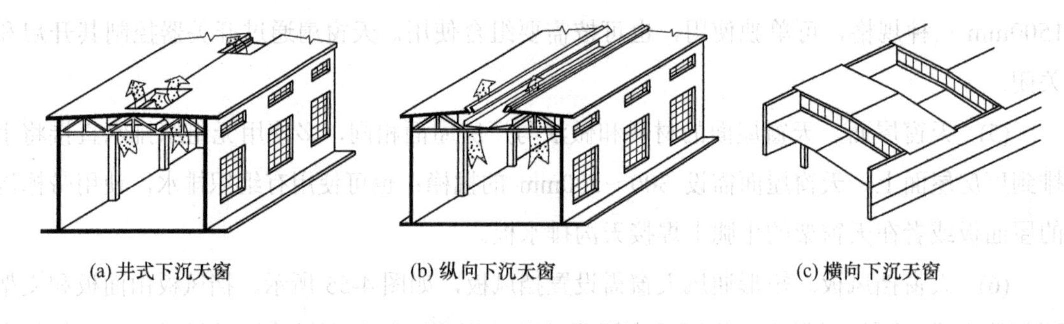
(a) 井式下沉天窗　(b) 纵向下沉天窗　(c) 横向下沉天窗

图 4-57　下沉式天窗

(1)　井底板。井底板铺设在屋架下弦，可纵向或横向铺设。横向铺设是平行于屋架方向铺设，在屋架下弦设置檩条，井底板铺设在檩条之上。纵向铺设是井底板直接搁置于屋架下弦。

(2)　井口板和挡雨板(见图 4-58)。井口应做挡雨设施，井口上做挑檐可由相邻屋面板直接挑出，也可在屋架上加设檩条，檩条上安装封边板。水平挡雨板的做法是，先在屋面上铺设空格板，再将挡雨片固定在空格板上，挡雨片的角度为 30°～60°。竖向挡雨板的做法与开敞式外墙类似。

(3)　窗扇。窗扇可设置于井口处或垂直口处。设置于井口处为水平式，采用中悬开启或推拉开启的方式；设置于垂直口处为竖向式，位于纵向垂直口处时可采用上悬开启或中悬开启的方式，位于横向垂直口处时可采用上悬开启的形式。

(4)　井底排水(见图 4-59)。边井的井底排水可使用无组织排水或上层、下层天沟的有组织排水。中井的井底排水通常设置下层或双层天沟，并设雨水斗和雨水管排水。

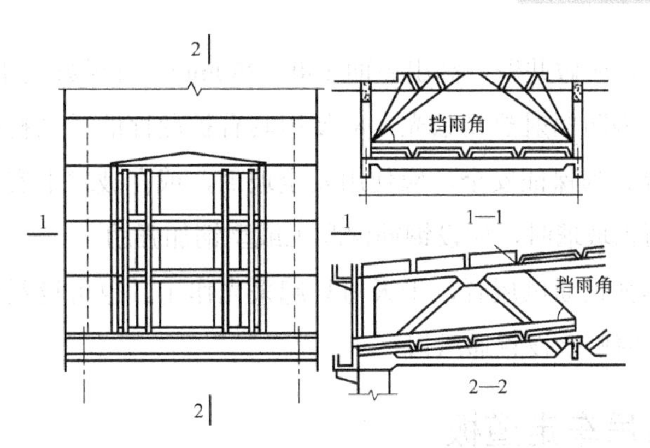

图 4-58　井式下沉天窗挡雨板

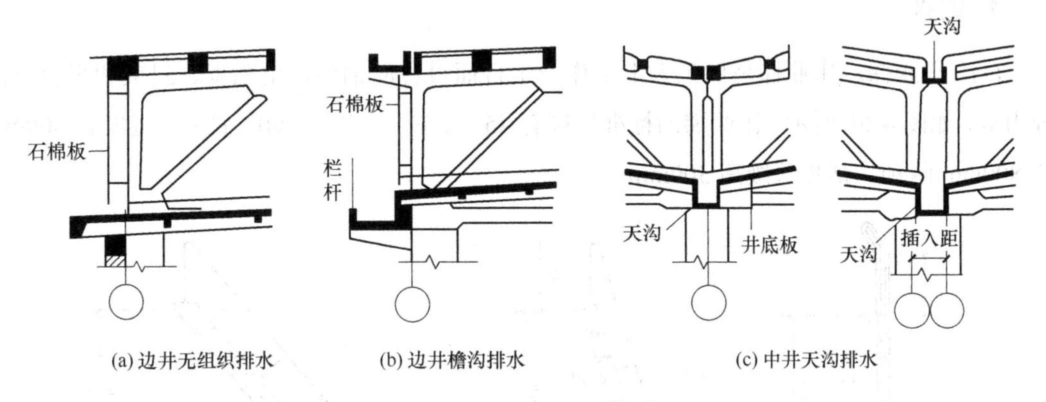

图 4-59　井式下沉天窗井底排水

3. 平天窗

平天窗是与屋面基本相平的天窗，其特点是自重轻，构造简单，施工方便，且采光效率高，但易产生眩光，易积灰，一般适用于冷加工厂房。平天窗有采光板、采光罩、采光带三种常见的做法。采光板是在窗洞口铺设平板透光材料；采光罩是在窗洞口铺设弧形或锥形透光材料；采光带是在屋面上开纵向或横向带形空口并铺设平板透光材料。一般洞口长度不小于 6m，宽度不小于 1.5m，如图 4-60 所示。

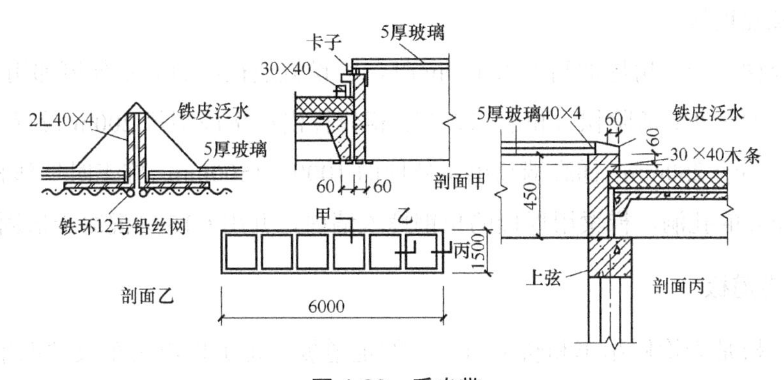

图 4-60　采光带

(1) 井壁。采光口应做井壁，高出屋面150～250mm，并做好泛水处理。

(2) 透光材料。为防辐射热及眩光，应使用具有扩散性的透光材料，如磨砂玻璃、中空玻璃、吸热玻璃等。为保证安全，应使用安全玻璃，或在玻璃下安装防护网并用井壁托件固定；采用较大面积玻璃时，应设钢筋混凝土或型钢加强肋。

(3) 通风。可单独设通风屋脊，平天窗只起采光作用。也可设置可开启的平天窗扇，但构造复杂，或在天窗侧壁设置通风口。

4.3.10 钢梯与吊车走道板

1. 钢梯

(1) 作业梯。作业梯是供工人上下作业平台而设置的钢梯，由踏步、斜梁和平台三部分组成，如图4-61所示。作业梯的标准坡度有45°、59°、73°、90°四种，宽度有600mm和800mm两种，踏步每级高300mm。

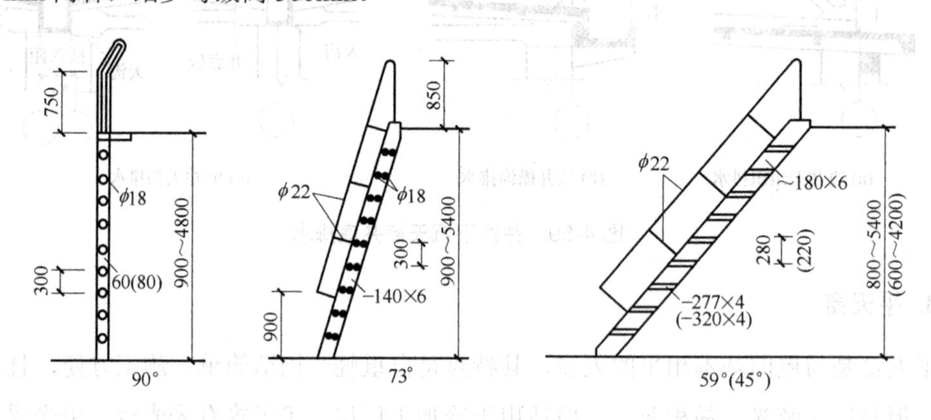

图4-61 作业梯

(2) 吊车梯。吊车梯是为吊车司机上下吊车而设置的钢梯，一般布置在厂房端部第二个柱距内。吊车梯的坡度一般为63°，宽度为600mm。吊车梯上端用角钢与平台连接，下端与地面用螺栓连接。

(3) 检修梯。当厂房屋面高度大于9m时，应设置通往屋面的室外钢梯用于消防检修，同时也方便屋面清灰、清除积雪和清扫天窗。检修梯沿厂房周围每200m设置一部，梯与墙表面的距离不小于250mm，梯底端高出室外地面1000～1500mm。施工时墙体预留260mm×260mm×240mm的孔洞，梯梁用焊接的角钢埋入墙内，并用C15的混凝土嵌固。

2. 吊车走道板

吊车走道板是为检修吊车和轨道所设置的走道板。走道板沿吊车梁顶面铺设，采用钢筋混凝土板或钢板制作，支撑在柱子侧面的钢牛腿上。为保证安全，走道板需设栏杆，一般不小于 1000mm 高，用角钢焊接而成。

习　　题

一、简答题

1 工业建筑有哪些特点和设计要求?

2. 工业建筑是如何分类的?

3. 目前，我国单层工业厂房多采用什么结构形式? 都由哪些构件组成? 各起到什么作用?

4. 工业建筑的起重设备有哪些?

5. 单层工业厂房的建筑平面有哪些形式?

6. 什么叫柱网? 何谓柱距与跨度?

7. 柱网选择过程中，如何确定跨度尺寸?

8. 单层工业厂房横向定位轴线是如何确定的?

9. 什么是封闭结合? 什么是非封闭结合? 各有何特点?

10. 厂房剖面设计应满足什么要求?

11. 何谓厂房高度? 它是如何确定的?

12. 屋面支撑系统分为哪几种类型?

13. 在工业建筑中，墙和柱子有哪几种相对位置形式? 各有何特点?

14. 天窗的类型有哪些?

15. 多层工业建筑有哪些特点? 平面设计和剖面设计与单层工业建筑有什么差异?

二、观察思考题

1. 观察城市发展过程新建的工业厂房，它们往往选用什么结构体系?

2. 观察单层工业建筑和多层工业建筑，它们的层数与生产类型有关吗?

附录

某幼儿园建筑施工图

参考文献

[1] 中华人民共和国住房和城乡建设部. GB 50016—2014 建筑设计防火规范[S]. 北京：中国计划出版社，2015.

[2] 中华人民共和国住房和城乡建设部. GB/T 50104—2010 建筑制图规范[S]. 北京：中国计划出版社，2011.

[3] 中华人民共和国住房和城乡建设部. GB/T 50001—2010 房屋建筑制图统一标准[S]. 北京：中国计划出版社，2011.

[4] 中华人民共和国住房和城乡建设部. GB/T 50103—2010 总图制图标准[S]. 北京：中国计划出版社，2011.

[5] 中华人民共和国住房和城乡建设部. GB 50352—2005 民用建筑设计通则[S]. 北京：中国建筑工业出版社，2005.

[6] 中华人民共和国住房和城乡建设部. GB 50099—2011 中小学校设计规范[S]. 北京：中国建筑工业出版社，2011.

[7] 中华人民共和国住房和城乡建设部. GB 50096—2011 住宅设计规范[S]. 北京：中国建筑工业出版社，2011.

[8] 中华人民共和国住房和城乡建设部. GB 50368—2005 住宅建筑规范[S]. 北京：中国建筑工业出版社，2006.

[9] 中华人民共和国住房和城乡建设部. JGJ 36—2005 宿舍建筑设计规范[S]. 北京：中国建筑工业出版社，2006.

[10] 中华人民共和国住房和城乡建设部. GB 50011—2010 建筑抗震设计规范[S]. 北京：中国建筑工业出版社，2010.

[11] 中华人民共和国住房和城乡建设部. GB 50108—2008 地下工程防水技术规范[S]. 北京：中国计划出版社，2009.

[12] 中华人民共和国住房和城乡建设部. GB50208—2011 地下防水工程质量验收规范[S]. 北京：中国计划出版社，2012.

[13] 中华人民共和国住房和城乡建设部. GB50345—2012 屋面工程技术规范[S]. 北京：中国计划出版社，2012.

[14] 中国建筑标准设计研究院. 11J930 国家建筑标准设计图集：住宅建筑构造[S]. 北京：中国计划出版社，2011.

[15] 中国建筑标准设计研究院. 14J936 国家建筑标准设计图集：变形缝建筑构造[S]. 北京：中国计划出版社，2014.

[16] 崔艳秋，吕树俭. 房屋建筑学[M]. 3 版. 北京：中国电力出版社，2014.

[17] 卢传贤. 土木工程制图[M]. 4 版. 北京：中国建筑工业出版社，2012.

[18] 聂洪达. 房屋建筑学[M]. 2 版. 北京：北京大学出版社，2012.

[19] 樊振和. 建筑构造原理与设计[M]. 4 版. 天津：天津大学出版社，2011.

[20] 李必瑜，杨真静. 建筑概论[M]. 北京：人民交通出版社，2009.

[21] 房志勇，冯萍，常宏达. 房屋建筑构造学课程设计指导与习题集[M]. 北京：中国建材工业出版社，2009.

[22] 崔艳秋，姜丽荣，吕树俭. 建筑概论[M]. 2 版. 北京：中国建筑工业出版社，2006.

[23] 同济大学，西安建筑科技大学，东南大学，重庆大学. 房屋建筑学[M]. 4 版. 北京：中国建筑工业出版社，2006.

[24] 冯美宇. 房屋建筑学[M]. 2 版. 武汉：武汉理工大学出版社，2004.

[25] 房志勇. 房屋建筑构造学[M]. 北京：中国建材工业出版社，2003.